高等学校应用型本科"十三五"规划教材

C++ 程序设计

主　编　毕如田

副主编　荆耀栋　达文姣　史　广　柴西林

参　编　杨　艳　周淑琴　降　惠

西安电子科技大学出版社

★ 内容简介 ★

本书全面系统地介绍了 C++ 的基本概念、语法和面向对象的编程方法，详尽地讲述了 C++ 面向对象的基本特征，包括类、对象、继承、派生类、多态性、模板、流类库等。书中围绕 C++ 的基本概念和方法，通过浅显的语言描述和大量的实例分析，使读者能够非常容易地领会和掌握各个章节的要点。

全书共 10 章。第 1 章介绍了 C++ 的发展及面向对象程序设计的基本概念，并通过简单的例子说明了 C++ 的基本组成和运行环境；第 2 章至第 4 章介绍了程序控制语句、数据类型和函数；第 5 章至第 10 章全面介绍了面向对象的基本方法。

本书可供计算机及电子信息类相关专业使用。同步出版的配套教材《C++程序设计实验指导与习题》(杨艳、周淑琴主编，西安电子科技大学出版社出版)可供读者选用。

图书在版编目(CIP)数据

C++ 程序设计/毕如田主编. —西安：西安电子科技大学出版社，2016.1
高等学校应用型本科"十三五"规划教材
ISBN 978-7-5606-3685-6

Ⅰ. ① C… Ⅱ. ① 毕… Ⅲ. ① C 语言—程序设计—高等学校—教材 Ⅳ. ① TP312

中国版本图书馆 CIP 数据核字(2015)第 080104 号

策　　划　胡华霖
责任编辑　李惠萍　胡华霖
出版发行　西安电子科技大学出版社(西安市太白南路 2 号)
电　　话　(029)88242885　88201467　　　邮　　编　710071
网　　址　www.xduph.com　　　　　电子邮箱　xdupfxb001@163.com
经　　销　新华书店
印刷单位　陕西华沐印刷科技有限责任公司
版　　次　2016 年 1 月第 1 版　　2016 年 1 月第 1 次印刷
开　　本　787 毫米×1092 毫米　1/16　印 张 19
字　　数　450 千字
印　　数　1～3000 册
定　　价　38.00 元

ISBN 978 - 7 - 5606 - 3685 - 6/TP

XDUP 3977001-1

如有印装问题可调换

前 言

随着信息时代变化的加快，信息量增大，传播速度加快，系统规模与复杂性增加，更需要加强技术管理、知识管理、信息沟通管理。信息化将极大地改变人们获取信息的方式和能力，加深其对信息社会的理解。因此，对信息的获取、操纵、传输和使用必将成为当代青年教育的一个重要部分。

C++是一种优秀的面向对象的程序设计语言，它是在 C 语言的基础上发展而来的，但它比 C 语言更容易为人们学习和掌握。C++与 C 的兼容性使得 C++程序员立刻就能有一个丰富的语言和工具集可用，可以利用 C++与 C 的兼容性而直接并有效地使用大量现成的程序库。C++所提供的抽象机制能够被应用于那些对效率和可适应性具有极高要求的程序设计任务之中，并且完美地体现了面向对象的各种特性，是在传统结构化程序设计方法基础上的一个质的飞跃。

C++的初学者容易产生两大误区：一是 C++是从 C 语言发展演变而来的，学好 C++必须先学好 C 语言；二是 C++是面向对象程序设计语言，适合计算机专业人员使用。其实不然，虽然 C++是从 C 语言发展而来的，但是 C++本身是一个完整的程序设计语言，它与 C 语言的程序结构和设计思想完全不同；此外，面向对象的方法强调的基本原则就是直接面对客观存在的事物来进行软件开发，将人们进行日常信息处理时的思维方式和表达方式应用在软件开发中，使软件开发从专业化的方法、规则和技巧中回到客观世界，回到人们通常的思维，因此可以说 C++更容易学习和开发应用系统。

本书共 10 章，深入浅出地介绍了 C++的基本组成和面向对象程序设计的方法。其中，第 1 章介绍了 C++的发展及面向对象编程的基本概念，并简要介绍了 C++的基本组成要素和 Visual C++ 6.0 运行环境；第 2 章至第 4 章介绍了程序流程控制、数据类型和函数；第 5章至第 10 章全面介绍了面向对象程序设计的基本方法。本书例题丰富、实用性强，精心设计的 160 多个例子均在 Visual C++ 6.0 环境下运行通过，读者可通过这些例子掌握 C++中难以理解的概念。

本书可供计算机及电子信息类相关专业使用。同步出版的配套教材《C++程序设计实验指导与习题》(杨艳、周淑琴主编，西安电子科技大学出版社出版)可供读者进一步学习使用。

感谢读者和教师选用本书，并恳请对书中的不妥之处提出批评与修改建议。作者的电子邮箱地址是 brt@sxau.edu.cn。

编 者
2015 年 11 月

目　录

第 1 章 C++ 概 论

　　语言是思维和交流的工具。计算机语言就是人们将自己所要做的事编制成计算机能认识的代码的工具，即人们与计算机交流的工具。本章首先从发展的角度概要介绍了 C++ 的产生和特点，并简单介绍了面向对象程序设计的基本概念，然后通过几个简单的 C++ 程序例子说明了该语言的基本组成。最后介绍了 Visual C++ 6.0 的运行环境。

1.1　程序设计语言的发展

　　自从 1946 年世界上第一台数字电子计算机 ENIAC 问世以来，在这短暂的几十年间，计算机科学得到了迅猛发展，计算机及其应用已渗透到社会的各个领域，有力地推动了整个信息化社会的发展，计算机已成为信息化社会中必不可少的工具。

　　程序设计是伴随着计算机的出现与发展而产生的一门学科，程序设计语言是一套计算机系统能够识别的、具有语法和词法规则的系统。语言是思维的工具，思维是通过语言来表述的。计算机程序设计就是针对实际问题，通过计算机语言来描述解决问题的方法，并通过计算机来执行。

1.1.1　机器语言与汇编语言

　　一个完整的计算机系统由硬件和软件两部分组成。计算机之所以有如此强大的功能，不仅因为它具有强大的硬件系统，也依赖于软件系统。软件包括了使计算机运行所需的各种程序及其有关的文档资料。软件的作用就是使计算机硬件系统能充分发挥其性能，并使用户更为方便和有效地使用计算机。计算机的工作实质上是由程序来控制的，离开了程序，计算机将一事无成。程序是指令的集合。软件工程师将解决问题的方法、步骤编写为由一条条指令组成的程序，输入到计算机的存储设备中。计算机执行这一指令序列，便可完成预定的任务。

　　所谓指令，就是计算机可以识别的命令。计算机系统不能识别我们人类的自然语言，计算机所能识别的指令形式只能是简单的 "0" 和 "1" 的组合。在计算机问世的初期，只能用二进制码表示计算机的指令系统。由计算机硬件系统可以识别的二进制指令组成的语言称为 "机器语言"。毫无疑问，虽然机器语言能够被计算机识别，但机器语言使用很不方便，并且编写这种程序极其繁琐，更难以记忆，当程序中出现错误时，查错和修改是极其困难的，这些问题都大大阻碍了计算机的广泛应用。在这一时期，用机器语言编写出程序难度大、周期长，开发出的软件功能却很简单，界面也不友好。

后来，人们用一些简单而又形象的符号来代替每一条具体的指令，而这些指令又对应于具体机器的二进制代码，逐步形成了现在人们所说的"汇编语言"，汇编语言将机器指令映射为一些可以被人读懂的助记符。从机器语言到汇编语言的发展，是程序设计语言的一个重大进步，这意味着人与计算机的硬件系统不必非得使用同一种语言。程序员可以使用比较适合人类思维习惯的语言，而计算机硬件系统仍只识别机器指令。那么两种语言间的沟通如何实现呢？这就需要一个"翻译"。汇编语言的翻译软件称为汇编程序，它可以将程序员写的助记符直接转换为机器指令，然后再由计算机去识别和执行。

虽然汇编语言与人类自然语言间的鸿沟略有缩小，但仍与人类的思维相差甚远。因为它的抽象层次太低，并且程序员需要针对不同的机器系统考虑其细节。机器语言与汇编语言是与具体计算机的指令系统相关的，是为特定的机器服务的，所以也称为面向机器的语言。

1.1.2　高级语言

人们在汇编语言的基础上，设想能否避开具体的机器，用一些符号来描述自己的解题意图，尽量符合问题的原始描述，如解决数学问题时编写的程序应该与数学公式尽量一致，并且一个程序在不同机器上通过各个机器的翻译后可以在各个机器上运行，这便出现了各种高级语言。高级语言起始于 20 世纪 50 年代中期，与机器语言和汇编语言相比，高级语言比较容易理解和掌握，并且通用性强，极大地提高了程序设计的效率和可靠性。

由于计算机不认识高级语言，与汇编语言类似，需要一段翻译工作才能把一种高级语言编写的源程序翻译成为机器能够认识的二进制语言，这段翻译工作就称为该高级语言的编译程序。目前应用比较广泛的几种高级语言有 FORTRAN、BASIC、PASCAL 及 C 等。当然本书介绍的 C++ 也是高级语言，但它与其他面向过程的高级语言有着根本的不同。

高级语言的出现是计算机编程语言的一大进步。它屏蔽了机器的细节，提高了语言的抽象层次，程序中可以采用具有一定含义的数据命名和容易理解的执行语句，这使得在书写程序时可以联系到程序所描述的具体事物。20 世纪 60 年代末开始出现的结构化编程语言进一步提高了语言的层次。结构化数据、结构化语句、数据抽象、过程抽象等概念使程序更便于体现客观事物的结构和逻辑含义，这使得编程语言与人类的自然语言更接近。但是二者之间仍有不少差距，主要问题是程序中的数据和操作分离，不能够有效地组成与自然界中的具体事物紧密对应的程序成分。

1.1.3　面向对象的语言

随着计算机技术、电子技术的惊人进步，使今天的社会进入了以计算机为核心的信息社会。信息的获取、处理、交流都需要大量高质量的软件，这样就促使人们对计算机软件的数量、功能、质量、成本以及开发时间等提出越来越高的要求。然而，不幸的是，要想使软件功能越强、使用越方便，开发的软件就越庞大，而采用传统的软件开发技术来开发大型软件已越来越困难。

20 世纪 80 年代，人们开始新的系统开发方式模型的研究。面向对象就是一种非常有效的程序设计范型，对软件的生产率、可靠性、可重用性等都有极大的提高。以"对象+消息"程序设计范式构成的程序设计语言，称为面向对象的语言。面向对象的编程语言与以往各种编程语言的根本不同点在于，它设计的出发点就是为了能更直接地描述客观世界中存在的事物以及它们之间的关系。

开发一个软件是为了解决某些问题，这些问题所涉及的业务范围称为该软件的问题域。面向对象的编程语言将客观事物看做具有属性和行为的对象，通过抽象找出同一类对象的共同属性和行为，即同一类对象的静态特征和动态特征，并形成类。通过类的继承与多态可以很方便地实现代码重用，大大缩短了软件开发周期，并使得软件风格统一。因此，面向对象的编程语言使程序能够比较直接地反映问题域的本来面目，软件开发人员能够利用人类认识事物所采用的一般思维方法来进行软件开发。

目前比较流行的面向对象的语言有 Delphi、Visual Basic、Java、C++ 等。

Delphi 是 1995 年由 Borland 公司推出的，它具有可视化开发环境，提供面向对象的编程方法。Delphi 语言提供了丰富的对象元件，程序语言简洁明了、易于使用，还有内置的数据库引擎以及优化的代码编译器，可设计各种具有 Windows 风格的应用程序，也可开发多媒体应用系统。

Visual Basic 简称 VB，近年来被广泛应用。VB 是 Microsoft 公司为开发 Windows 应用程序而提供的开发环境与工具。它具有友好的图形界面，采用面向对象和事件驱动的新机制，其界面设计是面向对象的，但应用程序的过程部分却是面向事件的。它的"面向对象"和"事件驱动"两大特性，为应用系统的开发提供了一种全新的可视化的程序设计方法。

Java 是由 Sun 公司推出的、广泛应用于开发 Internet 应用软件的程序设计语言。它是一种面向对象的、不依赖于特定平台的程序设计语言。

C++ 近几年来发展非常迅速，它是在 C 语言基础上扩充而来的，具有数据抽象、继承、多态性等机制，从而使得它成为一种灵活、高效、可移植的功能强大的面向对象语言。由于 C++ 对 C 兼容，而 C 语言又早已被广大程序员所熟知，所以，C++ 也就理所当然地成为应用最广的面向对象程序语言。目前 C++ 已有许多不同的版本，如 Microsoft C++、Borland C++、Visual C++、ANSI C++ 等。

1.2　C++ 的起源和特点

1.2.1　C++ 的起源

C++ 是从 C 语言发展演变而来的，而 C 语言则是在 20 世纪 70 年代初问世的。C 语言最初是贝尔实验室的 Dennis Ritchie 在 B 语言基础上开发出来的，1972 年在一台 DEC PDP-11 计算机上实现了最初的 C 语言，1978 年由美国电话电报公司(AT&T)贝尔实验室正式发表了 C 语言。同时由 Brian W. Kernighan 和 Dennis M. Ritchie 合著《The C Programming Language》一书(简称为《K&R》)被称为标准 C，1983 年美国国家标准化协会(ANSI)制订了标准 ANSI C。目前比较流行的 C 语言版本基本上都是以 ANSI C 为基础的。

早期的 C 语言主要用于 UNIX 系统。由于 C 语言的强大功能和各方面的优点逐渐为人们认识,到了 80 年代,C 语言开始进入其他操作系统,并很快在各类大、中、小和微型计算机上得到了广泛的使用,成为当代最优秀的程序设计语言之一。

C 语言具有许多优点,如语言简洁灵活,运算符和数据结构丰富,具有结构化控制语句,程序执行效率高,同时具有高级语言与汇编语言的优点等。与其他高级语言相比,C 语言具有可以直接访问物理地址的优点,与汇编语言相比又具有良好的可读性和可移植性。因此 C 语言得到了极为广泛的应用,有大量的程序员在使用 C 语言,并且有许多 C 语言的库代码和开发环境。

尽管如此,C 语言毕竟是一个面向过程的编程语言,因此,与其他面向过程的编程语言一样,已经不能满足运用面向对象方法开发软件的需要。1983 年由贝尔实验室的 Bjarne Strou-strup 博士在 C 语言的基础上推出了 C++。C++ 进一步扩充和完善了 C 语言,成为一种面向对象的程序设计语言。C++ 的标准化工作从 1989 年开始,于 1994 年制定了 ANSI C++ 标准草案。以后又经过不断完善,成为目前的 C++。

1.2.2 C++ 的特点

C++ 的主要特点表现在两个方面:一是全面兼容 C 语言,支持面向过程的程序设计;二是支持面向对象的程序设计。

由于 C++ 是在 C 语言基础上发展起来的,因此,C++ 是一个更好的 C 语言。它保持了 C 语言的简洁、高效及接近汇编语言等特点,对 C 语言的类型系统进行了改革和扩充,因此 C++ 比 C 语言更安全,C++ 的编译系统能检查出更多的类型错误。此外,由于 C++ 与 C 语言保持兼容,这就使许多 C 语言代码不经修改就可以为 C++ 所用,用 C 语言编写的众多的库函数和实用软件可以用于 C++ 中。由于 C 语言已被广泛使用,因而极大地促进了 C++ 的普及和面向对象技术的广泛应用。

C++ 最主要的特点是支持面向对象的特征。虽然与 C 语言的兼容使得 C++ 具有双重特点,但 C++ 在概念上是和 C 语言完全不同的语言,我们应该注意按照面向对象的思维方式去编写程序。

1.3 程序设计方法的概念

用计算机语言编写程序,解决某种问题,我们也称之为程序设计。程序设计需要有一定的方法来指导。对问题如何进行抽象和分解,对程序如何进行组织,使得程序的可维护性、可读性、稳定性、效率等更好,是程序设计方法研究的问题。目前,有两种最重要的程序设计方法:结构化的程序设计和面向对象的程序设计。

1.3.1 结构化程序设计方法

一些程序员,尤其是初学程序设计者,常常认为程序设计就是"编程序",也就是说,程序设计就是用某种程序设计语言编写代码,这其实是错误的认识。"编程序"的工作应该被看成为编码(coding);它是在程序设计完成之后才开始的。拿房屋设计的例子来讲,房屋设计这个过程不涉及砌砖垒瓦的具体工作，这些工作是房屋施工阶段进行的。在完成了房屋设计，有了设计图纸之后，施工阶段才能开始。如果不作设计，直接施工，很难想象房屋能不能建造完成，或者建造的房屋是否符合要求。当然，如果是盖一个 10 平方米的简单房屋，也许不需要把设计过程专门书写出来。同样，程序设计一定要在具体的程序编码之前完成。程序设计完成的好坏直接影响了后面的编码质量。

早期的软件开发所面临的问题比较简单，从认清要解决的问题到编程实现并不是太难的事。因此有不少程序员凭自己的经验可以一边"设计"一边"编码"，或进行简单的设计后进行编码。这时期的程序设计是个体手工劳动的生产方式，程序设计方法主要追求编程技巧和程序运行效率。

随着计算机应用领域的扩展，计算机所处理的问题日益复杂，程序的规模和复杂度也不断扩大，这时期逐步形成了以团队形式的合作组织进行软件开发，为了使这个组织的工作协调一致，需要规范规模较大的程序设计方法，并逐步提出和完善了结构化程序设计 (Structured Programming，SP) 方法，该方法是由 E. Dijkstra 等人于 1972 年提出来的，它建立在 Bohm、Jacopini 证明的结构定理的基础上。结构定理指出：任何程序逻辑都可以用顺序、选择和循环等三种基本结构来表示，如图 1-1 所示。在这一思想指导下，进行程序设计时，可以用"自顶向下"、"逐步求精"的方法对问题进行分解。

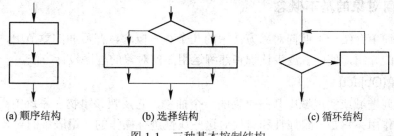

(a) 顺序结构　　　　　　　　(b) 选择结构　　　　　　　　(c) 循环结构

图 1-1　三种基本控制结构

1.3.2　面向对象的程序设计方法

在面向对象的程序设计方法出现以前，我们都是采用面向过程的程序设计方法。特别是在 20 世纪 70 年代到 80 年代，结构化程序设计方法基本上已成为每个程序员都采用的方法。面向过程的程序设计思想的核心是功能的分解，即采用自顶向下、逐步求精的方法，将问题分解成若干个称为模块的功能块，各模块之间的关系尽可能简单，然后根据模块功能来设计一系列用于存储数据的数据结构，并编写出一些过程或函数对这些数据进行操作。程序最终是由一系列过程构成的。这种方法将数据结构和过程作为两个实体来对待，其重点在过程，设计人员首先考虑如何将功能分解，在每一个过程中又要着重安排程序的操作代码序列，但同时程序员在编程时又必须时时考虑数据结构，因为毕竟要将数据作用于数据上。数据结构和过程的这种分离，给软件人员造成沉重的负担，一旦数据结构需要变更的时候，必须修改与之有关的所有功能模块。因此，面向过程的程序的可重用性差，维护代价高。另外，由于图形用户界面的应用，使得软件使用起来越来越方便，但开发起来却越来越困难。一个好的软件，应该随时响应用户的任何操作，而不是请用户按照既定的步骤循规蹈矩地使用。例如，我们都熟悉文字处理程序的使用，一个好的文字处理程序使用起来非常方便，几乎可以随心所欲，软件说明书中决不会规定任何固定的操作顺序，因此对这种软件的功能很难用过程来描述和实现，如果仍使用面向过程的方法，开发和维护都将很困难。

面向对象程序设计方法是一种新的程序设计范式，它的本质是将数据及对数据的操作方法放在一起，作为一个相互依存、不可分离的整体即"对象"。面向对象方法不是把程序看做是工作在数据上的一系列过程或函数的集合，而是把程序看做是相互协作而又彼此独立的对象的集合。对同类型对象抽象出其共性并形成对象的集合即"类"。类中的大多数数据只能用本类的方法进行处理。类通过一个简单的外部接口与外界发生关系，对象与对象之间通过消息进行通信。这样，程序模块间的关系更为简单，程序模块的独立性、数据的安全性就有了良好的保障。另外，通过后续章节中将介绍的继承与多态性，还可以大大提高程序的可重用性，使得软件的开发和维护都更为方便。

面向对象方法学的出发点和基本原则是，尽可能按照人类的习惯思维方式，使开发软件的方法与过程尽可能接近人类认识世界解决问题的方法与过程。这种程序设计方法对于初学者来说更容易理解和掌握。面向对象方法的出现，实际上是程序设计方法发展的一个返朴归真过程。

1.3.3　面向对象的基本概念

我们先简单介绍一下面向对象方法中的几个基本概念，在后面的章节中，会不断加深对这些概念的介绍，使读者逐步认识和熟练运用面向对象的程序设计方法。

1．对象(Object)

对象是问题域或实现域中某些事物的一个抽象，它反映该事物在系统中需要保存的信息和发挥的作用；它是一组属性和有权对这些属性进行操作的一组服务的封装体。

从一般意义上讲，对象是现实世界中一个实际存在的事物，它可以是有形的(比如一辆汽车)，也可以是无形的(比如一项计划)。对象是构成世界的一个独立单位，它具有自己的静态特征(可以用某种数据来描述)和动态特征(对象所表现的行为或具有的功能)。

面向对象方法中的对象，是系统中用来描述客观事物的一个实体，它是用来构成系统的一个基本单位。对象由一组属性和一组行为构成。属性是用来描述对象静态特征的数据项，行为是用来描述对象动态特征的操作序列。

2．类(Class)

类是具有相同属性和服务的一组对象的集合，它为属于该类的全部对象提供了统一的抽象描述，其内部包括属性和服务两个主要部分。

类与对象的关系如同一个模具与用这个模具铸造出来的铸件之间的关系。类给出了属于该类的全部对象的抽象定义，而对象则是符合这种定义的一个实体。所以，一个对象又称做类的一个实例。

把众多的事物归纳、划分成一些类，是人类在认识客观世界时经常采用的思维方法。分类所依据的原则是抽象，即忽略事物的非本质特征，只注意那些与当前目标有关的本质特征，从而找出事物的共性，把具有共同性质的事物划分为一类，得出一个抽象的概念。例如，石头、树木、汽车、房屋等都是人们在长期的生产和生活实践中抽象出的概念。

3. 封装(Encapsulation)

封装是把对象的属性与服务结合成为一个独立的系统单位，并尽可能隐蔽对象的内部细节。

封装是一种信息隐蔽技术。用户只能见到对象封装界面上的信息，对象内部对用户是隐蔽的。封装是面向对象方法的一个重要原则。它有两个涵义：第一个涵义是把对象的全部属性和全部服务结合在一起，形成一个不可分割的独立单位；第二个涵义是尽可能隐蔽对象的内部细节，只保留有限的对外接口使之与外部发生联系。这主要是指对象的外部不能直接地存取对象的属性，只能通过几个允许外部使用的服务与对象发生联系。

封装是一种机制，封装的信息隐蔽作用反映了事物的相对独立性。当我们站在对象以外的角度观察一个对象时，只需要注意它对外呈现什么行为，而不必关心它的内部细节。规定了它的职责之后，就不应该随意从外部插手去改动它的内部信息或干预它的工作。封装的原则在软件上的反映是：要求使对象以外的部分不能随意存取对象的内部数据(属性)，从而有效地避免了外部错误对它的"交叉感染"，使软件错误能够局部化。

4. 继承(Inheritance)

继承是特殊类的对象拥有其一般类的全部属性与服务，称做特殊类对一般类的继承。继承是面向对象技术能够提高软件开发效率的重要原因之一。

特殊类中不必重新定义已在它的一般类中定义过的属性和服务，而它却自动地、隐含地拥有其一般类的所有属性与服务。面向对象方法的这种特性称作对象的继承性。继承的实现则是通过面向对象系统的继承机制来保证的。一个特殊类既有自己新定义的属性和服务，又有从它的一般类中继承下来的属性与服务。当这个特殊类又被它更下层的特殊类继承时，它继承来的和自己定义的属性和服务又都一起被更下层的类继承下去。这就是说，继承关系具有传递性。

继承具有重要的实际意义，它简化了人们对事物的认识和描述。比如我们认识了轮船的特征之后，再考虑客轮时，因为知道客轮也是轮船，于是可以认为它理所当然地具有轮船的全部一般特征，从而只需要把精力用于发现和描述客轮独有的那些特征。

继承对于软件复用有着重要意义，使特殊类继承一般类，本身就是软件复用。而且不仅于此，如果将开发好的类作为构件放到构件库中，在开发新系统时便可以直接使用或继承使用。

5. 多态性(Polymorphism)

多态性是允许不同类的对象对同一消息作出响应。对象的多态性是指在一般类中定义的属性或行为被特殊类继承之后，可以有不同的数据类型或表现出不同的行为。这使得同一个属性或行为在一般类及其各个特殊类中具有不同的语义。

例如，我们可以定义一个一般类"几何图形"，它具有"绘图"行为，但这个行为并不具有具体含义，也就是说并不确定执行时到底画一个什么样的图(因为此时尚不知道"几何图形"到底是一个什么图形，"绘图"行为当然也就无从实现)。然后再定义一些特殊类，如"椭圆"和"多边形"，它们都继承一般类"几何图形"，因此也就自动具有了"绘图"行为。接下来，我们可以在特殊类中根据具体需要重新定义"绘图"，使之分别实现画椭圆和多边形的功能。进而，还可以定义"矩形"类继承"多边形"类，在其中使"绘图"实现绘制矩形的功能。这就是面向对象方法中的多态性。

1.4 简单 C++ 程序举例

我们先看几个最简单的 C++ 程序,通过对程序格式及其运行结果的分析,对 C++程序的基本组成有一个初步的了解。

例 1-1 一个简单的 C++ 程序。

```
//this is a c++ program
#include<iostream>
using namespace std;
void main()
{
    cout<<"Welcome to c++! \n";
    cout<<"This is a c++ program.\n";
}
```

本程序的作用是输出以下内容:

```
Welcome to c++!
This is a c++ program.
```

程序中,main 是主函数名,函数 main 的类型是 void,表示该主函数没有返回值,函数体用一对大括号括住。函数是 C++ 程序中最小的功能单位。在 C++ 程序中,必须有且只能有一个名为 main()的函数,它表示了程序执行的始点。

程序的第一行是 C++ 风格的注释语句,它由"//"开始,到每行的尾部结束。注释对程序的运行不起作用,但良好的程序设计应该有清晰的注释,使程序阅读容易理解。

程序由语句组成,每条语句由分号(;)作为结束符,本例中有两条输出语句。输出语句中的 cout 是一个输出流对象,它是 C++ 系统预定义的对象,其中包含了许多有用的输出功能。输出操作由操作符"<<"来表达,其作用是将紧随其后的两个双引号中的字符串输出到标准输出设备(显示器)上,字符串中的\n 是控制符,表示输出 Welcome to c++! 后换一行。如果省略了该控制符号,输出结果如下所示:

```
Welcome to c++! This is a c++ program.
```

程序中第二行是预编译命令,要求编译程序把文件 iostream 嵌入#include 命令所在的源程序中。文件 iostream 中包含了 C++ 系统定义的有关输入输出(I/O)的信息,cout 和操作符<<的有关信息就在该文件中声明。由于这类文件常常被嵌入在程序的开始处,所以称之为头文件,没有这一行命令,编译系统就不认识 cout 和<<的含义。

例 1-2 输入两个数,求它们的和及平均值。

```
#include<iostream>
using namespace std;
int add(int a,int b);                              //函数原型声明
void main()
```

```
    {
        int x,y,sum;                                    //定义三个整型变量
        float average;                                  //定义一个实型变量
        cout<<"input two numbers:"<<endl;               //提示输入两个数
        cin>>x>>y;                                       //键盘输入 x,y 的值
        sum=add(x,y);                                    //调用函数 add,其值赋给 sum
        average=sum/2.0;                                 //计算平均值
        cout<<"x+y="<<x<<"+"<<y<<"="<<sum<<endl;         //输出和
        cout<<"aver="<<average<<endl;                    //输出平均值
    }
    int add(int a,int b)                                //定义 add,即函数类型,参数及类型
    {
        int c;                                          //定义一个整型变量
        c=a+b;                                          //求和并将值赋给 c
        return c;                                       //将 c 的值作为函数值返回到调用处
    }
```

　　该例中除主函数外，还定义了一个整型函数 add，并说明该函数有两个参数，这两个参数都是整型类型。由于在主程序中要调用 add 函数，因此在主函数中对定义的函数进行了原型声明。int 和 float 是变量类型的说明，说明了后面变量的类型分别是整型类型和单精度浮点类型。数据的输入与输出是通过 I/O 流来实现的，cin 是从标准输入设备(键盘)中输入 x 和 y 的值(两个数用空格、tab 键或回车键分开即可)，第一个 cout 语句中的 endl 表示在输出流中插入换行符，输出结果的形式与例 1-1 中的 '\n' 作用相同，后面两个 cout 是将一系列用"<<"符号分割的字符串""x+y","+","="""、变量"x,y,sum"和换行符"endl"输出到标准输出设备(显示器)上。程序运行结果如下：

```
        input two numbers：
        13 16
        x+y=13+16=29
        aver=14.5
```

　　例 1-3　输入一个年份，判断是否闰年。闰年的年份可以被 4 整除而不能被 100 整除，或着能被 400 整除。

```
        #include<iostream>
        using namespace std;
        void main()
        {   int year;
            bool is_leap;                                  //定义逻辑型变量
            cout<<"Enter the year: ";
            cin>>year;
            is_leap=((year%4==0 && year%100!=0)||(year%400==0));    //判断是否闰年
            if (is_leap)
```

```
            cout<<year<<" is a leap year."<<endl;
        else
            cout<<year<<" is not a leap year."<<endl;
    }
```

程序运行结果如下：

```
Enter the year: 2003
2003 is not a leap year.
```

该程序中使用了逻辑型变量 is_leap，它的取值为真或假；判断是否闰年由一个复合条件(逻辑表达式)给出，其值为真或假，其中：%是算术运算符，表示取余运算；==、!=是关系运算符，分别表示等于、不等于；&&、||是逻辑运算符，分别表示逻辑与、逻辑或。if...else...是一个选择结构，根据条件 is_leap 的值执行相应的语句。

1.5　C++ 程序的基本组成部分

通过上节所举的几个例子，可以看到一个 C++ 程序的基本组成部分，本节我们对 C++ 的基本组成部分作一概述。

1.5.1　函数与头文件

一个 C++ 程序至少有一个函数 main，称为主函数，它代表程序开始执行的起始位置，其他函数可根据需要来编写或调用。函数体是大括号 {} 中的部分，函数体中包含变量的定义部分、调用函数的说明和语句的执行部分。在 C++ 编程中，通常根据问题的需要，将相对独立或经常使用的功能抽象成为函数，函数编写好以后，可以被重复利用，有助于提高软件的开发效率，函数在使用时只需要关心函数的功能和使用方法，而不必关心函数功能的具体实现。

C++ 系统本身就提供了许多功能非常强大的函数供程序员使用，例如求平方根函数为sqrt()、求绝对值函数为 abs()等。但是一些特殊的功能就需要程序员自己定义函数。如例1-2 中的 add()就是求两个整数的和的函数。自定义函数需要提前声明，如例 1-2 的第 3 行就是对自定义函数原型的声明。

头文件是 C++ 系统预先定义的有关系统信息，程序中有许多工作都由 C++ 系统来完成，因此，在编译之前要对程序进行预处理，例如，在所举例子中，要求编译程序把 C++ 系统提供的文件 iostream.h 嵌入到#include 命令所在的源程序中。文件 iostream 中包含了C++ 系统定义的有关输入输出(I/O)的信息，有关输入和输出的操作信息就在该文件中声明。由于这类文件常常被嵌入在程序的开始处，所以称之为头文件。若不包含 iostream 文件，编译系统就不认识像 cin、cout 等的含义。又如，要使用 C++ 系统提供的数学函数 sqrt 和abs，不需要对它们进行声明，有关数学函数的声明已在头文件 math 中给出，因此在程序开始必须包含头文件 math.h，否则，编译系统就不认识 sqrt 和 abs 等数学函数。

1.5.2　输入/输出(I/O)流

一个程序应该至少包括有关输出语句，一般情况下，也包括输入语句。在 C++ 中，数据的输入与输出是通过 I/O 流来实现的，将数据从一个对象到另一个对象的流动抽象为"流"。从流中获取数据的操作称为提取操作，向流中添加数据的操作称为插入操作。">>"运算符称为提取符，"<<"运算符称为插入符。cin 和 cout 是 C++ 系统预定义的流类对象，其中，cin 用来处理标准输入，即键盘输入，cou 用来处理标准输出，即屏幕输出。通过提取符>>作用在流对象 cin 上可实现键盘输入，通过插入符<<作用在流对象 cout 上可实现屏幕输出。在例 1-2 中，cin>>x>>y;表示从键盘输入 x、y 的值，cout<<"x+y="<<x<<"+"<<y<<"="<<sum<<endl; 表示连续输出字符串"x+y"、变量 x、字符"+"、变量 y、字符"="、变量 sum 和 endl，其中 endl 是 I/O 流中的一个操纵符，在输入输出语句中的作用是插入换行符(\n)，并对流进行刷新。输出结果为：x+y=13+16=29。

使用 cin 和 cout，必须包含头文件"iostream"，即前面例子中的第一行指令。

1.5.3　关键字与标识符

关键字是 C++ 预定义的单词，它们在程序中有着特别的意义。如例中的 void、int、return、if、else 等。比如类型说明符(如 int、float)、语句定义符(如 if、return)及预处理命令字(如 include)等都是 C++ 的关键字。关键字具有特定的含义，作为专用的定义符不允许另作它用。

标识符是程序编写者声明的单词，它命名程序中的一些实体，如变量名(x，y，sum，year，is_leap 等)、函数名(add 等)、类名、对象名等。C++ 标识符的构成规则如下：

(1) 以大写字母、小写字母或下划线(_)开始；

(2) 可以由大写字母、小写字母、下划线(_)或数字 0～9 组成；

(3) 大写字母和小写字母代表不同的标识符；

(4) 不能是 C++ 关键字。

如例中的变量 a、x、sum、average 等和函数 add 等是合法的标识符。又如 3s(以数字开头)，s*T(出现字符*)，bowy-1(出现字符-)等是不许作为标识符号的。

标识符的命名应符合实际意义，使我们编写和阅读程序时更加容易理解程序代码。

1.5.4　常量和变量

常量是指在程序运行的整个过程中其值始终不可改变的量，而在程序的执行过程中其值可以变化的量称为变量，变量需要用标识符来命名。在例 1-2 中，2.0、"input two numbers:"等是常量，a、x、sum、average 等是变量。

C++ 中的常量有整型常量、实型常量、字符型常量、字符串型常量和布尔型常量。例如：123、–5 表示整型，十进制；

0123 表示整型，八进制，数字 0 开头；

–0X5F 表示整型，十六进制，0X 开头，字母大小写均可；

2.0、–15.6、.345 表示实型，默认为双精度型；

0.123E+2、1.E10、–12.34E–5 表示实型，指数形式，默认为双精度型；

'A'、'%'、'6' 表示字符型，可显示字符，对应 ASCII 码值；

"aver="、"CHINA" 表示字符串常量；

true、false 表示布尔型，只有两个值，即真和假。

C++ 中的变量与常量一样，也有相应的类型，但变量在使用之前必须说明其类型和名称。如例 1-2 中的语句 "int x,y,sum;" 表示将 x,y,sum 说明为整型，语句 "float average;" 表示将 average 说明为浮点型，例 1-3 中的语句 "bool is_leap;" 表示将 is_leap 说明为布尔型。C++ 允许在说明变量的同时，也可以给它赋以初值，如：

```
int x=100;                      //说明 x 为整型变量，并赋初值为 100
char c1='a';                    //说明 c1 为字符型变量，并赋初值为'a'
double func=12.345;             //说明 func 为双精度型,并赋初值为 12.345
```

在说明变量的同时赋初值还有另外一种形式，如：

```
int x(100);                     //说明 x 为整型变量，并赋初值为 100
```

 注意：

(1) 有字符串常量，但没有字符串变量，后面的章节中介绍用字符数组来表示字符串的方法；

(2) 有些字符不可显示，也无法通过键盘输入，如换行、响铃、制表符、回车等，C++ 提供了一种转义序列表示方法来表示这些字符，如 '\n' 表示换行，一些常用的转义字符如表 1-1 所示。其中，在字符串和字符常量中，用 \\ 表示字符 \，用 \" 表示字符 "，用 \' 表示字符 '。

表 1-1　常用转义字符表

名　　称	符　　号
空字符(null)	\0
换行(new line)	\n
换页(form feed)	\f
回车(carriage return)	\r
退格(back space)	\b
响铃(bell)	\a
水平制表(horizontal tab)	\t
垂直制表(vertical tab)	\v
反斜线(backslash)	\\
问号(question mark)	\?
单引号(single quote)	\'
双引号(double quote)	\"

1.5.5　运算符和表达式

C++ 提供了丰富的运算符，表达式可以简单地理解为用于计算的公式，它由运算符(例如：+、−、* 等)、操作数(如常量、变量等)和括号()组成。执行表达式所规定的运算，所得到的结果值便是表达式的值。在程序中，表达式是计算求值的基本单位。

我们先介绍几个最常用的运算符与表达式。

1．算术运算符与算术表达式

算术运算符号有：+(加)、− (减或负号)、*(乘)、/(除)、%(取余)。

由算术运算符和相应的操作数(常量、变量等)及括号组成的计算式为算术表达式。常量和变量可以看做是最简单的表达式。算术表达式的含义与我们数学上的表达式的含义基本一致。例如，a+b、sum/2.0 就是表达式。

算术运算符中要注意，乘(*)、除(/)和取余(%)的运算优先于加(+)、减(−)。有括号时，先计算括号内的值。

📢 **注意**：两个整数相除时，结果为整数，如 5/3 的值为 1。取余运算符(%)只能用于计算两个整数相除后的余数，如 5%3 的值为 2，不能对浮点数进行操作。

2．关系运算符与关系表达式

关系运算符有：> (大于)、< (小于)、== (等于)、!= (不等于)、>= (大于等于)、<= (小于等于)。

由关系运算符和相应的操作数及括号组成的比较运算式为关系表达式。关系表达式用于比较运算，其运算结果为 ture 或 false，在系统内部分别用值非 0(true)和 0(false)表示。

关系运算符的优先级别低于算术运算符。例如：a+b>c 等价于(a+b)>c，但后一种形式通过适当地加上括号，使程序容易阅读，不易产生理解错误。

3．逻辑运算符与逻辑表达式

逻辑运算符有：&&(与)、‖(或)、!(非)三种用于逻辑运算。

逻辑表达式一般是由逻辑运算符和操作数(关系表达式)组成的，其运算结果也是 ture 或 false。表 1-2 给出了操作数 a 和 b 的值的各种组合以及逻辑运算的结果。

表 1-2　逻辑运算符的真值表

a	b	!a	a&&b	a‖b
ture	ture	false	ture	ture
ture	false	false	false	ture
false	ture	ture	false	ture
false	false	ture	false	false

4．赋值运算符与赋值表达式

赋值运算符为"="，复合赋值运算符为"+="、"−="、"*="、"/="、"%="。赋值表达式的一般格式为

　　　变量=表达式

表示将其右侧的表达式求出的结果赋给其左侧的变量，整个表达式的值就是赋值号右边表达式的值。例如：

a=2*(3+4)　　表示 a 的值为 14，赋值表达式的值为 14。

i=j=k=2　　　表示 i=(j=(k=2))，赋值表达式的值为 2，i、j、k 的值均为 2。

复合赋值表达式的意义如下：

a+=b　　等价于　　a=a+b

a−=b　　等价于　　a=a−b

a*=b   等价于   a=a*b

a/=b   等价于   a=a/b

a%=b   等价于   a=a%b

📢 **注意**：复合赋值符这种写法，对初学者可能不习惯，但十分有利于编译处理，能提高编译效率并产生质量较高的目标代码。

5．自增、自减运算符及其表达式

C++ 提供了自增(++)和自减(--)运算符，它们属于算术运算符，其作用是，与变量一起使用分别表示使变量的值增 1 或减 1。自增、自减运算符的使用分别有两种形式，即和变量一起将自增、自减运算符作为前置和后置两种形式：

```
i++，i--       //表示在使用 i 之后，使 i 的值加 1 或减 1
++i，--i       //表示在使用 i 之前，先将 i 的值加 1 或减 1
```

📢 **注意**：粗略地看，i++ 和 ++i 的作用都相当于表达式 i=i+1，但 i++ 表示先使用 i 的值后再执行 i=i+1，而 ++i 则表示先执行 i=i+1 后再使用 i 的值，例如：

```
int i,j;       //说明整型变量 i,j
i=5;           //赋初值
j=i++;         //i 的值为 6,j 的值为 5
j=++i          //i 的值为 7,j 的值为 7
```

6．逗号运算符及其表达式

逗号运算符用于将多个表达式连在一起，并将各表达式按从左到右的顺序依次来求值，但只有其最右端的表达式的结果作为整个逗号表达式的结果。

逗号表达式的一般形式为

　　　　表达式 1，表达式 2，…，表达式 n

例如：

```
int a,b,c;
a=1,b=2,c=3;
```

上面语句依次执行 3 个赋值表达式，整个表达式的值为 3，这时 a、b、c 的值分别为 1、2、3。

C++ 有丰富的运算符，相应的表达式形式也多种多样，这使得 C++ 的功能十分完善。在以后的章节中将逐步介绍其他运算符。

1.5.6　程序语句

一条完整的语句应以分号";"结束。C++ 程序语句有如下几类：

(1) 说明语句。说明语句用来说明变量的类型和初值。例如：

```
int x,y,sum;        //将变量 x,y,sum 说明为整型变量
int sum=0;          //将变量 sum 说明为整型变量，并赋初值为 0
bool is_leap;       //定义逻辑型变量 is_leap
```

(2) 表达式语句。如下面两条语句都是赋值表达式语句。其中第一条赋值号右端为算

术表达式，第二条赋值号右端为逻辑表达式，第三条赋值号右端为函数调用。

```
average=sum/2.0;
is_leap=((year%4==0 && year%100!=0)||(year%400==0));
sum=add(x,y);
```

(3) 程序控制语句。程序控制语句是用来根据条件控制程序执行顺序的，C++ 的控制语句有 if-else，for，while，return 等。如下面语句根据逻辑型量 is_leap 的值来决定输出是否为闰年。

```
if (is_leap)
    cout<<year<<"is a leap year"<<endl;
    else
    cout<<year<<"is not a leap year"<<endl;
```

(4) 复合语句。复合语句是由一对大括号{ }把一些说明和语句组合在一起的语句，复合语句在语法上等价于一个简单语句。复合语句可以由简单语句和复合语句组成。

(5) 函数调用语句。

有关上述语句的详细使用方法，我们将在今后的章节中逐步介绍。

1.5.7　程序书写格式

在 C++ 中，空格符、制表符(Tab 键产生的字符)、换行符(Enter 键产生的字符)和注释统称为空白符。由于 C++ 编译程序在词法分析阶段将源程序分解为词法记号和空白符，空白符除用于指示词法记号的开始和结束位置以及在字符常量和字符串常量中起作用外，在其他地方出现时，只起间隔作用，编译程序对它们忽略不计。因此，C++程序可以不必严格地按行书写，一个语句可以占多行，一行也可以有多个语句。

通过运用空白符，养成良好的程序书写习惯，可增加程序的清晰性和可读性。

C++ 程序可以用 // 进行注释，还有另一种注释方式是以"/*"开头并以"*/"结尾的串。例如，以下两条语句是等价的：

```
z=x+y;          // this is a comment
z=x+y;          /* this is a comment */
```

两种注释方法不同的是："//..."注释方式适合于注释内容不超过一行的注释，这时，它显得非常简洁，而且两个斜杠连着书写不容易出现错误；"/*...*/"注释方式可以注释多行内容，编译程序将从"/*"开始直至"*/"结束的内容全部解释成为空白。这一特点对于调试程序特别方便，即在调试程序时，对暂不使用的语句可用注释符括起来，使编译时跳过不作处理，待调试结束后再去掉注释符。使用该注释方式要注意注释符配对。C++ 的注释可以出现在程序的任何地方。

1.6　C++ 程序的运行环境

C++ 的流行使得许多软件厂商都提供了自己的 C++ 集成开发环境，称为 C++ IDE。著名的有 Borland 公司的 C++ Builder，IBM 公司的 Visual Age For C++，Microsoft 公司的 Visual

C++，等等。其中，Visual C++ 6.0 是目前 Windows 操作系统下最流行的 C++ 集成开发环境之一。

Visual C++ 6.0 是美国微软公司开发的 C++ 集成开发环境，它集源程序的编写、编译、连接、调试、运行以及应用程序的文件管理于一体。本书的程序实例均用 Visual C++ 6.0 调试通过，下面对这一开发环境作一简单的介绍。Visual C++ 6.0 的功能较多，我们仅仅介绍一些常用的功能。在以后的学习中，要多用、多试、多思考，才能够熟练地掌握它的用法。

同其他高级语言一样，要想得到可以执行的 C++ 程序，必须对 C++ 源程序进行编译和连接，该过程如图 1-2 所示。

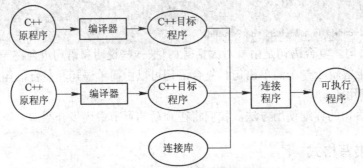

图 1-2　C++ 程序的编译和连接的过程

对于 C++，这一过程的一般描述如下：使用文本编辑工具编写 C++ 程序，其文件后缀为 .cpp，这种形式的程序称为源代码(Source Code)，然后用编译器将源代码转换成二进制形式，文件后缀为 .obj，这种形式的程序称为目标代码(Objective Code)，最后，将若干目标代码和现有的二进制代码库经过连接器连接，产生可执行代码(Executable Code)，文件后缀为 .exe，只有 .exe 文件才能运行。

Visual C++ 6.0 集成开发环境被划分成四个主要区域：菜单和工具栏、工作区窗口、代码编辑窗口和输出窗口，如图 1-3 所示。

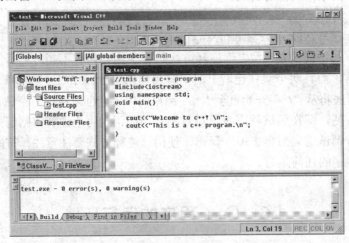

图 1-3　Visual C++ 6.0 集成开发环境

一般情况下，开发一个应用程序可按照如下步骤来进行。

1. 创建一个项目

编译一个 C++ 源文件之前，需要有一个活动的项目工作区。项目文件名后缀为 .dsp(保存项目设置)，它维护应用程序中所有的源代码文件，以及 Visual C++ 如何编译、连接应用程序，以便创建可执行程序。Visual C++ 6.0 集成开发环境中，通过"File"菜单的"New"命令创建一个新的项目。创建一个项目的同时，也创建了一个项目工作区，项目工作区文件的后缀名为 .dsw(保存项目工作区的设置)。一个应用程序可以有一个项目及若干个子项目，但只有一个活动的项目。

具体步骤如下：

(1) 启动 Visual C++ 6.0，如图 1-4 所示。

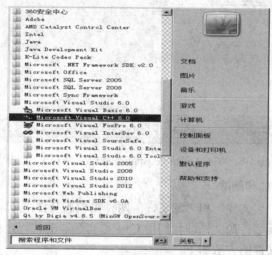

图 1-4 启动 Visual C++ 6.0

(2) 新建一个工程，单击"File"菜单中的"New"选项，显示"New(新建)"对话框，单击"Projects"选项卡，选择"Win32 Console Application"(Win32 控制台应用程序)，在左边"Location"文本框中指定一个路径，用来存储工程，在"Project name"文本框中输入工程名称，如 test1，单击"OK"按钮，如图 1-5 所示。

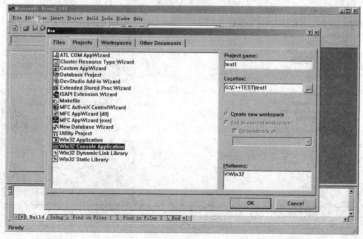

图 1-5 新建一个工程

(3) 在弹出的"Win32 Console Application-Step 1 of 1"对话框中选择"An empty project"
单选项,如图 1-6 所示,然后单击"Finish"按钮,弹出下一个对话框,然后单击"OK"
按钮,完成工程的创建。

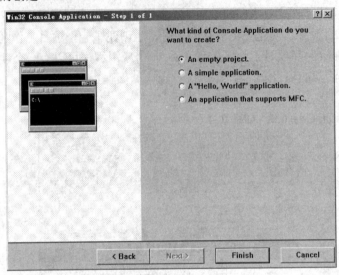

图 1-6　Win32 Console Application-Step 1 of 1 对话框

2. 项目文件的添加和删除

项目文件一般由"头文件"和"源文件"两种类型的文件组成。头文件也称为 include
文件,采用.h 作为扩展名;源文件即我们用 C++ 语言编写的代码,扩展名为.cpp。

向项目中添加源文件的方法如下:

(1) 创建新的源代码文件,并将它们添加到项目中去。选择"File"菜单中的"New"
命令,在"New"对话框中,单击"C/C++ Source File"。选中"Add to project"项,键入
一个文件名。可以为要创建的文件指定目录,或直接采用当前目录,然后单击"OK"按钮,
如图 1-7 所示。

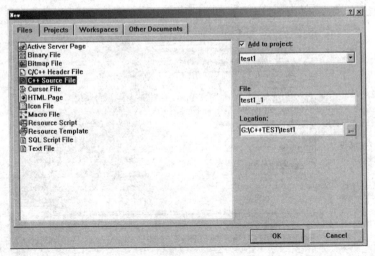

图 1-7　创建新的源代码文件对话框

(2) 添加一个已存在的源代码文件和资源文件到项目中。选择"Project"菜单中的"Add to project"命令，再选"Files"命令，在弹出的"Insert Files Into Project"对话框中选择要添加的文件，单击"OK"按钮即可(按下 Shift 或 Ctrl 键，可选择多个文件)。

(3) 从项目中删除一个文件。打开"FileView"项，选择要删除的文件，按下 Del 键即可。这仅是将文件从项目中移去，并非真正地从硬盘中把文件删除。

3．编辑源代码

C++ 源代码在代码编辑窗口中编辑。为了打开源代码编辑器，可以创建一个新的 .cpp 或 .h 文件，或打开一个已存在的文件。

4．项目配置

在开发应用程序时，一般将项目设置为 Debug 模式。在该模式中，编译器将 Visual C++ Debug 所需的调试信息一同编译。当程序调试完毕准备发行时，将项目设置为 Release 模式。

5．调试程序

根据编译提示的错误信息，修改源代码编辑器中的源程序。

6．运行应用程序

源程序经过编译、连接后，就生成了一个后缀为 .exe 的可执行文件。可以从"Build"菜单中选择"Execute test.exe"项，或者按 Ctrl + F5 组合键，或用鼠标左键点击"！"按钮便可运行应用程序。

以上简单介绍了使用 Visual C++ IDE 创建一个项目的过程。随着我们 C++ 编程水平的提高，将会对这个集成开发环境有更加深入的了解和运用。

第2章 程序流程控制

在 C++ 程序中，语句是最小的可执行单元，一条语句可以很简单，也可以很复杂。一个程序有很多条语句，而每条语句都是根据任务的要求自动执行的，通过对语句执行顺序的控制，就可以使计算机能根据不同的情况进行判断并自动执行相应的语句。任何程序设计语言都具备流程控制的功能。本章介绍了顺序、选择和循环结构，它们是程序设计的最基本的流程控制方法。

2.1 程序结构概述

什么是程序？著名计算机科学家沃思(Wirth)将程序表述为：数据结构+算法。因此，一个程序应包括：① 对数据的描述，即对程序中数据的类型和数据的组织形式的描述，称之为数据结构(Data Structure)；② 对数据操作的描述，即对数据操作的步骤，称之为算法(Algorithm)。程序设计工作主要包括数据结构和算法的设计。

在面向对象的程序设计中，对象是程序的基本单位，但对象的静态属性往往是通过某种特定的数据类型来表示的，这种数据类型的总的关系就是数据结构；对象的动态属性要有成员函数来实现，成员函数的实现归根结底还是算法的设计。

数据结构就是对数据的描述，即在程序中要指定的数据的类型和数据的组织形式。数据是操作的对象，即程序处理的对象。程序中的数据由常量和变量的形式表现，C++ 的基本数据类型有 bool(逻辑型)、char(字符型)、int(整型)、long(长整型)、float(浮点型，即实型)、double(双精度浮点型，简称双精度型)。此外，C++ 允许用户自定义数据类型，自定义数据类型有：枚举、结构、联合、数组、类等。我们在例 1-2 中接触到 int 和 float 型，例 1-3 中接触到 bool 型。其他类型我们在第三章中进行介绍。

算法就是对操作步骤的描述，即解决问题的过程、步骤。

对一些复杂的操作，人们通常根据该操作的复杂性将其细划分为多个简单功能模块的组合，再将各个简单模块功能进一步细化为更小的更简单的功能模块，直到分解成一个个程序语句为止。这种设计方法的优点显而易见，一是符合人们思考问题的一般规律，易于编写和维护程序，二是把复杂问题逐步细化，从相对简单的问题着手，这样一来，分析问题是从总体到局部的过程，而解决问题则是从局部到总提的过程。这种采用自顶向下、逐步求精的设计方法就是典型的结构化程序设计思想。这些基本方法和手段也是面向对象程序设计的基础。

使用自顶向下、逐步求精的方法，可使所要解决的问题逐步细化，并最终实现由顺序、选择和循环这三种流程控制结构来描述。可以证明，由三种基本结构(即顺序结构、选择结构、循环结构)可以解决任何复杂的程序问题，这三种结构是程序设计中最基本的流程控制结构，也是构成复杂算法的基础。

2.2　顺　序　结　构

顺序结构，就是计算机在执行程序时，按照我们编写程序的各个语句的先后次序一条一条地顺序执行。顺序结构中语句可以是简单的语句，我们也可以将特定的语句组合看做一条整体语句(一个模块)，这个组合在整体程序的执行过程中可看做是一个顺序结构。

在例 1-1 中，有两条输出语句，是顺序结构。

在例 1-2 中，调用了函数，如果把调用函数模块看做一个整体，便成为顺序结构；另外，在子程序 add 中，可以把{}括起来的语句看做是一条复合语句。

在例 1-3 中，使用了控制语句，把 if...else...看做一个整体，即把控制语句看做一条语句块，这也是一个顺序结构。

因此顺序结构也是程序设计的基础。顺序结构中的简单语句有表达式语句，输入/输出流语句等。

2.2.1　表达式语句

任何一个表达式后面加上一个分号 ";" 就构成了表达式语句。在 C++ 程序中，几乎所有的操作运算符都通过表达式来实现，而表达式语句也就成了 C++ 程序中最简单也是最基本的语句。表达式语的一般形式为

> 表达式；

执行表达式语句就是计算表达式的值。例如：

> x=y+z;　　　//赋值语句
>
> y+z;　　　　//加法运算语句，但计算结果不能保留，无实际意义
>
> i++;　　　　//自增 1 语句，i 值增 1
>
> ;　　　　　//空语句，不执行任何操作

在表达式语句中，最常用的形式是赋值语句。赋值语句是由赋值表达式再加上分号构成的表达式语句。其一般形式为

> 变量 = 表达式；

赋值语句的功能和特点都与赋值表达式相同。它是程序中使用最多的语句之一。在赋值语句的使用中需要注意以下几点：

(1) 由于在赋值符 "=" 右边的表达式也可以又是一个赋值表达式，因此，下述形式：

> 变量 = (变量 = 表达式)；

是成立的，从而形成嵌套的情形。其展开之后的一般形式为

> 变量 = 变量 = … = 表达式；

例如：

a=(b=(c=(d=(e=5)))); 按照赋值运算符的右接合性，因此实际上等效于：

a=b=c=d=e=5;　　　也等效于：

e=5;

d=e;

c=d;

b=c;

a=b;

(2) 注意在变量说明中给变量赋初值和赋值语句的区别。给变量赋初值是变量说明的一部分，赋初值后的变量与其后的其它同类变量之间仍必须用逗号间隔，而赋值语句则必须用分号结尾。

(3) 在变量说明中，不允许连续给多个变量赋初值。如下述说明是错误的：

int a=b=c=5　　　必须写为　　　　int a=5,b=5,c=5;

而赋值语句允许连续赋值。

(4) 注意赋值表达式和赋值语句的区别。赋值表达式是一种表达式，它可以出现在任何允许表达式出现的地方，而赋值语句则不能。下述语句是合法的：

if((x=y+5)>0) z=x;

语句的功能是，若表达式 x=y+5 大于 0 则 z=x。下述语句是非法的：

if((x=y+5;)>0) z=x;

因为 x=y+5;是语句，不能出现在表达式中。

(5) 赋值语句的右端可以是一个函数，如例 1-2 中的 sum=add(x，y); 语句。

2.2.2　复合语句

把多个语句用花括号"{}"括起来组成的一个语句称复合语句。在程序中可以把复合语句看成是单条语句，而不是多条语句，例如：

```
{
    x=y+z;
    a=b+c;
    cout<<x<<s<<endl;
}
```

是一条复合语句。复合语句内的各条简单语句都必须以分号";"结尾，在括号"}"外不必加分号。复合语句中可以嵌套复合语句。

2.2.3　函数调用语句

由函数名、实际参数加上分号";"组成。其一般形式为

```
函数名(实际参数表);
```

执行函数语句就是调用函数体并把实际参数赋予函数定义中的形式参数，然后执行被调函数体中的语句。

关于函数调用语句，我们将在函数一章中详细说明其使用方法。

2.3 选择结构

选择结构就是根据给定的条件进行判断，从而决定程序执行的流程，C++ 提供了两种选择语句：if-else(if 语句)语句和 switch 语句。本节同时也介绍了条件运算符和条件表达式。

2.3.1 用 if 语句实现选择结构

选择结构可以用 if 语句实现。它根据给定的条件进行判断，以决定执行某个分支程序段。if 语句有三种基本形式。

1．第一种形式为基本形式

```
if(表达式)
语句；
```

其语义是：如果表达式的值为真，则执行其后的语句，否则不执行该语句。这里的语句可以是复合语句，即可以是多条语句，这时要有花括号。

例 2-1 输入两个整数，输出其中的大数。

```cpp
#include<iostream>
using namespace std;
void main()
{
    int a,b,max;
    cout<<"input two numbers: ";
    cin>>a>>b;
    max=a;
    if (max<b) max=b;
    cout<<"max="<<max<<endl;
}
```

程序运行结果如下：

```
input two numbers：45 56✓
max=56
```

本例程序中，输入两个数 a, b。把 a 先赋予变量 max，再用 if 语句判别 max 和 b 的大小，如 max 小于 b，则把 b 赋予 max。因此 max 中总是大数，最后输出 max 的值。

2．第二种形式为 if-else 形式

```
if(表达式)
        语句 1；
    else
        语句 2；
```

其语义是：如果表达式的值为真，则执行语句 1，否则执行语句 2 。这里的语句 1 和语句

2 同样可以是复合语句。

例 2-2 输入两个整数，输出其中的大数。改用 if-else 语句判别 a、b 的大小，若 a 大，则输出 a，否则输出 b。

```cpp
#include<iostream>
using namespace std;
void main()
{
    int a, b;
    cout<<"input two numbers:";
    cin>>a>>b;
    if(a>b)
      cout<<"max is a="<<a<<endl;
    else
      cout<<"max is b="<<b<<endl;
}
```

3. 第三种形式为 if-else-if 形式

前两种形式的 if 语句一般都用于两个分支的情况。当有多个分支选择时，可采用 if-else-if 语句，其一般形式为

```
if(表达式 1)
        语句 1;
    else   if(表达式 2)
        语句 2;
    else   if(表达式 3)
        语句 3;
        …
    else   if(表达式 m)
        语句 m;
    else
        语句 n;
```

其语义是：依次判断表达式的值，当出现某个值为真时，则执行其对应的语句。然后跳到整个 if 语句之外继续执行程序。如果所有的表达式均为假，则执行语句 n。然后继续执行后续程序。

例 2-3 要求判别键盘输入字符的类别。可以根据输入字符的 ASCII 码来判别类型。由 ASCII 码表可知 ASCII 值小于 32 的为控制字符。在 48~57 之间的为数字，在 65~90 之间为大写字母，在 97~122 之间为小写字母，其余则为其他字符。这是一个多分支选择的问题，用 if-else-if 语句编程，判断输入字符 ASCII 码所在的范围，分别给出不同的输出。

```cpp
#include<iostream>
using namespace std;
```

```
    void main()
    {
        char c;
        cout<<"input a character:";
        cin>>c;
        if(c<32)
            cout<<"This is a control character"<<endl;
        else if(c>=48 && c<=57)                //ASCII 48-57: 0-9
            cout<<"This is a digit"<<endl;
        else if(c>=65 && c<=90)                //ASCII 65-90: A-Z
            cout<<"This is a capital letter"<<endl;
        else if(c>=97 && c<=122)               //ASCII 97-122: a-z
            cout<<"This is a small letter"<<endl;
        else
            cout<<"This is an other character"<<endl;
    }
```

4．使用 if 语句应注意的问题

(1) 在三种形式的 if 语句中，在 if 关键字之后均为表达式。该表达式通常是逻辑表达式或关系表达式，但也可以是其他表达式，如赋值表达式等，甚至也可以是一个变量。例如：

　　　if(a=5) 语句；

　　　if(b) 语句；

都是允许的。只要表达式的值为非 0，即为"真"。如在 if(a=5)…；中表达式的值永远为非 0，所以其后的语句总是要执行的，当然这种情况在程序中不一定会出现，但在语法上是合法的。

　　又如，有程序段：

```
    if(a=b)
        cout<<a;
    else
        cout<<"a=0";
```

本语句的语义是，把 b 值赋予 a，如为非 0 则输出该值，否则输出"a=0"字符串。这种用法在程序中是经常出现的。

(2) 在 if 语句中，条件判断表达式必须用括号括起来，在语句之后必须加分号。

(3) 在 if 语句的三种形式中，所有的语句应为单个语句，如果要想在满足条件时执行一组(多个)语句，则必须把这一组语句用花括号"{}"括起来组成一个复合语句。但要注意的是在右花括号"}"之后不能再加分号。例如：

```
    if(a>b)
    {
        a++;
        b++;
```

```
            }
        else
    {    a=0;
            b=10;
    }
```

(4) if 语句的可以嵌套使用。当 if 语句中的执行语句又是 if 语句时，则构成了 if 语句嵌套的情形。其一般形式可表示如下：

        if(表达式)
            if 语句；
或者为
        if(表达式)
            if 语句；
        else
            if 语句；

在嵌套内的 if 语句可能又是 if-else 型的，这将会出现多个 if 和多个 else 重叠的情况，这时要特别注意 if 和 else 的配对问题。例如：

        if(表达式 1)
        if(表达式 2)
            语句 1；
        else
            语句 2；
其中的 else 究竟是与哪一个 if 配对呢？

        应该理解为   还是应理解为
        if(表达式 1)   if(表达式 1)
            if(表达式 2)   if(表达式 2)
                语句 1；   语句 1；
            else   else
                语句 2；   语句 2；

为了避免这种二义性，C++ 规定，else 总是与它前面最近的 if 配对，因此对上述例子应按前一种情况理解。在一般情况下较少使用 if 语句的嵌套结构，以使程序更便于阅读理解。

2.3.2 条件运算符和条件表达式

如果在条件语句中，只执行单个的赋值语句时，常可使用条件表达式来实现。不但使程序简洁，也提高了运行效率。

条件运算符为"? :"，是一个三目运算符，即有三个参与运算的量。由条件运算符组成条件表达式的一般形式为

    表达式 1 ? 表达式 2：表达式 3

其求值规则为：如果表达式 1 的值为真，则以表达式 2 的值作为条件表达式的值，否则以

表达式 3 的值作为整个条件表达式的值。

条件表达式通常用于赋值语句之中。例如条件语句:

```
if(a>b)
    max=a;
else
    max=b;
```

可用条件表达式写为

```
max=(a>b)?a:b;
```

执行该语句的语义是:如 a>b 为真,则把 a 赋予 max;否则把 b 赋予 max。

使用条件表达式时,还应注意以下几点:

(1) 条件运算符的运算优先级低于关系运算符和算术运算符,但高于赋值符。因此 max=(a>b)?a:b 可以去掉括号而写为 max=a>b? a:b

(2) 条件运算符 "?" 和 ":" 是一对运算符,不能分开单独使用。

(3) 条件运算符的结合方向是自右至左。例如:a>b? a:c>d?c:d 应理解为 a>b?a:(c>d?c:d) 这也就是条件表达式嵌套的情形,即其中的表达式 3 又是一个条件表达式。

例 2-4 用条件表达式编程,输出两个数中的大数。

```
#include<iostream>
using namespace std;
void main()
{
    int a,b,max;
    cout<<"input two numbers:";
    cin>>a>>b;
    max=a>b?a:b;
    cout<<"max is:"<<max<<endl;
}
```

2.3.3 switch 语句

C++ 还提供了另一种用于多分支选择的 switch 语句,其一般形式为

```
switch(表达式)
{
    case 常量表达式 1: 语句 1;
    case 常量表达式 2: 语句 2;
    …
    case 常量表达式 n: 语句 n;
    default          : 语句 n+1;
}
```

其语义是:计算表达式的值,并逐个与其后的常量表达式值相比较,当表达式的值与某个

常量表达式的值相等时，即执行其后的语句，然后不再进行判断，继续执行后面所有 case 后的语句。如表达式的值与所有 case 后的常量表达式均不相同时，则执行 default 后的语句。

例2-5 输入一个 1～7 的整数，转换成星期输出。

```cpp
#include<iostream>
using namespace std;
void main()
{   int day;
    cout<<"input integer number(1-7):";
    cin>>day;
    switch(day)
    {
        case 1: cout<<"Monday"<<endl;
                break;
        case 2: cout<<"Tuesday"<<endl;
                break;
        case 3: cout<<"Wednesday"<<endl;
                break;
        case 4: cout<<"Thursday"<<endl;
                break;
        case 5: cout<<"Friday"<<endl;
                break;
        case 6: cout<<"Saturday"<<endl;
                break;
        case 7: cout<<"Sunday"<<endl;
                break;
        default: cout<<"error!"<<endl;
                break;
    }
}
```

在使用 switch 语句时还应注意以下几点：

(1) switch 语句后面的表达式只能是整型、字符型或枚举型表达式。case 后面的常量表达式的类型必须与其匹配，可以是一个整数或字符，也可以是不含变量与函数的常量表达式。

(2) 在 case 后的各常量表达式的值不能相同，否则会出现错误。例如 case 'A'与 case 65 是相同的值，不能出现在同一个 switch 语句中。

(3) 在 case 后，允许有多个语句，可以不用{ }括起来。但整体的 switch 语句是由若干 case 语句与一个可缺省的 default 语句构成的，所以必须要写上一对花括号。

(4) 各 case 子句的先后顺序可以变动，而不会影响程序执行结果。

(5) 每个 case 语句只是一个入口标号，并不能确定执行的终止点，因此每个 case 分支的最后应该加上 break 语句，用来结束整个 switch 结构，否则会从入口点开始一直执行到 switch 结构的结束点。

(6) default 子句可以省略不用。当 default 不出现时，则当表达式的值与所有常量表达式的值都不匹配时，退出 switch 语句。

例 2-6　编写一个计算器程序，用户输入运算数和四则运算符，输出计算结果。

/* 本例可用于四则运算求值。switch 语句用于判断运算符，然后输出运算值。当输入运算符不是+, −, *, /时给出错误提示 */

```cpp
#include<iostream>
using namespace std;
void main()
{
    float a,b;
    char c;
    cout<<"input expression: a+(-,*,/)b"<<endl;
    cin>>a>>c>>b;
    switch(c)
    {
        case '+': cout<<a+b<<endl;
                  break;
        case '-': cout<<a-b<<endl;
                  break;
        case '*': cout<<a*b<<endl;
                  break;
        case '/': cout<<a/b<<endl;
                  break;
        default: cout<<"input error!!"<<endl;
    }
}
```

程序运行结果如下：

```
input expression: a+(-,*,/)b
20.5*3✓
61.5
```

2.4　循　环　结　构

循环结构是程序中一种很重要的结构，其特点是，在给定条件成立时，反复执行某程序段，直到条件不成立为止。给定的条件称为循环条件，反复执行的程序段称为循环体。C++ 提供了多种循环语句，可以组成各种不同形式的循环结构。

2.4.1　while 语句

while 语句的一般形式为

```
while(表达式)
    {
        循环体语句;
    }
```

while 语句的语义是：首先计算表达式的值，并对计算的结果进行判断，若表达式的值为假(false，即 0)，跳过循环体部分，执行 while 结构后的语句。若表达式的值为真(true，即非 0)时，执行循环体语句，执行完一次循环体语句后，再判断表达式的值，若表达式的值仍然为真，就继续执行循环体语句，依次类推，直到判断表达式的值为假时退出循环体。while 语句的特点是"先判断后执行"。

例 2-7　求 $1 + 1/2 + 1/3 + \cdots + 1/10$ 的值。本题需要用累加算法，累加过程是一个循环过程，可以用 while 语句实现。程序如下：

```
#include<iostream>
using namespace std;
void main()
{
    int i,n(10);                    //定义变量时的一种赋初值方法
    double sum(0);
    i=1;
    while(i<=n)
    {   sum=sum+1.0/(double)i;      ///(double)i 是强制类型转换
        i++;

    }
    cout<<"sum is:"<<sum<<endl;

}
```

程序运行结果如下：

```
sum is: 2.92897
```

分析：① 循环条件是否可以写成：i<n (此时运行结果为 2.82897)。

② 循环体内累加语句是否可以写成：sum=sum+1/i。

③ 当循环体内两条语句 i++和 sum=sum+1.0/(double)i 交换顺序后会有什么结果？

④ 循环语句中把一对花括号{}去掉，运行结果是什么？

使用 while 语句应注意以下几点：

(1) while 语句中的表达式一般是关系表达或逻辑表达式，只要表达式的值为真(非 0)即可继续循环。

例 2-8　求 $1 + 2 + \cdots + n$ 的值，其中，n 的值由键盘输入。这显然是一个累加程序，用while 语句实现如下：

```
#include<iostream>
using namespace std;
void main()
{
    int n,sum(0);
    cout<<"sum=1+2+...+n, please input n:";
    cin>>n;
    while (n>=1)
    {   sum=sum+n;
        n--;
    }
    cout<<"sum is: "<<sum<<endl;
}
```

程序运行结果如下：

```
sum=1+2+...+n, please input n: 100↙
sum is: 5050
```

本例程序将执行 n 次循环，每执行一次，n 值减 1，直到 n 的值为 0 时退出循环。

(2) 循环体如包括有一个以上的语句，则必须用{}括起来，组成复合语句，当只有一条简单语句时，花括号可以省略。

(3) 应注意循环条件的选择以避免死循环。如：

```
    while(a=5)
        语句 s;
```

上面的循环条件为赋值表达式 a=5，其值是 5，即该表达式的值永远为真，而循环体中又没有其他中止循环的手段时，该循环将无休止地进行下去，形成死循环。

(4) 允许 while 语句的循环体又是 while 语句，从而形成双重循环。

2.4.2　do-while 语句

do-while 语句的一般形式为

```
    do
    {
        循环体语句;
    } while(表达式);
```

do-while 语句的语义是：先执行循环体语句一次，再判别表达式的值，若表达式的值为真(非 0)，则继续执行循环体语句，否则终止循环。do-while 语句的特点是"先执行后判断"。

例2-9　用 do-while 语句编写程序，求 $1 + 1/2 + 1/3 + \cdots + 1/10$ 的值(与例 2-7 认真比较)。

```
#include<iostream>
using namespace std;
void main()
{
```

```
    int i, n(10);                          //定义变量时的一种赋初值方法
    double sum(0);
    i=1;
    do
    {    sum=sum+1.0/(double)i;            //(double)i 是强制类型转换
         i=i+1;
    } while(i<=n);                          //注意,表达式后加分号!
    cout<<"sum is:"<<sum<<endl;
}
```

例2-10　输入一个整数,将各位数字反转后输出。

分析:可以采用不断除以 10 取余数的方法,直到商数等于 0 为止。由于无论整数是几,至少要输出一个个位数,所以用 do-while 语句,先执行循环体,后判断循环控制条件。

```
    #include<iostream>
    using namespace std;
    void main()
    {   int n,right;
        cout<<"input the integer number: ";
        cin>>n;
        cout<<"the number in reverse order is: ";
        do
        {   right=n%10;
            cout<<right;
            n/=10;              //表示 n=n/10;  运算符"/="是复合赋值运算符
        }while(n!=0);
        cout<<endl;
    }
```

程序运行结果如下:

```
    input the integer number:46758↙
    the number in reverse order is:85764
```

do-while 语句和 while 语句的区别。do-while 是先执行后判断,因此 do-while 至少要执行一次循环体。而 while 是先判断后执行,如果条件不满足,则一次循环体语句也不执行。While 语句和 do-while 语句一般都可以相互改写。

对于 do-while 语句还应注意以下几点:

(1) 在 if 语句,while 语句中,表达式后面都不能加分号,而在 do-while 语句的表达式后面则必须加分号。

(2) do-while 语句也可以组成多重循环,而且也可以和 while 语句相互嵌套。

(3) 在 do 和 while 之间的循环体由多个语句组成时,也必须用{}括起来组成一个复合语句,只有一条简单语句时,花括号可以省略。

(4) do-while 和 while 语句相互替换时,要注意修改循环控制条件。

2.4.3　for 语句

for 语句是 C 语言所提供的功能更强，使用更广泛的一种循环语句，其一般形式为

```
for(表达式 1；表达式 2；表达 3)
    {
        循环体语句；
    }
```

表达式 1 通常用来给循环变量赋初值，一般是赋值表达式，也允许在 for 语句外给循环变量赋初值，此时可以省略该表达式；表达式 2 通常是循环条件，一般为关系表达式或逻辑表达式；表达式 3 通常可用来修改循环变量的值，一般是赋值语句。三个表达式都是任选项，都可以省略。一般形式中的循环体语句是当表达式 2 为真时执行的一组语句序列。具体来说，for 语句的执行过程如下：

(1) 首先计算表达式 1 的值。

(2) 再计算表达式 2 的值，若值为真(非 0)则执行循环体一次，否则跳出循环。

(3) 然后再计算表达式 3 的值，转回第 2 步重复执行。

在整个 for 循环过程中，表达式 1 只计算一次，表达式 2 和表达式 3 则可能计算多次。循环体可能多次执行，也可能一次都不执行。

for 语句最简单、最常用同时也是最容易理解的应用形式为

```
for(循环变量赋初值；循环控制条件；循环变量增值)
    {
        语句
    }
```

例 2-11　用 for 语句和 while 语句分别编写程序，求 1+2+…+100 的值。比较其联系与区别。

for 语句	while 语句

```#include<iostream>```
```using namespace std;```
```void main()```
```{   int i,s(0);```
```   for(i=1;i<=100;i++)```
```   s=s+i;```
```   cout<<"s="<<s<<endl;```
```}```
	```#include<iostream>```
	```using namespace std;```
	```void main()```
	```{ int i,s(0);```
	``` i=1;```
	``` while(i<=100)```
	``` { s=s+i;```
	``` i++;```
	``` }```
	``` cout<<"s="<<s<<endl;```
	```}```

```for(表达式 1；表达式 2;表达式 3)```
```{```
```   循环体语句；```
```}```
	```表达式 1```
	```while(表达式 2)```
	```{```
	``` 循环体语句；```
	``` 表达式 3；```
	```}```

在使用 for 语句中要注意以下几点：

(1) for 语句中的各表达式都可省略，但分号间隔符不能少。如果表达式 1、2、3 都省略，则成为如下形式：

```
for( ; ; ) 语句    //相当于  while(true) 语句
```

将无终止地执行循环，即死循环。

(2) 表达式 2 是循环控制条件，如果省略，循环将无终止进行下去。

(3) 表达式 1 一般用于给循环控制条件赋初值，也可以是与循环变量无关的其他表达式。如果表达式 1 省略或者是与循环条件无关的其他表达式，则应该在 for 语句之前给循环控制条件赋初值。例如：

程序段 1：

```
for(i=1;i<=10;i++) s=s+i    //在表达式 1 中给循环控制条件赋初值
```

程序段 2：

```
i=1;                        //在 for 语句前给循环控制条件赋初值
for( ;i<=10;i++) s=s+1      //省略表达式 1
```

程序段 3：

```
i=1;                        //在 for 语句前给循环控制条件赋初值
for(s=0;i<=10;i++) s=s+1    //表达式 1 与循环控制条件无关
```

(4) 表达式 3 一般用于改变循环控制条件的值。如果表达式 3 省略或是其他与循环条件无关的表达式，则应该在循环体中另有语句改变循环控制条件，否则会出现死循环。如：

```
for(s=0,i=1;i<=10; )        //省略表达式 3
{  s=s+i;
   i++;                     //在循环体内改变循环控制条件
}
```

🔊 注意：s=0，i=1 是逗号表达式，一般形式为

表达式 1，表达式 2

其求解过程是：先求解表达式 1，再求解表达式 2，整个逗号表达式的值是表达式 2 的值。

(5) 如果省略表达式 1、3，仅有表达式 2，则完全等同于 while 语句。例如，下面两个程序段完全相同：

程序段 1：

```
for(;i<=10;)
        {  s=s+i;
           i=i+1;
        }
```

程序段 2：

```
while(i<=10)
        {  s=s+i;
           i=i+1;
        }
```

(6) for 语句是功能极强的循环语句，完全包含了 while 语句的功能。除了可以给出循环条件以外，还可以赋初值、使循环变量增值等。用 for 语句可以解决编程中的所有循环问题。

2.5　其他控制语句

2.5.1　break 语句

break 语句只能用在 switch 语句或循环体中，其作用是跳出 switch 语句或跳出本层循环，转去执行后面的程序。break 语句的转移方向是明确的，其一般形式为

```
break;
```

使用 break 语句可以使循环语句有多个出口，在一些场合下使编程更加灵活、方便。

例 2-12　求半径为 1、2、3…的圆的面积，当面积超过 100 时停止计算。

```cpp
#include<iostream>
using namespace std;
void main()
{    const float pi=3.1415926;   //说明一个符号常量
    int r;
    float area;
    for(r=1;r<=10;r++)
    {    area=pi*r*r;
        if(area>100)
            break;
        cout<<r<<"—"<<area<<endl;
    }
}
```

程序运行结果为如下：

```
1--3.14159
2--12.5664
3--28.2743
4--50.2655
5--78.5398
```

 注意：程序中使用了符号常量。C++ 可以说明符号常量，但必须在使用之前说明。其一般格式为

```
const 数据类型说明符 常量名=常量值;
```

符号常量在说明时一定要赋初值，并且在程序中不能改变其值。例如，下列语句是错误的：

```
const float pi;
pi=3.1415926;    //错！常量不能被赋值
```

给常量起个有意义的名字，有利于提高程序的可读性，而且，如果程序中多处用到同一个符号常量时，对该常量在说明时赋以初值，修改起来十分简单。

例 2-13　输出 100 以内的素数。素数是只能被 1 和本身整除的数。可用穷举法来判断一个数是否是素数。

```
#include<iostream>
using namespace std;
void main()
{
    int n,i,flag;
    for(n=3;n<=100;n++)
    {
        flag=1;
        for(i=2;i<=n-1;i++)
        {    if(n%i==0)
            {    flag=0;
                break;
            }
        }
        if(flag) cout<<n<<"   ";
    }
}
```

本例程序中，第一层循环表示对 3～100 这些数逐个判断是否是素数，在第二层循环中则对数 n 用 2～n-1 逐个去除，若某次除尽则将除尽标志 flag 赋值为 0，并跳出该层循环，说明不是素数。如果在所有的数都是未除尽的情况下结束循环，则为素数，此时有 flag 的值非 0，故可经此判断后输出素数。然后转入下一次大循环。

实际上，2 以上的所有偶数均不是素数，因此可以使循环变量的步长值改为 2，即每次增加 2，此外只需对数 n 用 2～n 的平方根去除就可判断该数是否素数。这样将大大减少循环次数，减少程序运行时间。将例 2-13 修改后的程序如下所述。

例 2-14　改进例 2-13。

```
#include<iostream>
using namespace std;
#include<math.h>            //使用 C++ 系统提供的数学函数，需包含该文件
void main()
{
    int n,i,k,flag;
    for(n=3;n<=100;n+=2)
    {
```

```
        k=sqrt((double)n);              //sqrt 要求参数为 double 型
        flag=1;
        for(i=2;i<k;i++)
        {   if(n%i==0)
            {   flag=0;
                break;
            }
        }
        if(flag) cout<<n<<"   ";
    }
}
```

注意：程序中在调用 C++ 系统提供的 sqrt 函数，因此，必须用 include 命令将头文件 math.h 包含到程序中，否则编译系统不会认识 sqrt 的意思。另外，由于系统函数 sqrt 要求的参数为双精度型(double)，而 n 的类型为整型(int)，因此，程序中使用了强制类型转换运算符，通过强制类型转换运算符可以将一个表达式转换成所需类型。

强制类型转换运算符的一般形式为

(类型说明符)(表达式)

其中表达式应当用括号括起来，但表达式为一个变量时，可以省略括号，这时要注意，不要理解为变量的类型发生了变化，只是变量的值强制转换为所需要的类型，而变量仍然保持原来的类型。例如：

(double)n   //将 n 的值转换成为 double 类型,但 n 的类型仍然不变

(int)(x+y)   //将 x+y 的值转换成为 int 类型

(float)(5/3)   //将 5/3 的值转换成为 float 类型

2.5.2　continue 语句

continue 语句只能用在循环体中，其语义是：结束本次循环，即不再执行循环体中 continue 语句之后的语句，转入下一次循环条件的判断与执行。应注意的是，本语句只结束本层本次的循环，并不跳出循环。其一般格式为

continue;

例 2-15　输出 100 以内能被 7 整除的数。

```
#include<iostream>
using namespace std;
void main()
{   int n;
    for(n=7;n<=100;n++)
    {
        if (n%7!=0)
```

```
                continue;
            cout<<n<<"   ";
        }
    cout<<endl;
    }
```

本例中，对 7～100 的每一个数进行测试，如该数不能被 7 整除，即模运算不为 0，则由 continus 语句转去下一次循环。只有模运算为 0 时，才能执行后面的 cout 语句，输出能被 7 整除的数。

2.5.3 goto 语句

goto 语句也称为无条件转移语句，其一般格式如下：

```
        goto 语句标号；
```

其中语句标号是按标识符规定书写的符号，放在某一语句行的前面，标号后加冒号 "："。语句标号起标识语句的作用，与 goto 语句配合使用。如：

```
        label: i++;
        …
        goto label;
```

C++ 不限制程序中使用标号的次数，但各标号不得重名。

goto 语句的语义是改变程序流向，无条件地转去执行语句标号所标识的语句。滥用 goto 语句将使程序流程无规则、可读性差，理解和调试程序都会产生困难，现代程序设计方法中一般不主张使用 goto 语句。goto 语句有可能在多重循环的深处直接跳转到循环体外时使用，因为用 break 语句每次只能退出一层循环体，多次使用 break 来退出多重循环反而很不直观。

2.6 程 序 举 例

例 2-16 求一元二次方程 $ax^2+bx+c=0$ 的解，程序中要对 a、b、c 的值的不同情况进行判断，并输出相应的结果。

```
    #include<iostream>
    using namespace std;
    #include<math.h>
    void main()
    {
        float a,b,c,d,x1,x2,real,imag;
        cout<<"please input a,b,c: "<<endl;
        cin>>a>>b>>c;
        if(a==0)
            if(b==0)
```

```
            if(c==0)
                cout<<"input error!"<<endl;
            else
                cout<<"unsolvable!"<<endl;
        else
            cout<<"root is: "<<-c/b<<endl;
    else
    {
        d=b*b-4*a*c;
        if(d==0)
            cout<<"both root are: "<<-b/(2*a)<<endl;
        else
            if(d>0)
            {   x1=(-b+sqrt(d))/(2*a);
                x2=(-b-sqrt(d))/(2*a);
                cout<<"roots are: "<<x1<<" and "<<x2<<endl;
            }
            else
            {   real=-b/(2*a);
                imag=sqrt(-d)/(2*a);
                cout<<"roots are complex: ";
                cout<<"real="<<real<<" imag="<<imag<<endl;
            }
    }
}
```

程序运行时，屏幕显示 input a,b,c：提示输入 a、b、c 的值，输入 a、b、c 不同情况的值，输出结果如下：

0	0	0	input error!
0	0	3	unsolvable!
0	1	2	root is −2
1	5	6	roots are −2 and −3
1	1	1	roots are complex: real=-0.5 imag=0.866025

例 2-17　求 Fibonacci 数列的前 20 个数。这个数列有两个初始值 0 和 1，数列的每一项都是前两项的和，即：$f_1=0+1=1$，$f_2=1+1=2$，$f_n=f_{n-1}+f_{n-2}(n \geqslant 3)$。

```
#include<iostream>
using namespace std;
void main()
{   int f1,f2,i;
    f1=0;
```

```
        f2=1;
        for (i=1;i<=10;i++)
        {
            f1=f1+f2;
            f2=f1+f2;
            cout<<f1<<"   "<<f2<<"   ";
            if(i%5==0) cout<<endl;
        }
        cout<<endl;
    }
```

程序运行结果如下：

```
1   2   3   5   8   13   21   34   55   89
144   233   377   610   987   1597   2584   4181   6765   10964
```

例 2-18　用公式 $\pi/4 \approx 1-1/3 + 1/5 -1/7 + \cdots$ 求 π 的近似值，直到最后一项的绝对值小于 10^{-6} 为止。程序如下：

```cpp
#include<iostream>
using namespace std;
void main()
{   int sign;
    double n,pi;
    pi=0;
    n=1.0;
    sign=1;
    while(1.0/n>1e-6)
    {   pi=pi+1.0/n*sign;
        n=n+2.0;
        sign=-sign;
    }
    pi=pi*4;
    cout<<"pi="<<pi<<endl;
}
```

程序运行结果如下：

```
pi=3.14159
```

例 2-19　用二分法求方程 $f(x)=e^x-x-3=0$ 的在区间[1, 2]之间的根。由于 $f(1)<0, f(2)>0$，而且函数 $f(x)$ 在该区间内单调变化(导数大于零)，根据连续函数的性质，我们知道在[1,2]区间内方程 $f(x)$ 有一个根。

二分法的基本思路是：先指定一个区间[x1, x2]，如果函数 $f(x)$ 在此区间是单调变化的，则可以根据 $f(x1)$ 和 $f(x2)$ 是否同号来确定方程 $f(x)=0$ 在该区间内是否有一个实根。如果 $f(x1)$ 和 $f(x2)$ 不同号，则方程 $f(x)$ 在区间[x1, x2]内有且仅有一个实根。二分法将区间分为二个小区间，再判断在哪个小区间上有实根，如此不断进行下去，直到小区间足够小时为止。
本例题程序如下：

```cpp
#include<iostream>
using namespace std;
#include<math.h>
void main()
{
    double a,b,c,fa,fb,fc;
    cout<<"input a,b: ";
    cin>>a>>b;
    fa=exp(a)-a-3;
    fb=exp(b)-b-3;
    do
    {   c=(a+b)/2;
        fc=exp(c)-c-3;
        if(fc*fa<0)
        {   b=c;
            fb=fc;
        }
        else
        {   a=c;
            fa=fc;
        }
    }while(fabs(a-b)>1e-5);
    cout<<" the root is: "<<c<<endl;
}
```

程序运行结果如下：

```
input a,b: 0    2✓
the root is: 1.50524
```

第3章 数据类型

数据是程序处理的对象，数据类型是指定义的数据以及定义在这一组数据上的操作。在第二章中我们曾讲过：一个程序的构成包括两方面的内容，一是对数据的描述，就是在程序中要指定数据的类型和数据的组织形式，即数据结构；二是对操作的描述，即操作步骤，也就是算法。因此，数据极其类型是程序中最基本的单元。

3.1 数据类型概述

在前面两章中，我们已经看到一些程序中使用的整型量、实型量、字符型量等基本数据类型。不同类型的数据有不同的运算和处理方法，例如，整型量和实型量可以进行算术运算，逻辑型量可以参加逻辑运算等。

3.1.1 C++ 的数据类型

所谓数据类型，是按被说明量的性质、表示形式、占据存储空间的多少及构造特点来划分的。在 C++ 中，数据类型可分为基本数据类型、构造数据类型、指针类型、空类型、类类型五大类，如表 3-1 所示。

表 3-1 C++ 的数据类型

数据类型	基本类型	整型(int)	
		字符型(char)	
		实型(浮点型)	单精度型(float)
			双精度型(double)
		枚举类型(enum)	
	构造类型	数组类型	
		结构体类型(struct)	
		共用体(union)	
	指针类型		
	空类型	viod	
	类类型	class	

(1) 基本数据类型。基本数据类型最主要的特点是，其值不可以再分解为其他类型。也就是说，基本数据类型是自我说明的。

(2) 构造数据类型。构造数据类型是根据已定义的一个或多个数据类型用构造的方法来定义的。也就是说，一个构造类型的值可以分解成若干个"成员"或"元素"。每个"成员"都是一个基本数据类型或又是一个构造类型。

(3) 指针类型。指针是一种特殊的，同时又是具有重要作用的数据类型。其值用来表示某个量在内存储器中的地址。虽然指针变量的取值类似于整型量，但这是两个类型完全不同的量，因此不能混为一谈。

(4) 空类型。空类型 void 用于说明一个函数不返回任何值。还可以说明指向 void 类型的指针，说明以后，这个指针就可以指向各种不同类型的数据对象。

(5) 类类型。类是体现面向对象程序设计的最基本特征，类是一个数据类型，它定义的是一种对象类型，由数据和方法组成，描述了属于该类型的所有对象的性质。

由以上类型可以构成更复杂的数据结构。例如，利用指针和结构体类型可以构成表、树、栈等复杂的数据结构。C++ 的基本数据类型如表 3-2 所示。

表 3-2 C++ 的基本数据类型

类 型 名	长度(字节)	取 值 范 围
bool		false、true
char(signed char)	1	$-128 \sim 127$
unsigned char	1	$0 \sim 255$
short(signed short)	2	$-32768 \sim 32767$
unsigned short	2	$0 \sim 65535$
int(signed int)	4	$-2147483648 \sim 2147483647$
unsigned int	4	$0 \sim 4294967295$
long(signed long)	4	$-2147483648 \sim 2147483647$
unsigned long	4	$0 \sim 4294967295$
float	4	$3.4*10^{-38} \sim 3.4*10^{38}$
double	8	$1.7*10^{-308} \sim 1.7*10^{308}$
long double	8	$1.7*10^{-308} \sim 1.7*10^{308}$

在前面章节中，我们接触到了 C++ 的基本数据类型，如整型、浮点型(单精度型和双精度型)、字符型及布尔型。这些类型可以用 short、long、signed、unsigned 等修饰符进行修饰，其类型名、在计算机存储器中所占的字节数以及各个类型取值的范围如表 3-2 所示。

注意：表中有些数据类型在不同编译系统中所占字节数可能不一样，如 int 型所占的字节数在不同的编译系统中可能不一样，但 short 和 long 型的字节数在标准 C++ 中是固定的。

对于基本数据类型量，按其取值是否可改变又分为常量和变量两种。在程序执行过程中，其值不发生改变的量称为常量，取值可变的量称为变量。在程序中，常量是可以不经说明而直接引用的，而变量则必须先说明后使用。

整型常量后面加字母 u，认为是 unsigned int 型，如 12345u，在内存中按无符号整型量规定的方式存放；整型常量后面加 l 或 L，认为是 long int 型常量，如 123l、3210L 等。

3.1.2　类型定义语句

1．类型定义语句格式

关键字 typedef 用于定义一种新的数据类型，它代表已有数据类型，是已有数据类型的别名。根据不同的应用场合，给已有的类型起一些有具体意义的别名，有利于提高程序的可读性。一般格式为

> typedef　已有类型名　新类型名表；

例如：

> typedef int INTEGER;　　　　　　//定义新数据类型 INTEGER，它代表已有数据类型 int
>
> typedef float REAL;　　　　　　//定义新数据类型 REAL，它代表已有数据类型 float

通过上述定义后，以下两行等价：

> int　　　　i, j ; float a, b;
>
> INTEGER i, j; REAL a, b;

2．类型定义语句用法

(1) 定义一种新数据类型，专用于某种类型的变量，使程序更清晰明了。例如：

> typedef unsigned int size_t　　　//定义 size_t 数据类型，专用于内存字节计数
>
> size_t size;　　　　　　　　//变量 size 用于内存字节计数
>
> typedef double area，volume；　//定义 area，volume 为双精度类型
>
> area a；　　　　　　　　　//定义 a 为双精度
>
> volume v;　　　　　　　　//定义 v 为双精度

(2) 简化数据类型的书写。例如：

> typdef unsigned int UINT;
>
> 　　UINT i,j;

3.1.3　枚举类型

在实际问题中，有些变量的取值被限定在一个有限的范围内。例如，一个星期内只有七天，一年只有十二个月，一场比赛只有胜、负、平、弃权四种可能，等等。如果把这些量说明为整型、字符型或其他类型显然是不妥当的。为此，C、C++ 语言提供了一种称为"枚举"的类型。在"枚举"类型的定义中列举出所有可能的取值，被说明为该"枚举"类型的变量取值不能超过定义的范围。应该说明的是，枚举类型是一种基本数据类型，而不是一种构造类型，因为它不能再分解为任何基本类型。

1．枚举类型定义

枚举类型定义的一般形式为

> enum　枚举名　{ 枚举值表 };

在枚举值表中应罗列出所有可用值。这些值也称为枚举元素。例如：

> enum weekday { sun,mon,tue,wed,thu,fri,sat };

该枚举名为 weekday，枚举值共有 7 个，即一周中的七天。凡被说明为 weekday 类型变量的取值只能是七天中的某一天。

枚举元素具有默认值，它们依次为 0、1、2、3 等。例如，上面中 sun 的值为 0，tue 的取值为 2，sat 的取值为 6，等等。也可在定义时另行指定枚举元素的值，如：

```
enum weekday { sun=7,mon=1,tue,wed,thu,fri,sat };
```

表示 sun 为 7，mon 为 1，以后顺序加 1，sat 为 6。

2．枚举变量的说明

枚举变量可用不同的方式说明，即先定义后说明，同时定义说明或直接说明。设有变量 a, b, c 被说明为上述的 weekday，可采用下述任一种方式：

(1) enum weekday{ ... };

　　 enum weekday a,b,c; 或 weekday a,b,c;

(2) enum weekday{ ... }a,b,c;

(3) enum{ ... }a,b,c;

3．枚举类型变量使用注意

(1) 枚举值是常量，不是变量。不能在程序中用赋值语句再对它赋值。例如，对枚举 weekday 的元素再作赋值：sun=5; mon=2;sun=mon; 是错误的。

(2) 枚举元素本身由系统定义了一个表示序号的数值，从 0 开始顺序定义为 0，1，2…。如在 weekday 中，sun 值为 0，mon 值为 1，…，sat 值为 6。

(3) 只能把枚举值赋予枚举变量，不能把元素的数值直接赋予枚举变量。如：a=sum; b=mon; 是正确的。而：a=0;b=1; 是错误的。如一定要把数值赋予枚举变量，则必须用强制类型转换，如：a=(enum weekday)2; 其意义是将顺序号为 2 的枚举元素赋予枚举变量 a，相当于：a=tue; 还应该说明的是枚举元素不是字符常量也不是字符串常量，使用时不要加单、双引号。

例 3-1 枚举型的定义与使用。

```
#include<iostream>
using namespace std;
void main()
{
    enum weekday{ sun,mon,tue,wed,thu,fri,sat };
    enum weekday a,b,c;
    a=sun;
    b=mon;
    c=sat;
    cout<<"  sun="<<a<<"  mon="<<b<<"  sat="<<c<<endl;
}
```

程序运行结果如下：

```
     sun=0    mon=1    sat=6
```

例 3-2 某次比赛的结果有四种可能，即胜(win)、负(lose)、平(tie)、弃权(cancel)，编写程序顺序输出这四种情况。

```
#include<iostream>
using namespace std;
```

```
enum game{WIN,LOSE,TIE,CANCEL};
void main()
{   game result,omit;              //说明枚举类型量 result 和 omit
    int i;
    omit=CANCEL;
    for(i=WIN; i<=CANCEL;i++)
    {   result=(game)i;            //强制类型转换
        if(result==omit)
            cout<<"The game was cancelled"<<endl;
        else
        {   cout<<"The game was played";
            if(result==WIN)
                cout<<"and we won!";
            if(result==LOSE)
                cout<<"and we lost.";
            cout<<endl;
        }
    }
}
```

程序运行结果如下：

```
The game was played and we won!
The game was played and we lost.
The game was played
The game was cancelled
```

3.1.4　C++ 的运算符及其优先级和结合性

C++ 提供了丰富的运算符。一个运算符如果对两个数据操作，称其为双目运算符。如：a*b 表示 a 乘以 b，表示"*"是一个双目运算符。"-"号即是双目运算符，如 a-b 表示 a 减 b，又是单目运算符，如 -a 表示 a 的值取负数。条件运算符 "?:" 是一个三目运算符，如(a>b)?a:b 表示取 a 和 b 中较大者。

C++ 的表达式是由常量、变量、函数和运算符组合起来的式子。一个表达式有一个值及其类型，它们等于计算表达式所得结果的值和类型。当表达式中的数据类型不同时，表达式值的计算将按照运算符的优先级和结合性规定的顺序进行。

1. 运算符

C++ 中提供了丰富的运算符，可分为以下几类：

(1) 算术运算符：用于各类数值运算。包括加(+)、减(−)、乘(＊)、除(/)、求余(或称模运算，%)、自增(++)、自减(−−)共七种。

(2) 关系运算符：用于比较运算。包括大于(>)、小于(<)、等于(==)、大于等于(>=)、小于等于(<=)和不等于(!=)六种。

(3) 逻辑运算符：用于逻辑运算。包括与(&&)、或(||)、非(!)三种。

(4) 位操作运算符：参与运算的量，按二进制位进行运算。包括位与(&)、位或(|)、位非(~)、位异或(^)、左移(<<)、右移(>>)六种。

(5) 赋值运算符：用于赋值运算，分为简单赋值(=)、复合算术赋值(+=, −=, *=, /=, %=)和复合位运算赋值(&=, |=, ^=, >>=, <<=)三类共十一种。

(6) 条件运算符：这是一个三目运算符，用于条件求值(?:)。

(7) 逗号运算符：用于把若干表达式组合成一个表达式(,)。

(8) 指针运算符：用于取内容(*)和取地址(&)二种运算。

(9) 求字节数运算符：用于计算数据类型所占的字节数(sizeof)。

(10) 特殊运算符：有括号()，下标[]，成员(→, .)。

2．运算符的优先级及结合性

在表示比较复杂的表达式时，可以有各种运算符和各个类型的量，因此运算符具有不同的优先级，此外，C++ 运算符号还有一个特点，就是它的结合性。在表达式中，各运算量参与运算的先后顺序不仅要遵守运算符优先级别的规定，还要受运算符结合性的制约，以便确定是自左向右进行运算还是自右向左进行运算。

C++ 中，运算符的运算优先级共分为 17 级。1 级最高，17 级最低。在表达式中，优先级较高的先于优先级较低的进行运算。而在一个运算量两侧的运算符优先级相同时，则按运算符的结合性所规定的结合方向处理。C++ 中各运算符的结合性分为两种，即左结合性(自左至右)和右结合性(自右至左)。例如算术运算符的结合性是自左至右，即先左后右。如有表达式 x−y+z 则 y 应先与 "−" 号结合，执行 x−y 运算，然后再执行 +z 的运算。这种自左至右的结合方向就称为 "左结合性"。而自右至左的结合方向称为 "右结合性"。最典型的右结合性运算符是赋值运算符。如 x=y=z，由于 "=" 的右结合性，应先执行 y=z 再执行 x=(y=z)运算。C 语言运算符中有不少为右结合性，应注意区别，以避免理解错误。

表 3-3　运算符优先级与结合性表

优先级	运 算 符 号	结合性
1	[]、()、->、后置++、后置--	左→右
2	前置++、前置--、sizeof　&　*(指针)、+、-、!	右→左
3	(强制类型转换)	右→左
4	.*、->*	左→右
5	*、/、%	左→右
6	+、-	左→右
7	<<、>>	左→右
8	<、>、<=、>=	左→右
9	==、!=	左→右
10	&	左→右
11	^	左→右
12	|	左→右
13	&&	左→右
14	||	左→右
15	?:	右→左
16	=、*=、/=、%=、+=、-=、<<=、>>=、&=、^=、|=	右→左
17	,	左→右

在不同类型数据的混合运算中，由系统自动实现转换，由少字节类型向多字节类型转换。不同类型的量相互赋值时也由系统自动进行转换，把赋值号右边的类型转换为左边的类型。例如：

     char(1 字节)→short(2 字节)→int(4 字节)→long(4 字节)→double(8 字节)

上面由系统自动实现的数据类型转换为隐式转换。用户也可以强制进行类型转换，也称为显示类型转换，有以下两种形式：

    (类型名)表达式   //一般形式

    类型名(表达式)   //函数形式

这里的"类型名"是任何合法的 C++ 数据类型。

3.2　数　　组

在程序设计中，为了处理方便，把具有相同类型的若干数据对象按有序的形式组织起来。这些按序排列的同类数据对象的集合称为数组。在 C++ 中，数组属于构造数据类型。一个数组可以分解为多个数组元素，这些数组元素可以是基本数据类型或是构造类型。因此按数组元素的类型不同，数组又可分为数值数组、字符数组、指针数组、结构数组等各种类别。

3.2.1　数组类型说明

在 C 语言中使用数组必须先进行类型说明。数组说明的一般形式为

    类型说明符　数组名[常量表达式]，…;

其中，类型说明符是任一种基本数据类型或构造数据类型。数组名是用户定义的数组标识符，一个数组在内存中是连续存放的，数组名就代表着数组元素在内存中的起始地址，即数组中第一个数组元素的地址。方括号中的常量表达式表示数据元素的个数，也称为数组的长度。例如：

    int a[10];   说明整型数组 a，有 10 个元素。

    float b[10],c[20];   说明实型数组 b，有 10 个元素，实型数组 c，有 20 个元素。

    char ch[20];   说明字符数组 ch，有 20 个元素。

对于数组类型说明应注意以下几点：

(1) 数组的类型实际上是指数组元素的取值类型。对于同一个数组，其所有元素的数据类型都是相同的。

(2) 数组名的书写规则应符合标识符的书写规定。

(3) 数组名不能与其他变量名相同，例如下面程序是错误的。

```
void main()
  {
    int a;
    float a[10];   //错，重名
    ……
  }
```

（4）方括号中常量表达式表示数组元素的个数，如 a[5]表示数组 a 有 5 个元素。但是其下标从 0 开始计算。因此 5 个元素分别为 a[0],a[1],a[2],a[3],a[4]。

（5）不能在方括号中用变量来表示元素的个数，但是可以是符号常数或常量表达式。例如：

```
void main()
{ const int FD=10;              //说明整型常量 FD
    int a[3+2],b[7+FD];         //常量表达式是合法的
    ……
}
void main()
{
    int n=5;
    int a[n];                   //错，说明数组不能引用变量
    ……
}
```

（6）允许在同一个类型说明中，说明多个数组和多个变量。例如：

```
int a,b,c,d,k1[10],k2[20];
```

3.2.2　数组元素的表示方法

数组元素是组成数组的基本单元。数组元素也是一种变量，其标识方法为数组名后跟一个下标。下标表示了元素在数组中的顺序号。数组元素的一般形式为

```
数组名[下标]
```

其中，下标只能为整型常量或整型表达式。例如，a[5],a[i+j],a[i++]都是合法的数组元素。数组元素通常也称为下标变量。必须先对数组进行说明后，才能使用下标变量。

数组的元素的表示的形式与数组说明在形式中有些相似，但这两者具有完全不同的含义。数组说明的方括号中给出的是某一维的长度，即可取下标的最大值；而数组元素中的下标是该元素在数组中的位置标识。前者只能是常量，后者可以是常量，变量或表达式。

例 3-3　数组使用举例。

```
#include<iostream>
using namespace std;
void main()
{
    int i,a[10],b[10];
    for(i=0;i<10;i++)
    {   a[i]=2*i+1;
        b[10-i-1]=a[i];
    }
    for(i=0;i<10;i++)
```

```
    {   cout<<"a["<<i<<"]="<<a[i]<<' ';
        cout<<"b["<<i<<"]="<<b[i]<<endl;
    }
}
```

本例中用说明了两个有 10 个元素的一维数组，循环语句给 a 数组和 b 数组各元素赋值，然后用第二个循环语句从大到小输出各个奇数。在引用 b 的元素时我们采用了算术表达式作为下标，程序运行之后，将 1，3，5，…，19 分别赋值给 a[0]，a[1]，a[2]，…，a[9]，b 中的元素值是 a 中元素的逆序排列。

3.2.3 数组初始化赋值

数组初始化赋值是指在数组说明时给数组元素赋予初值。数组初始化是在编译阶段进行的。这样将减少运行时间，提高效率。初始化赋值的一般形式为

类型说明符 数组名[常量表达式]={值，值，…，值}；

在{}中的各数据值即为各元素的初值，各值之间用逗号间隔。例如：

```
int a[10]={ 0,1,2,3,4,5,6,7,8,9 };     //相当于 a[0]=0;a[1]=1,…,a[9]=9;
char c[5]={'a','b','c','d','e'};        //相当于 c[0]='a',…, c[4]='e';
```

对数组的初始赋值还有以下几点规定：

(1) 可以只给部分元素赋初值。当{}中值的个数少于元素个数时，只给前面部分元素赋值。例如：int a[10]={0,1,2,3,4};表示只给 a[0]～a[4]5 个元素赋值。

(2) 只能给元素逐个赋值，不能给数组整体赋值。例如给十个元素全部赋 1 值，只能写为

```
int a[10]={1,1,1,1,1,1,1,1,1,1};       //不能写为： int a[10]=1;
```

(3) 如给全部元素赋值，则在数组说明中，可以不给出数组元素的个数。例如：

```
int a[]={1,2,3,4,5};                   //等价于: int a[5]={1,2,3,4,5};
int c[];                               //错误, 没有确定数组的大小
```

3.2.4 数组使用举例

例 3-4 给 5 个整数，指出最大数及其位置。

```
#include<iostream>
using namespace std;
void main()
{
    int i,maxa,maxi;              //maxa 存放最大值,maxi 存放其位置
    int a[5]={21,14,33,45,26};    //数组初始化赋值
    maxa=a[0];                    //先将第 1 个数 a[0]作为最大值
    maxi=0;                       //记录相应的位置
    for(i=1;i<5;i++)              //从第 2 个数 a[1]开始,至 a[4]循环
        if(a[i]>maxa)             //比较 maxa 是否大
```

```
    {   maxa=a[i];                      //改变最大值
        maxi=i;                         //记录相应的位置
    }
    cout<<"No."<<maxi+1<<" is max! Max is "<<maxa<<endl;
}
```

程序运行结果如下：

```
No.4 is max! Max is 45
```

例 3-5 将上例 5 个数，从大到小排序。

```
#include<iostream>
using namespace std;
void main()
{   const int n=5;
    int a[n]={21,14,33,45,26};
    int i,j,temp;
    for(i=0;i<n;i++)
    {   for(j=i+1;j<n;j++)
        if(a[i]<a[j])
        {   temp=a[j];
            a[j]=a[i];
            a[i]=temp;
        }
        cout<<a[i]<<' ';
    }
    cout<<endl;
}
```

程序运行结果如下：

```
45   33   26   21   14
```

本例程序中用了嵌套的循环语句，排序采用逐个比较的方法进行。外层循环用 i 来控制，表示挑第 i 个最大值，内层循环用 j 来控制，表示从第 i 个位置开始，与以后元素即第 i+1 个到最后进行比较，若后面的元素值大，交换 a[i] 与 a[j] 的位置，交换时用了临时变量 temp，循环完毕后，n 个数从大到小输出。注意程序中用了常量 n，表示排序的个数，这样使得在对任意 n 个数排序时，只需在常量说明语句中改变 n 的值即可，使程序具有较好的可读性。如果 n 个数从小到大排序，如何编写程序？请读者思考。

3.2.5 二维数组

前面介绍的数组只有一个下标，称为一维数组，其数组元素也称为单下标变量。在实际问题中有很多量是二维的或多维的，因此 C++ 允许构造多维数组。多维数组元素有多个下标，以标识它在数组中的位置，所以也称为多下标变量。多维数组可由二维数组类推而得到。二维数组类型说明的一般形式是：

　　　　类型说明符　数组名[常量表达式 1][常量表达式 2]…；

其中，常量表达式 1 表示第一维下标的长度，常量表达式 2 表示第二维下标的长度。例如：

　　　　int a[3][4]；

说明了一个三行四列的数组，数组名为 a，其下标变量的类型为整型。该数组的下标变量共有 3×4 个，即

　　　　a[0][0],a[0][1],a[0][2],a[0][3]

　　　　a[1][0],a[1][1],a[1][2],a[1][3]

　　　　a[2][0],a[2][1],a[2][2],a[2][3]

　　二维数组在概念上是二维的，即其下标在两个方向上变化，下标变量在数组中的位置也处于一个平面之中，而不像一维数组只是一个向量。但是，实际的硬件存储器却是连续编址的，也就是说存储器单元是按一维线性排列的。在 C++ 中，二维数组是按行排列的，即先存放 a[0]行，再存放 a[1]行，最后存放 a[2]行，每行中有四个元素也是依次存放，如图 3-1 所示。

a[0][0]	a[0][1]	a[0][2]	a[0][3]	a[1][0]	a[1][1]	a[1][2]	a[1][3]	a[2][0]	a[2][1]	a[2][2]	a[2][3]
第 1 行				第 2 行				第 3 行			

图 3-1　二维数组存储结构图

二维数组元素的表示方法与一维数组类似，其表示的形式为

　　　　数组名[下标][下标]

其中，下标应为整型常量或整型表达式。例如：a[2][3] 表示 a 数组三行四列的元素值(注意下标是从 0 开始的)。

　　二维数组的初始化也是在类型说明时给各下标变量赋以初值。二维数组可按行分段赋值，也可按行连续赋值。例如对数组 a[3][4]，按行分段赋值可写为

　　　　int a[3][4]={ {80,75,92,85},{88,61,65,71},{80,59,63,70} }；

按行连续赋值可写为

　　　　int a[3][4]={ 80,75,92,85,88,61,65,71,80,59,63,70 }；

这两种赋初值的结果是完全相同的，但分段赋值不易出错。

　　对于二维数组初始化赋值还有以下说明：

　　(1) 可以只对部分元素赋初值，例如：

　　　　int a[3][3]={{1},{2},{3}}；　　　　//即 a[0][0]=1;a[1][0]=2;a[2][0]=0;

　　(2) 如对全部元素赋初值，则第一维的长度可以不给出。例如：

　　　　int a[3][3]={1,2,3,4,5,6,7,8,9}；　　//可以写为 int a[][3]={1,2,3,4,5,6,7,8,9};

　　数组是一种构造类型的数据。二维数组可以看做是由一维数组的嵌套而构成的。设一维数组的每个元素都又是一个数组，就组成了二维数组。当然，前提是各元素类型必须相同。因此一个二维数组也可以分解为多个一维数组，例如，二维数组 a[3][4]，可分解为三个一维数组，其数组名分别为 a[0],a[1],a[2]。对这三个一维数组不需另作说明即可使用。这三个一维数组都有 4 个元素，例如：一维数组 a[0]的元素为 a[0][0], a[0][1], a[0][2], a[0][3]。

必须强调的是，a[0],a[1],a[2]不能当作下标变量使用，它们是数组名，不是一个单纯的下标变量。

例 3-6 一个学习小组有 3 个人，每个人有 4 门课的考试成绩。求全组分科的平均成绩和各科总平均成绩。学生姓名及各科成绩如下：

姓名	课程 A	课程 B	课程 C	课程 D
zhang	80	75	92	85
wang	88	61	65	71
liu	80	59	63	70

可设一个二维数组 a[3][4]存放三个人四门课的成绩，再设一个一维数组 v[3]存放每个学生的平均成绩，设变量 aver 为全组各科总平均成绩，用 sn 表示学生数，用 cn 表示课程数。编程如下：

```cpp
#include<iostream>
using namespace std;
void main()
{
    const int sn=3,cn=4;
    int a[sn][cn]={ {80,75,92,85},{88,61,65,71},{80,59,63,70} };
    int i,j,aver,v[cn];
    aver=0;
    for(i=0;i<sn;i++)
    {   v[i]=0;
        for(j=0;j<cn;j++)
        {       aver=aver+a[i][j];
                v[i]=v[i]+a[i][j];
        }
        v[i]=v[i]/cn;
    }
    aver=aver/cn/sn;
    for(i=0;i<sn;i++)
        cout<<"No."<<i+1<<"-"<<v[i]<<endl;
    cout<<"aver="<<aver<<endl;
}
```

程序运行结果如下：

```
No.1-83
No.2-71
No.3-68
aver=74
```

程序中首先用了一个双重循环。在内循环中依次累加计算第 i 个学生各科成绩，退出内循环后再把该累加成绩除以课程数 cn 并送入 v[i]中，外层循环退出时计算总的平均成绩。最后按题意输出每个学生的平均成绩和小组总的平均成绩。

3.3 指　　针

指针是 C++ 中广泛使用的一种数据类型，也是 C++ 主要的风格之一。利用指针可以方便、灵活、有效地组织和表示各种复杂的数据结构，能动态分配和管理内存，能很方便地使用各类数据对象和成员函数；并能像汇编语言一样处理内存地址，从而编出精练而高效的程序。同时，指针也是 C++ 的主要难点，能否正确理解和使用指针，是我们是否掌握 C++ 的一个标志。

3.3.1 指针的基本概念

在计算机中，所有的数据都是存放在存储器中的。一般把存储器中的一个字节称为一个内存单元，不同的数据类型所占用的内存单元数不等，如整型量占 2 个单元，字符量占 1 个单元等。为了正确地访问这些内存单元，必须为每个内存单元编上号。根据一个内存单元的编号即可准确地找到该内存单元。内存单元的编号也叫做地址，通常也把这个地址称为指针。内存单元的指针和内存单元的内容是两个不同的概念。可以用一个通俗的例子来说明它们之间的关系。我们到银行去存取款时，银行工作人员将根据我们的账号去找我们的存款单，找到之后在存单上写入存款、取款的金额。在这里，账号就是存单的指针，存款数是存单的内容。对于一个内存单元来说，单元的地址即为指针，其中存放的数据才是该单元的内容。在 C++ 中，允许用一个变量来存放指针，这种变量称为指针变量。因此，一个指针变量的值就是某个内存单元的地址或称为某内存单元的指针。

图 3-2 中，设程序中已定义了 3 个整型变量 i、j、k，其值为 15、−9、23，编译时假定系统分配 2000 和 2001 两个字节给整型变量 i，2002 和 2003 给 j，2004 和 2005 给 k。在程序中一般是通过变量名来对内存单元进行存取操作的，如语句 cout<<i;可将 i 的值 15 输出到标准输出设备，我们并不知道 i 的地址是 2000，而计算机的执行过程是，根据变量名找到其地址 2000，然后根据整型量取 2 个地址的内容，即 2000 和 2001 两个字节的数据，然后输出到标准设备。这种对变量访问的方式称为"直接访问"方式。

图 3-2　指针示意图

设有指针变量 ip，其值为 2000，这种情况我们称为 ip 指向变量 i，或说 ip 是指向变量 i 的指针。知道了指向变量 i 的指针 ip，就可以得到变量 i 的内容，这种对变量访问的方式成为"间接访问"方式。

严格地说，一个指针是一个地址，是一个常量。而一个指针变量却可以被赋予不同的指针值，是变量。但常把指针变量简称为指针。为了避免混淆，我们约定："指针"是指地址，是常量，"指针变量"是指取值为地址的变量。定义指针的目的是为了通过指针去访问内存单元。

既然指针变量的值是一个地址，那么这个地址不仅可以是整型变量的地址，也可以是单精度、双精度等其他数据类型的地址，一般地，可以是一个数据结构的地址。例如，在一个指针变量中可以存放一个数组或一个函数的首地址，因为数组或函数都是连续存放的，通过访问指针变量取得了数组或函数的首地址，也就找到了该数组或函数。在 C++ 中，一种数据结构往往都占有一组连续的内存单元，用"指针"指向一个数据结构，将会使程序的概念十分清楚，表示更为明确，程序本身也精练、高效。这也是引入"指针"概念的一个重要原因。

3.3.2 指针变量的定义

指针也是一种数据类型，具有指针类型的变量称为指针变量，指针变量是用于存放内存单元地址的。指针变量也是先定义，后使用。指针变量定义的一般形式为

数据类型　*标识符；

其中，*表示这是一个指针类型的变量，标识符即为定义的指针变量名，数据类型可以是任意类型，表示指针所指向的对象的类型。例如：

　　　　int *p1;

表示 p1 是一个指针变量，它的值是某个整型变量的地址。或者说 p1 指向一个整型变量。至于 p1 究竟指向哪一个整型变量，应由向 p1 赋予的地址来决定。再如：

　　　　float *p2;　　　　/*p2 是指向浮点变量的指针变量*/

　　　　char *p3;　　　　/*p3 是指向字符变量的指针变量*/

应该注意的是，一个指针变量只能指向同类型的变量，如 p2 只能指向浮点变量。

3.3.3 运算符 "*" 和 "&"

C++ 提供了两个与地址相关的运算符 "*" 和 "&"。"*" 称为指针运算符，表示指针所指向的变量的值，是一个单目运算符。例如，*p1 表示 int 型指针 p1 所指向的变量的值。"&" 称为取地址运算符，也是一个单目运算符，用来得到一个对象的地址。例如，使用 &i 就可以得到变量 i 的存储单元地址。

必须注意："*" 和 "&" 出现在定义语句中和执行语句中的含义是不同的，它们作为单目运算符和作为双目运算符时的含义也不同。

单目运算符 "*" 出现在定义语句中，表示定义的是指针，例如：

　　　　int *ip;　　　　//定义 ip 是一个 int 型指针

"*" 出现在执行语句中或在定义语句的初值表达式中，作为单目运算符，表示访问指针所指对象的内容，例如：

　　　　cout<<*ip;　　　//输出指针 ip 所指向的内容

"&" 出现在变量定义语句中，位于被定义的变量左边时，表示定义了该变量的一个引用(在函数一章中介绍使用方法)，该引用实质上是这个变量的一个别名，例如：

　　　　int i;

```
        int &ri=i;        //定义一个 int 型的引用 ri，并将其初始化为变量 i 的一个别名
```
"&" 在给变量赋初值时出现在等号右边时或在执行语句中作为单目运算符出现时表示取对象的地址，例如：

```
        int a, b;
        int *pa, *pb=&b;    //pa, pb 是指针，&b 是 b 的地址, pb 的初值是 b 的地址
        pa=&a;              //取 a 的地址，送给指针变量 pa
```

3.3.4　指针变量的赋值

定义了一个指针，只能得到一个用于存储地址的指针变量，但是，变量中并没有确定的值，其中的地址值是一个随机的值，也就是说，不能确定这时候的指针变量中存放的是哪个内存单元的地址。未经赋值的指针变量不能使用，否则将造成系统混乱，甚至死机。指针变量的赋值只能赋予地址，决不能赋予任何其他数据，否则将引起错误。指针赋初值有两种方法，一是在定义指针的同时进行初始化赋值，一般形式为

数据类型 *指针名=初始地址；

另一种方法是在定义之后，单独使用赋值语句，一般形式为

指针名=地址；

```
例如：① int a;
        int *p=&a;        //指针变量初始化的方法
    ② int a,*p;
        p=&a;              //赋值语句方法，把整型变量 a 的地址赋予整型指针变量 p
    ③ int a,*pa=&a,*pb;
        pb=pa;             //赋值语句方法，把 a 的地址赋予指针变量 pb
```
注意，不允许把一个数赋予指针变量，被赋值的指针变量前也不能再加"*"说明符，例如：

```
        int *p;
        p=1000;           //错，将数值赋值给指针变量
        *p=&a;            //错，&a 是地址，p 是指针变量
```
对于数组，由于数组名就是数组的首地址，因此，可将数组名称直接赋值给指针变量。例如：

```
        int a[5],*pa;
        pa=a;             //数组名表示数组的首地址，故可赋予指向数组的指针变量 pa
```
也可写为

```
        pa=&a[0];         //数组第一个元素的地址也是整个数组的首地址，也可赋予 pa
```
当然也可采取初始化赋值的方法：

```
        int a[5],*pa=a;   //用数组的首地址对指针 pa 初始化
```

3.3.5　指针变量的运算

指针变量运算是以指针变量所持有的地址值为运算量进行的运算。指针变量可以进行某些运算，但其运算的种类是有限的。它除了能进行赋值运算外，还可进行部分算术运算

及关系运算。

1．指针变量与整数的加减算术运算

对于指向数组的指针变量，可以加上或减去一个整数 n。设 pa 是指向数组 a 的指针变量，则 pa+n，pa−n，pa++，++pa，pa−−，−−pa 运算都是合法的。指针变量加或减一个整数 n 的意义是把指针指向的当前位置(指向某数组元素)向前或向后移动 n 个位置。应该注意，数组指针变量向前或向后移动一个位置和地址加 1 或减 1 在概念上是不同的。

因为数组可以有不同的类型，各种类型的数组元素所占的字节长度是不同的。如指针变量加 1，即向后移动 1 个位置表示指针变量指向下一个数据元素的首地址。而不是在原地址基础上加 1。例如：

```
int a[5],*pa;

pa=a;                /*pa 指向数组 a，也是指向 a[0]*/

pa=pa+2;             /*pa 指向 a[2]，即 pa 的值为&pa[2]*/
```

指针变量的加减运算只能对数组指针变量进行，对指向其他类型变量的指针变量作加减运算是毫无意义的。

2．两个指针变量之间的运算

只有指向同一数组的两个指针变量之间才能进行运算，否则运算毫无意义。

(1) 两指针变量相减。两指针变量相减所得之差是两个指针所指数组元素之间相差的元素个数。实际上是两个指针值(地址)相减之差再除以该数组元素的长度(字节数)。例如 pf1 和 pf2 是指向同一浮点数组的两个指针变量，设 pf1 的值为 2010H，pf2 的值为 2000H，而浮点数组每个元素占 4 个字节，所以 pf1−pf2 的结果为(2000H−2010H)/4=4，表示 pf1 和 pf2 之间相差 4 个元素。两个指针变量不能进行加法运算。例如，pf1+pf2 是什么意思呢？毫无实际意义。

(2) 两指针变量进行关系运算。指向同一数组的两指针变量进行关系运算可表示它们所指数组元素之间的关系。例如：pf1==pf2 表示 pf1 和 pf2 指向同一数组元素，pf1>pf2 表示 pf1 处于高地址位置，pf1<pf2 表示 pf2 处于低地址位置。

例 3-7 指针运算。

```cpp
#include<iostream>
using namespace std;
void main()
{
    int a=10,b=20,s,t,*pa,*pb;
    pa=&a;
    pb=&b;
    s=*pa+*pb;
    t=*pa**pb;
    cout<<"a,b="<<a<<"   "<<b<<endl;
    cout<<"a+b,a*b="<<a+b<<a*b<<endl;
    cout<<"s,t="<<s<<"   "<<t<<endl;

}
```

程序运行结果如下：

```
a,b=10 20
a+b,a*b=30 200
s,t=30 200
```

指针变量还可以与 0 比较。设 p 为指针变量，则 p==0 表明 p 是空指针，它不指向任何变量；p!=0 表示 p 不是空指针。空指针是由对指针变量赋予 0 值而得到的。对指针变量赋 0 值和不赋值是不同的。指针变量未赋值时，可以是任意值，是不能使用的。否则将造成意外错误。而指针变量赋 0 值后，则可以使用，只是它不指向具体的变量而已。

例 3-8 有 a、b、c 三个数，用指针变量求最大值和最小值。

```cpp
#include<iostream>
using namespace std;
void main()
{ int a,b,c,*pmax,*pmin;
  cout<<"input three numbers:"<<endl;
  cin>>a>>b>>c;
  if(a>b)
  { pmax=&a;
    pmin=&b;
  }
  else
  { pmax=&b;
    pmin=&a;
  }
  if(c>*pmax) pmax=&c;
  if(c<*pmin) pmin=&c;
  cout<<"max="<<*pmax<<"    min="<<*pmin<<endl;
}
```

3.3.6 用指针处理数组元素

指针加减运算的特点使得指针特别适合处理存储在一段连续内存空间中的同类数据。而数组恰好就是具有一定顺序关系的若干同类型变脸的集合体。一个数组是由连续的一块内存单元组成的，数组名就是这块连续内存单元的首地址。一个数组也是由各个数组元素(下标变量)组成的，每个数组元素按其类型不同占有几个连续的内存单元。一个数组元素的首地址也是指它所占有的几个内存单元的首地址。一个指针变量既可以指向一个数组，也可以指向一个数组元素，可把数组名或第一个元素的地址赋予它。如要使指针变量指向第 i 号元素可以把 i 元素的首地址赋予它或把数组名加 i 赋予它。

设有实数组 a，指向 a 的指针变量为 pa，则 pa,a,&a[0]均指向同一单元，它们是数组 a 的首地址，也是 0 号元素 a[0]的首地址。pa+1,a+1,&a[1]均指向 1 号元素 a[1]。类推可知

pa+i,a+i,&a[i]指向 i 号元素 a[i]。应该说明的是 pa 是变量，而 a,&a[i]都是常量。在编程时应予以注意。

例 3-9　设有一个 int 型数组，用三种方法输出各元素。

```cpp
#include<iostream>
using namespace std;
void main()
{
    int a[5]={11,12,13,14,15};
    int i;
    int *p;
    for(i=0;i<5;i++)              //利用数组元素的下标直接输出

        cout<<a[i]<<' ';
    cout<<endl;
    for(i=0;i<5;i++)              //利用数组名指针输出
        cout<<*(a+i)<<' ';
    cout<<endl;
    for(p=a;p<(a+5);p++)         //将数组名指针赋值给指针变量，通过指针变量输出
        cout<<*p<<' ';
    cout<<endl;
}
```

对于指向多维数组的指针变量，与二维数组类同，我们以二维数组为例介绍多维数组的指针变量。设有整型二维数组 a[3][4]如下：

```
0    1    2    3
4    5    6    7
8    9   10   11
```

由于 C++ 允许把一个二维数组分解为多个一维数组来处理。因此数组 a 可分解为三个一维数组，即 a[0]、a[1]、a[2]。每一个一维数组又含有四个元素。例如 a[0]数组，含有 a[0][0]、a[0][1]、a[0][2]、a[0][3]四个元素。

设数组 a 的首地址为 1000，a 是二维数组名，也是二维数组 0 行的首地址，等于 1000；a[0]是第一个一维数组的数组名和首地址，因此也为 1000；*(a+0)或*a 是与 a[0]等效的，它表示一维数组 a[0]的 0 号元素的首地址，也为 1000；&a[0][0]是二维数组 a 的 0 行 0 列元素首地址，同样是 1000。因此，a，a[0]，*(a+0)，*a，&a[0][0]是相等的。

同理，因为数组 a 可分解为三个一维数组，即 a[0]、a[1]、a[2]，因此 a+1 表示 a[1]，即 a+1 是二维数组 1 行的首地址，等于 1008(整型量，没个元素占 2 个字节)，a[1]是第二个一维数组的数组名和首地址，因此也为 1008，&a[1][0]是二维数组 a 的 1 行 0 列元素地址，也是 1008，因此 a+1,a[1],*(a+1),&a[1][0]是等同的。由此可得出：a+i, a[i], *(a+i), &a[i][0]是等同的。此外，&a[i]和 a[i]也是等同的。因为在二维数组中不能把&a[i]理解为元素 a[i]的地址，不存在元素 a[i]。

由此，我们比较一维数组和二维数组，得出同样的形式和结论，即 a[i]、&a[i]、*(a+i) 和 a+i 都是等同的。由于 a[0] 也可以看成是 a[0]+0，是一维数组 a[0] 的 0 号元素的首地址，而 a[0]+1 则是 a[0] 的 1 号元素首地址，由此可得出 a[i]+j 则是一维数组 a[i] 的 j 号元素首地址，它等于 &a[i][j]。由 a[i]=*(a+i) 得 a[i]+j=*(a+i)+j，由于 *(a+i)+j 是二维数组 a 的 i 行 j 列元素的首地址。该元素的值等于 *(*(a+i)+j)。

例 3-10 二维数组举例。

```cpp
#include<iostream>
using namespace std;
void main()
{   int array2[2][3]={{11,12,13},{21,22,23}};        //定义二维 int 型数据
    for(int i=0;i<2;i++)
    {
        cout<<*(array2+i)<<endl;                      //输出二维数组第 i 行的首地址
        for(int j=0;j<3;j++)
        {
            cout<<*(*(array2+i)+j)<<"   ";            //逐个输出二维数组第 i 行元素值
        }
        cout<<endl;
    }
}
```

程序运行结果如下：

```
0x0065FDED
11    12    13
0x0065FDEC
21    22    23
```

3.3.7 指针数组的说明与使用

一个数组的元素值为指针则是指针数组。指针数组是一组有序的指针的集合。指针数组的所有元素都必须是具有相同存储类型和指向相同数据类型的指针变量。指针数组说明的一般形式为

类型说明符 *数组名[常量表达式]

其中类型说明符为指针值所指向的变量的类型。例如：int *pa[3] 表示 pa 是一个指针数组，它有三个数组元素，每个元素值都是一个指针，指向整型变量。

通常可用一个指针数组来指向一个二维数组。指针数组中的每个元素被赋予二维数组每一行的首地址，因此也可理解为指向一个一维数组。

例 3-11 指针数组使用。

```cpp
#include<iostream>
using namespace std;
```

```
void main()
{    int a[3][3]={1,2,3,4,5,6,7,8,9};
     int *pa[3]={a[0],a[1],a[2]};
     int *p=a[0];
     int i;
     for(i=0;i<3;i++)
        cout<<a[i][2-i]<<' '<<*a[i]<<' '<<*(*(a+i)+i)<<endl;
     for(i=0;i<3;i++)
        cout<<*pa[i]<<' '<<p[i]<<' '<<*(p+i)<<endl;
}
```

程序运行结果如下：

```
3 1 1
5 4 5
7 7 9
1 1 1
4 2 2
7 3 3
```

本例程序中，pa 是一个指针数组，三个元素分别指向二维数组 a 的各行。然后用循环语句输出指定的数组元素。其中*a[i]表示 i 行 0 列元素值；*(*(a+i)+i)表示 i 行 i 列的元素值；*pa[i]表示 i 行 0 列元素值；由于 p 与 a[0]相同，故 p[i]表示 0 行 i 列的值；*(p+i)表示 0 行 i 列的值。读者可仔细领会元素值的各种不同的表示方法。

3.4 字 符 串

字符串常量是用一对双引号括起来的字符序列，例如，"Hello!"，"This is a string."等都是字符串常量，它在内存中的存放形式是，按照串中字符的排列次序顺序存放，每个字符占一个字节，并在末尾添加'\0'作为结尾标记。但是，C++ 的基本数据类型中没有字符串变量，字符串数据的存储和处理是用字符数组来实现的。用来存放字符量的数组称为字符数组。

3.4.1 字符数组的说明和引用

字符数组类型说明的形式与前面介绍的数值数组相同。例如：char c[10]。

字符数组也可以是二维或多维数组，例如：char c[5][10];即为二维字符数组。

字符数组允许在类型说明时作初始化赋值。例如：

        char c[6]= {'h','e','l','l','o'};

其中 c[5]未赋值，由系统自动赋予空字符\0 值。当对全体元素赋初值时也可以省去长度说明。例如：

        char c[]={'h','e','l','l','o','!'};

这时 C 数组的长度自动定为 6。

例3-12　输出一个一维字符数组，即一个字符串。

```cpp
#include<iostream>
using namespace std;
void main()
{
    char c[10]= {'I',' ','a','m',' ','a',' ','b','o','y'};
    int i;
    for(i=0;i<10;i++)
        cout<<c[i];
    cout<<endl;
}
```

程序运行结果如下：

```
I am a boy
```

3.4.2　用字符数组存放字符串

由于字符串总是以 '\0' 作为串的结束符。因此当把一个字符串存入一个数组时，也把结束符 '\0' 存入数组，并以此作为该字符串是否结束的标志。在例 3-12 中是逐个处理数组中的元素，而且数组中的字符也都是独立的，结尾没有 '\0'，因而不是 C++ 的字符串。如果我们对数组进行初始化赋值时，在末尾放置一个 '\0'，便构成了 C++ 的字符串。有了 '\0' 标志后，就不必再用字符数组的长度来判断字符串的长度了。

对字符数组进行初始化赋值时，初值的形式可以是以逗号分隔的 ASCII 码或字符常量，也可以是整体的字符串形式(这时末尾的 '\0' 是隐含的)。例如：

```cpp
char c[8]={'p','r','o','g','r','a','m','\0'};
char c[8]={112,114,111,103,114,97,109,0};
char c[8]="program";
char c[]="program";
```

用字符串方式赋值比用字符逐个赋值要多占一个字节，用于存放字符串结束标志 '\0'。由于采用了 '\0' 标志，所以在用字符串赋初值时一般无须指定数组的长度，而由系统自行处理。

在采用字符串方式后，字符数组的输入输出将变得简单方便。除了可以使用循环语句逐个地将字符输入输出外，也可以将整个字符串一次输入或输出。

例3-13　输出一个字符串。

```cpp
#include<iostream>
using namespace std;
void main()
{
    char c[]="c++ program";
    char st[15];
    cout<<c<<endl;
```

```
        cout<<"input string:"<<endl;
        cin>>st;
        cout<<st<<endl;
    }
```

程序运行结果如下：

```
c++ program
input string:
EXAMPLE↙(用户输入)
EXAMPLE
```

📢 **注意：** 在本例的 cout 中输出为 c，表示输出的是一个字符串，不得使用 c[]。例中由
　　　　 于定义数组 st 长度为 15，因此输入的字符串长度必须小于 15，以留出一个
　　　　 字节用于存放字符串结束标志'\0'。应该说明的是，对一个字符数组，如果不
　　　　 作初始化赋值，则必须说明数组长度。还应该特别注意的是，当用 cin 函数
　　　　 输入字符串时，字符串中不能含有空格，否则将以空格作为串的结束符。例
　　　　 如运行本例当输入的字符串中含有空格时，运行情况为

```
        input string:
        how are you?
        how
```

　　从输出结果可以看出空格以后的字符都未能输出。为了避免这种情况，可多设几个字
符数组分段存放含空格的串。程序可改写如下：

```
    void main()
    {
        char st1[6],st2[6],st3[6];
        cin>>st1>>st2>>st3;
    cout<<st1<<st2<<st3<<endl;
    }
```

例 3-14　输出一个二维字符数组，即多个字符串。

```
    #include<iostream>
    using namespace std;
    void main()
    {
        int i,j;
        char a[][20]={"hello!","C++ program","very good!"};
        for(i=0;i<3;i++)
            {
                for(j=0;j<20;j++)
                    cout<<a[i][j];
                cout<<endl;
```

```
    }
  for(i=0;i<3;i++)
    cout<<a[i]<<endl;
}
```

程序运行结果如下:

```
hello!
C++ program
very good!
hello!
C++ program
very good!
```

3.4.3 字符指针

由于在 C++ 中,数组名就代表了该数组的首地址。整个数组是以首地址开头的一块连续的内存单元。如有字符数组 char c[10],设数组 c 的首地址为 2000,也就是说,c[0]单元地址为 2000。则数组名 c 就代表这个首地址。因此在 c 前面不能再加地址运算符&。在执行函数 cout<<c; 时,按数组名 c 找到首地址,然后逐个输出数组中各个字符直到遇到字符串终止标志 '\0' 为止。

由于字符串是存储在一块连续内存单元,因此可以不定义字符数组,而定义一个字符指针,指向字符串的首地址,并可利用字符指针对字符串中的字符进行操作。

例 3-15 字符指针举例。

```
#include<iostream>
using namespace std;
void main()
{
    char *str="I am a student.";
    cout<<str<<endl;
}
```

在这里没有定义字符数组,在程序中定义了一个字符指针变量 str,并对其赋了初值,C++ 语言对字符串常量是按字符数组处理的,在内存开辟了一个字符数组用来存放字符串常量。程序在定义字符指针变量 str 时把字符串首地址赋给 str。不能认为 str 是一个字符串变量,以为是在定义时把"I am a student."赋给该字符串变量。程序中的语句:

```
char *str="I am a student.";
```

等价于下面两行:

```
char *str;
str="I am a student.";
```

可以看到,str 被定义为一个指针变量,指向字符型数据(不是字符串!),请注意它只能指向一个字符变量或其他字符类型数据,不能同时指向多个字符数据,对于字符串只是把首地址赋值给定义的指针变量 str。注意，对数组方式：char st[]={"I am a student"}；不能写为：char st[20]；st={"this is a string"}；而只能对字符数组的各元素逐个赋值。

通过字符数组名和字符指针变量可以输出一个字符串，因为字符串的最后有"\0"标志，输出遇到该标志时可终止操作。而对于一个数值型数组，是不能用数组名输出它的全部元素的。

例 3-16 用字符数组名和字符指针变量两种方法，将字符串 a 复制到字符串 b 中。

```cpp
#include<iostream>
using namespace std;
//程序 1：字符数组名方法
void main()
{   char a[]="I am a student.",b[20];
    int i;
    for(i=0;*(a+i)!='\0';i++)
        *(b+i)=*(a+i);
    *(b+i)='\0';
    cout<<"string a is:"<<a<<endl;
    cout<<"string b is:";
    for(i=0;b[i]!='\0';i++)
        cout<<b[i];
    cout<<endl;
}
```

```cpp
#include<iostream>
using namespace std;
//程序 2：字符指针变量方法
void main()
{   char a[]="I am a student.",b[20],*p1,*p2;
    p1=a;
    p2=b;
    for( ;*p1!='\0';p1++,p2++)
        *p2=*p1;
    *p2='\0';
    cout<<a<<endl;
    cout<<b<<endl;
}
```

例 3-17 输出字符串中 n 个字符后的所有字符。

```cpp
#include<iostream>
using namespace std;
void main()
{
```

```
        char *ps="this is a book";
        int n=10;
        ps=ps+n;
        cout<<ps<<endl;
    }
```

程序运行结果为：book

在程序中对 ps 初始化时，即把字符串首地址赋予 ps，当 ps= ps+10 之后，ps 指向字符"b"，因此输出为"book"。

例 3-18 输入字符串，查找串中有无 'k' 字符。

```
    #include<iostream>
    using namespace std;
    void main()
    {   char st[20],*ps;
        int i;
        cout<<"input a string:"<<endl;
        ps=st;              //初始化指针
        cin>>ps;
        for(i=0;ps[i]!='\0';i++)
          if(ps[i]=='k')
          {   cout<<"No."<<i+1<<" is 'k' in the string"<<endl;
              break;
          }
          if(ps[i]=='\0')
          cout<<"There is no 'k' in the string"<<endl;
    }
```

从上面例子中可以看出，用字符指针表示和处理字符串非常方便。对于一组字符串，在例 3-14 中举了一个简单的例子，如果用指针数组表示一组字符串，则更为直观方便，这时指针数组的每个元素被赋予一个字符串的首地址。特别是，在指向字符串的指针数组的初始化更为简单。比较下面两种形式的说明。

```
        char a[][20]={"hello!","C++ program","very good!"}; //第二维界 20 必须给出
        char *a[]={"hello!","C++ program","very good!"};
```

显然，第二种方法直观方便，a[0]就表示 hello!，等等。又例如下面采用指针数组来表示一组字符串的初始化赋值。

```
        char *name[]={"Illagal day",
                      "Monday",
                      "Tuesday",
                      "Wednesday",
                      "Thursday",
                      "Friday",
```

```
                    "Saturday",
                    "Sunday"};
```

完成这个初始化赋值之后，name[0]即指向字符串 Illegal day，name[1]指向 Monday，等等。

3.4.4 字符串处理

由于 C++ 全面兼容 C 语言，而 C 语言提供了丰富的字符串处理函数，因此 C 语言中对字符串处理的函数也能在 C++ 中使用。C 语言常用字符串处理函数大致可分为字符串的输入、输出、合并、修改、比较、转换、复制、搜索几类，使用这些函数可大大减轻编程的负担，在使用字符串函数时应包含头文件<string.h>。C 语言最常用的字符串函数如表 3-4 所示(包括与字符串输入和输出的函数 puts、gets)。

表 3-4　C 语言常用字符串函数

函　数	格　式	功　能
输出函数	puts(str)	把字符数组中的字符串输出到显示器
输入函数	gets(str)	从标准输入设备上输入一个字符串
连接函数	strcat(str1,str2)	把 str2 中的字符串连接到 str1 中字符串后
拷贝函数	strcpy(str1,str2)	把 str2 中的字符串拷贝到 str1 中
比较函数	strcmp(str1,str2)	按照 ASCII 码顺序比较两个数组中的字符串
测长度函数	strlen(str)	测字符串的实际长度
转换大写	strupr(str)	将 str 中的字符串转换成大写
转换小写	strlwr(str)	将 str 中的字符串转换成小写

使用数组来存放字符串，通过调用系统函数来处理字符串，这种方法仍然显得不太方便，而且字符串数据与调用的系统函数分离也不符合面向对象方法的要求。为此，C++ 预定义了字符串类(string 类)，string 类提供了更完善、更方便的对字符串进行处理所需要的操作，我们这里只列出有关 string 类的操作符(见表 3-5)。要使用 string 的预定义成分，需要包含头文件 string，并且在使用标准 C++ 库时，在所有 include 语句之后，必须加入下面一条语句来指定名空间：

　　　　using namespace std;

关于名空间的概念，本书不作详细介绍，读者只要记住标准 C++ 库头文件这样的使用方法即可。如果想对名空间有更多的了解，可查看 MSDN 帮助系统。

表 3-5　string 类的操作符

操作符	示　例	功　能
+	str1+str2	将串 str1 和 str2 连接成一个新串
=	str1=str2	用 str2 更新 str1
+=	str1+=str2	等价于 str1=str1+str2
==	str1==str2	判断 str1 与 str2 是否相等
!=	str1!=str2	判断 str1 与 str2 是否不等
<	str1<str2	判断 str1 是否小于 str2
<=	str1<=str2	判断 str1 是否小于等于 str2
>	str1>str2	判断 str1 是否大于 str2
>=	str1>=str2	判断 str1 是否大于等于 str2
[]	str[i]	访问串 str 中下标为 i 的字符

例 3-19 string 类应用举例。

```
#include<string>
#include<iostream>
using namespace std;
void main()
{
  达式  string s1="def",s2="123";
    char cp1[]="abc",cp2[]="def";
    cout<<"s1 is:"<<s1<<"---"<<"s2 is:"<<s2<<endl;
    cout<<"cp1 is:"<<cp1<<"---"<<"cp2 is:"<<cp2<<endl;
    if(s1<=cp1)
        cout<<"s1<=cp1 is true!";
    else
        cout<<"s1<=cp1 is false!";
    cout<<endl;
    if(s1<=cp2)
        cout<<"s1<=cp2 is true!";
    else
        cout<<"s1<=cp2 is false!";
    cout<<endl;
    s1+=s2;
    cout<<"new s1 is:"<<s1<<endl;
}
```

程序运行结果如下：

```
s1 is: def --- s2 is: 123
cp1 is: abc --- cp2 is: def
s1<=cp1 is false!
s1<=cp2 is true!
new s1 is: def123
```

注意：不同的 C++ 编译系统，库与头文件都会略有不同，对 VC++ 编译环境来说，在 VC++ 4.1 以前的版本中，使用的库称为运行库(run-time library)，头文件名都是 "*.h"。从 VC++ 4.2 版本开始，使用标准 C++库(standard C++ library)，标准 C++ 库是符合 ANSI 标准的，新的头文件名不再含有 "*.h" 扩展名，不过，标准 C++ 仍然保留了 18 个带有 "*.h" 扩展名的头文件。但两种头文件不能混用，比如在我们的例子中，string 类定义在头文件 string 中，而不是在 string.h 中，因此就不能包含 iostream.h，必须用头文件 iostream 来代替。还要注意，使用标准库必须要指定名空间。

3.5 结 构 类 型

在实际问题中，一组数据往往具有不同的数据类型。例如，在学生登记表中，学号为整型；姓名和住址为字符型(字符数组)；年龄为整型；性别为字符型或逻辑型；成绩可为整型或实型等。显然不能用一个数组来存放这一组数据。因为数组中各元素的类型和长度都必须一致，以便于编译系统处理。为了解决这个问题，C++ 中给出了另一种构造数据类型——"结构"。它相当于其他高级语言中的记录。

"结构"是一种构造类型，它是由若干"成员"组成的。每一个成员可以是一个基本数据类型或者又是一个构造类型。结构既是一种"构造"而成的数据类型，那么在说明和使用之前必须先定义它，也就是构造它。

3.5.1 结构类型的定义

定义一个结构的一般形式为

```
struct 结构名
{
    类型说明1 成员名1;
    类型说明2 成员名2;
    ……
    类型说明n 成员名n;
};
```

成员名的命名应符合标识符的书写规定。例如：

```
struct student
{
    int num;            //学号
    char name[20];      //姓名
    char sex;           //性别
    int age;            //年龄
    float score;        //成绩
    char addr[30];      //住址
};
```

在这个结构定义中，结构名为 student，该结构由 6 个成员组成。例如第一个成员为 num，整型变量；第五个成员为 score，实型变量。应注意在括号后的分号是不可少的。结构定义之后，即可进行变量说明。凡说明为结构 student 的变量都由上述 6 个成员组成。由此可见，结构是一种复杂的数据类型，是数目固定，类型不同的若干有序变量的集合。

3.5.2 结构类型变量的说明

结构类型的定义，只是构造了一个数据类型，要使用结构数据，还必须说明结构变量。

结构类型变量的说明与其它基本数据类型的说明方法形式上是一样的，其一般形式为

      struct 结构类型名   结构变量名

上面的关键字 struct 可以省略，结构类型名是已经定义过的。我们以前面定义的结构 student 为例，来看结构变量说明的方法：

      student stu1,stu2;   //说明 student 的两个结构变量 stu1 和 stu2

      student stua[5];   //说明了一个结构数组 stua，有 5 个结构数组元素

在结构类型变量说明的同时，还可以对该变量进行初始化。例如：

      student stu1={102,"Wang qian","f",18,90,"Beijing Road No.16"}

结构变量的说明还可以在定义结构类型时一并给出，即在定义结构类型的同时说明结构变量。例如：

```
struct student
{   int num;            //学号
    char name[20];      //姓名
    char sex;           //性别
    int age;            //年龄
    float score;        //成绩
    char addr[30];      //住址
}stu1,stu2;
```

在上述 student 结构定义中，所有的成员都是基本数据类型或数组类型。实际上，结构类型的成员还可以是其他类型，例如，成员也可以又是一个结构，即构成了嵌套的结构。下面是一个嵌套结构的例子。

```
struct date
{   int month;
    int day;
    int year;
};
struct
{   int num;            //学号
    char name[20];      //姓名
    char sex;           //性别
    date birthday;      //生日，date 是结构类型
    float score;        //成绩
    char addr[30];      //住址
};
```

首先定义一个结构 date，由 month(月)、day(日)、year(年)三个成员组成。在定义并说明变量 stu1 和 stu2 时，其中的成员 birthday 被说明为 data 结构类型。成员名可与程序中其他变量同名，互不干扰。

结构变量占内存大小 sizeof 运算符求出，其格式为

      sizeof(类型名或变量名)

知道了结构类型变量占内存的大小后，可方便地利用指针等手段对结构类型变量或结构类型数组进行访问。

3.5.3 结构变量成员的表示方法

在程序中使用结构变量时，往往不把它作为一个整体来使用。除了允许具有相同类型的结构变量相互赋值以外，一般对结构变量的使用，包括赋值、输入、输出、运算等都是通过结构变量的成员来实现的。表示结构变量成员的一般形式是：

结构变量名.成员名

例如：stu1.num 即第一个人的学号, stu2.sex 即第二个人的性别。如果成员本身又是一个结构则必须逐级找到最低级的成员才能使用。例如：stu1.birthday.month 即第一个学生出生的月份成员。

结构变量成员可以在程序中单独使用，与普通变量完全相同。

例 3-20 结构变量赋值、输入、运算及输出举例。

```cpp
#include<iostream>
using namespace std;
struct student
{
    int num;                         //整型
    char *name;                      //指针变量表示字符串
    char sex;                        //字符
    float score;                     //单精度浮点数
};
void main()
{
    student stu1,stu2;               //说明结构变量 stu1,stu2
    stu1.num=102;                    //结构变量成员赋值
    stu1.name="Wang qian";
    cout<<"input sex and score:"<<endl;
    cin>>stu1.sex>>stu1.score;       //输入结构变量成员
    stu2=stu1;                       //结构变量赋值
    stu2.num=stu1.num+1;             //结构变量成员运算
    cout<<"Number="<<stu2.num<<" Name="<<stu2.name;  //输出结构变量成员
    cout<<" Sex="<<stu2.sex<<" Score="<<stu2.score<<endl;
}
```

程序运行结果如下：

```
input sex and score:
f 90↙
Number=103 Name=Wang qian Sex=f Score=90
```

本程序中用赋值语句给 num 和 name 两个成员赋值，name 是一个字符串指针变量。输入 sex 和 score 成员值，然后把 stu1 的所有成员的值整体赋予 stu2，并改变了学号。最后分别输出 stu2 的各个成员值。

3.5.4　结构数组的使用

在实际应用中，经常用结构数组来表示具有相同数据结构的一个群体。如一个班的学生档案，一个车间职工的工资表等。结构数组的每一个元素都是具有相同结构类型的下标结构变量。

对结构数组的初始化赋值，同结构变量用法一致，只是为了清晰起见，对每个结构数组元素的值再用花括号"{}"括起来，如果是对全部结构数组元素作初始化赋值，也可不给出数组长度。例如：

```cpp
struct student
{
    int num;
    char *name;
    char sex;
    float score;
};
student stua[ ]={
                {101,"Wang qian","f",90},
                {102,"Li ping","m",88.5},
                {103,"Chen yong","m",85},
                {104,"Li hua","f",95.6},
                {105,"Wang miao","f",90} }
```

例 3-21　计算学生的总成绩、平均成绩和不及格的人数。

```cpp
#include<iostream>
using namespace std;
struct student
{   int num;
    char *name;
    char sex;
    float score;
};
void main()
{   int i,c=0;
    float ave,s=0;
    student stua[5]={
                {101,"Wang qian",'f',90},
```

```
                            {102,"Li ping",'m',88.5},
                            {103,"Chen yong",'m',59},
                            {104,"Li hua",'f',95.6},
                            {105,"Wang miao",'f',90}};
            for(i=0;i<5;i++)
            {
                s+=stua[i].score;
                if(stua[i].score<60) c++;
            }
            cout<<"s="<<s<<endl;
            ave=s/5;
            cout<<"average="<<ave<<endl;
            cout<<"count="<<c<<endl;
        }
```

程序运行结果如下：

```
    s=423.1
    average=84.62
    count=1
```

本例程序中定义了一个外部结构数组 stua，共 5 个元素。在 main 函数中对数组 stua 进行说明的同时赋了初值，用 for 语句逐个累加各元素的 score 成员值存于 s 之中，如 score 的值小于 60(不及格)即计数器 c 加 1，循环完毕后计算平均成绩，并输出全班总分，平均分及不及格人数。

3.5.5　结构指针变量的说明和使用

一个指针变量当用来指向一个结构变量时，称之为结构指针变量。结构指针变量中的值是所指向的结构变量的首地址。通过结构指针即可访问该结构变量，这与数组指针的情况是相同的。结构指针变量说明的一般形式为

struct 结构类型名 *结构指针变量名

这里，关键字 struct 也可以省略。例如，在前面的例子中定义了 student 这个结构，由于结构类型数据在内存中是一块连续存放的单元，因此，如要要说明一个指向 student 的指针变量 pstu，可写为

student *pstu;

当然也可在定义 student 结构时同时说明 pstu。结构指针变量也必须要先赋值后才能使用。

赋值是把结构变量的首地址赋予该指针变量，不能把结构类型名赋予该指针变量。如果 stu 是被说明为 student 类型的结构变量，则

pstu=&stu   //正确，结构变量赋值给指针变量

pstu=&student   //错误，不能把结构类型名赋值给指针变量

结构类型名和结构变量是两个不同的概念，不能混淆。结构名只能表示一个结构定义

的形式，编译系统并不对它分配内存空间。只有当某变量被说明为这种类型的结构时，才对该变量分配存储空间。因此上面&student 这种写法是错误的，不可能去取一个结构名的首地址。有了结构指针变量，就能更方便地访问结构变量的各个成员。其访问的一般形式为

> (*结构指针变量).成员名

或为

> 结构指针变量->成员名

例如：(*pstu).num 或者：pstu->num

应该注意(*pstu)两侧的括号不可少，因为成员符 "." 的优先级高于 "*"。如去掉括号写作*pstu.num 则等效于*(pstu.num)，这样，意义就完全不对了。下面通过例子来说明结构指针变量的具体说明和使用方法。

例 3-22 结构指针变量用法举例。

```cpp
#include<iostream>
using namespace std;
struct student
{
        int num;
        char *name;
        char sex;
        float score;
};
void main()
{
        student stu1={102,"Wang qian",'f',90},*pstu;
        pstu=&stu1;
        cout<<"Number="<<stu1.num<<"    Name="<<stu1.name;
        cout<<"   Sex="<<stu1.sex<<"    Score="<<stu1.score<<endl;
        cout<<"Number="<<(*pstu).num<<"    Name="<<(*pstu).name;
        cout<<"   Sex="<<(*pstu).sex<<"    Score="<<(*pstu).score<<endl;
        cout<<"Number="<<pstu->num<<"    Name="<<pstu->name;
        cout<<"   Sex="<<pstu->sex<<"    Score="<<pstu->score<<endl;
}
```

本例程序定义了一个结构 student，在 main 函数中，说明了 student 类型结构变量 stu1 并作了初始化赋值，同时还说明了一个指向 student 类型结构的指针变量 pstu，pstu 被赋予 stu1 的地址，因此 pstu 指向 stu1。然后用三种形式输出 stu1 的各个成员值。从运行结果可以看出：

> 结构变量.成员名
> (*结构指针变量).成员名
> 结构指针变量->成员名

这三种用于表示结构成员的形式是完全等效的。

结构指针变量同样可以指向一个结构数组，这时结构指针变量的值是整个结构数组的首地址。结构指针变量也可指向结构数组的一个元素，这时结构指针变量的值是该结构数组元素的首地址。

设 ps 为指向结构数组的指针变量，则 ps 也指向该结构数组的 0 号元素，ps+1 指向 1 号元素，ps+i 则指向 i 号元素。这与普通数组的情况是一致的。

应该注意的是，一个结构指针变量虽然可以用来访问结构变量或结构数组元素的成员，但是，不能使它指向一个成员。也就是说不允许取一个成员的地址来赋予它。例如：

```
ps=&stu[1].sex;        //错，不允许成员地址

ps=stua;               //对，赋予数组首地址

ps=&stua[0];           //对，赋予 0 号元素首地址
```

3.6 联 合 类 型

"联合"也是一种构造类型的数据结构。在一个"联合"内可以定义多种不同的数据类型，一个被说明为该"联合"类型的变量中，允许装入该"联合"所定义的任何一种数据。这在前面的各种数据类型中都是办不到的。例如，定义为整型的变量只能装入整型数据，定义为实型的变量只能赋予实型数据。

在实际问题中有很多这样的例子。例如在学校的教师和学生中填写以下表格：

姓名　　年龄　　职业　　单位

其中，"职业"一项可分为"教师"和"学生"两类。对"单位"一项学生应填入班级编号，教师应填入某系某教研室。班级可用整型量表示，教研室只能用字符类型。要求把这两种类型不同的数据都填入"单位"这个变量中，就必须把"单位"定义为包含整型和字符型数组这两种类型的"联合"。

"联合"与"结构"有一些相似之处。但两者有本质上的不同。在结构中各成员有各自的内存空间，一个结构变量的总长度是各成员长度之和。而在"联合"中，各成员共享一段内存空间，一个联合变量的长度等于各成员中最长的长度。应该说明的是，这里所谓的共享不是指把多个成员同时装入一个联合变量内，而是指该联合变量可被赋予任一成员值，但每次只能赋一种值，赋入新值则冲去旧值。如前面介绍的"单位"变量，如定义为一个可装入"班级"或"教研室"的联合后，就允许赋予整型值(班级)或字符串(教研室)。要么赋予整型值，要么赋予字符串，不能把两者同时赋予它。

3.7.1 联合类型的定义

定义一个联合类型的一般形式为

```
union  联合类型名
{
    类型说明 1  成员名 1；
    类型说明 2  成员名 2；
```

······

类型说明 n 成员名 n；

};

成员名的命名应符合标识符的规定。例如：

```
union perdata
{
    int class;
    char office[10];
};
```

表示定义了一个名为 perdata 的联合类型，它含有两个成员，一个为整型，成员名为 class；另一个为字符数组，数组名为 office。联合定义之后，即可进行联合变量说明，被说明为 perdata 类型的变量，可以存放整型量 class 或存放字符数组 office。

3.7.2　联合变量的说明和使用

联合变量的说明和结构变量的说明方法相同，基本形式为

union　联合类型名　联合变量名；

上面的关键字 union 可以省略，结构类型名是已经定义过的。我们以前面定义的结构 perdata 为例，来看结构变量说明的方法：

perdata a,b;　　//说明 perdata 的两个联合变量 a 和 b

perdata c[5];　//说明了一个联合数组 c，有 5 个联合数组元素

在联合类型变量说明的同时，可以对该变量进行初始化。结构变量的说明还可以在定义结构类型时一并给出，即在定义结构类型的同时说明结构变量。注意，经说明后的联合变量的长度应等于联合类型成员中最长的长度，例如上面 a 被说明为 perdata 联合类型，即 a 的长度等于 office 数组的长度，共 10 个字节，当联合 a 赋予整型值时，只使用了 2 个字节，而赋予字符数组时，可用 10 个字节。

对联合变量的赋值、使用都只能是对变量的成员进行。联合变量的成员表示为

联合变量名.成员名

例如，a 被说明为 perdata 类型的变量之后，可使用如下形式：

a.class

a.office

不允许只用联合变量名作赋值或其它操作。也不允许对联合变量作初始化赋值，赋值只能在程序中进行。

还要再强调说明的是，一个联合变量，每次只能赋予一个成员值。换句话说，一个联合变量的值就是联合变员的某一个成员值。

例 3-23　设有一个教师与学生通用的表格，教师数据有姓名、年龄、职业、教研室四项。学生有姓名、年龄、职业、班级四项。用联合与结构类型编程。

```
#include<iostream>
using namespace std;
```

```
        union depa                  //定义联合类型 depa
        {   int sclass;
            char *toffice;
        };
        struct exam                 //定义结构类型 exam
        {   char *name;
            int age;
            char job;
            depa dep;               //说明联合类型变量 dep
        };
        void main()
        {   int i;
            exam body[2];           //说明结构类型数组 body
            body[0].name="Wangqian";
            body[0].age=18;
            body[0].job='S';
            body[0].dep.sclass=102;
            body[1].name="Zhanghui";
            body[1].age=40;
            body[1].job='T';
            body[1].dep.toffice="computer";
            for(i=0;i<2;i++)
            {   cout<<body[i].name<<"   ";
                cout<<body[i].age<<"   ";
                cout<<body[i].job<<"   ";
                if(body[i].job=='S')
                    cout<<body[i].dep.sclass;
                else
                    cout<<body[i].dep.toffice;
                cout<<endl;
            }
        }
```

程序运行结果如下:

```
Wangqian  18  S   102
Zhanghui  40  T   computer
```

本例程序用一个结构数组 body 来存放人员数据，该结构共有四个成员。其中成员项 dep 是一个联合类型，这个联合又由两个成员组成，一个为整型量 sclass，一个为字符指针 toffice。在程序中，用赋值语句输入人员的各项数据，输出时，先输出结构的前三个成员 name, age 和 job，然后判别 job 成员项，如为"S" 则对联合 dep.class 输出(学生班级编号)否则对 dep.office 输出(教师教研室名)。

联合类型可以内嵌在结构类型定义中一起定义，这时通常使用无名联合体。例如：

```
struct exam                    //结构类型 exam 定义
{   char *name;
    int age;
    char job;
    union                      //无名联合类型定义
    {   int sclass;
        char *toffice;
    };
};
```

这种情况下，结构类型 exam 有四个成员，其中第四个成员可以是 sclass 或 toffice，访问 exam 的成员很方便。例如，在例 3-23 中，改写为上面内嵌无名联合的结构类型后，主函数 main 中，有关 sclass 和 toffice 的语句可以改写成以下语句：

```
body[0].sclass=102;
body[1].toffice="computer";
if(body[i].job=='S')
        cout<<body[i].sclass;
else
        cout<<body[i].toffice;
```

程序执行结果是完全相同的。可以看到，这种方法要比例 3-23 更为方便。

第 4 章 函 数

高级语言中"函数"的概念与数学中的概念不一样，高级语言中的"函数"实际上是"功能模块"。在面向过程的结构化程序设计中，函数是模块划分的基本单位，是对处理问题过程的一种抽象，也是对复杂问题的一种"自顶向下、逐步求精"思想的体现。在面向对象的程序设计中，函数同样有着重要的作用，它是面向对象程序设计中对功能的抽象，对象的动态属性往往通过其成员函数来实现。

4.1 概　述

在前面几章中，我们已经看到，每个 C++ 源程序中都只有一个主函数 main，但实用程序中一般都有多个函数组成。函数是 C++ 源程序的一个基本模块，通过对函数模块的调用实现特定的功能。一个较为复杂的系统往往需要划分为若干子系统，然后对这些子系统分别进行开发和调试。高级语言中的子程序就是用来实现这种模块划分的。C 和 C++ 语言中的子程序体现为函数。通常我们将相对独立的、经常使用的功能抽象为函数。函数编写好以后，可以被重复使用，使用时可以只关心函数的功能和使用方法，而不必关心函数功能的具体实现。这样有利于代码重用，可以提高开发效率，增强程序的可靠性，也便于分工合作和修改维护。由于函数功能明确，结构和逻辑关系清晰，因此使用函数有如下好处：

(1) 功能独立，可读性好；

(2) 单独编译，易于查错和修改；

(3) 便于多人分工编写不同的函数，分别调试，提高编程效率；

(4) 可提高代码重用性，减少工作量；

(5) 各函数之间仅通过接口传递信息，简单明了，函数内部信息不必关心；

(6) 可利用大量已有编写好的函数。

正因为如此，无论涉及的问题是复杂还是简单，规模是大还是小，通常针对对象，它的动态属性一般都设计为函数。

C++ 提供了极为丰富的库函数，可满足广大用户不同的要求，尽管如此，还允许用户建立自己定义的函数，来完成自己特定的功能。C++ 提供的库函数由系统提供，用户无需定义，也不必在程序中作类型说明，只需使用 include 命令，在程序前包含有该函数原型的头文件即可在程序中直接调用。用户自定义函数由用户根据任务要求编写，对于用户自定义函数，不仅要在程序中定义函数本身，而且在主调函数模块中还必须对该被调函数进行类型说明，然后才能使用。

调用一个函数，总是要求函数完成一些特定的功能，C++ 的函数兼有其他语言中的函数和过程两种功能，从这个角度看，又可把函数分为无返回值函数和有返回值函数两种。

无返回值函数用于完成某项特定的处理任务，执行完成后不向调用者返回函数值。这类函数类似于其他语言的过程。由于函数无需返回值，用户在定义此类函数时可指定它的返回为"空类型"，空类型的说明符为"void"，如前面章节中的主函数 main 无需返回值，因此主函数 main 前都有一个 void 说明。有返回值函数被调用执行完后，将向调用者返回一个执行结果，如数学函数即属于此类函数，由用户定义的这种要返回函数值的函数，必须在函数定义和函数说明中明确返回值的类型。

4.2　函数的定义与使用

　　一个 C++ 程序可以由一个主函数和若干子函数构成。所有的函数定义，包括主函数 main 在内，都是平行的。也就是说，在一个函数的函数体内，不能再定义另一个函数，即不能嵌套定义。但是函数之间允许相互调用，也允许嵌套调用。

　　主函数 main 是程序执行的起始点。由主函数调用子函数，子函数还可以再调用其他子函数。调用其他函数的函数被称为主调函数，被其他函数调用的函数称为被调函数。一个函数很可能既调用别的函数又被另外的函数调用，这样它可能在某一个调用与被调用关系中充当主调函数，而在另一个调用与被调用关系中充当被调函数。函数还可以自己调用自己，称为递归调用。main 函数是主函数，它可以调用其他函数，而不允许被其他函数调用。因此，C 程序的执行总是从 main 函数开始，完成对其他函数的调用后再返回到 main 函数，最后由 main 函数结束整个程序。一个 C 源程序必须有，也只能有一个主函数 main。

4.2.1　函数的定义

　　函数的定义也称函数的实现，其语法形式为

```
    类型说明符　函数名(形式参数表)
    {
        语句序列
    }
```

其中类型说明符和函数名称为函数头。类型说明符指明了本函数的类型，函数的类型实际上是函数返回值的类型。函数名是由用户定义的标识符，函数名后有一个括号，括号内为函数的形式参数表，简称形参表。形参表的格式为

　　　　类型说明 1　形参 1，类型说明 2　形参 2，…，类型说明 n　形参 n

　　形参的作用是实现主调函数与被调函数之间的联系，通常将函数所处理的数据、影响函数功能的因素或者函数处理的结果作为形参。没有形参的函数，可将形参写为 viod 或省略，其函数名后的括号不能省略，如 main(void)可简写为 main()。

　　函数的值需要返回给主调函数，由 return 语句给出。return 语句的一般形式为

```
    return  表达式；
```

或者为

```
    return (表达式)；
```

该语句的功能是计算表达式的值，并返回给主调函数，例如：

```
        return x;
        return (x+y);
        return (x>y?x:y);
```

在函数中允许有多个 return 语句，但每次调用只能有一个 return 语句被执行。对无返回值
的函数其类型标识符为 void，不必写 return 语句。如果函数不是 void 类型，则要求有 return
语句返回一个值。例如：

```
        void hello()          //函数定义,hello 无形参，函数无返回值
        {
                cout<<"Hello,world !"<<endl;
        }
        int max(int a,int b)     //函数定义,max 有两个整型形参 a，b，且函数返回值为整型
        {
                if (a>b) return a;
                else return b;
        }
```

函数在没有被调用的时候是静止的，此时的形参只是一个符号，它标志着在形参出现
的位置应该有一个什么类型的数据。函数在被调用时才执行，也是在被调用时由主调函
数将实际参数(简称实参)赋予形参。这与数学中的函数概念相似，例如在数学中我们都熟
悉这样的函数形式：

$$f(x) = e^x - x - 3$$

这样的函数只有当自变量被赋值以后，才能计算出函数的值。

4.2.2　函数原型声明与函数调用

调用函数之前先要在主调函数中对函数原型(function prototype)进行声明(declaration)，
即向编译系统声明将要调用此函数，并将被调用函数的有关信息通知编译系统。在主调函
数中，或所有函数之前，按如下形式对调用的函数进行声明：

类型说明符　被调函数名(含类型说明的形参表)

如果是在所有函数之前声明了函数原型，那么该函数原型在本程序的源文件中任何地
方都有效，也就是说在本程序的源文件中任何地方都可以依照该原型调用相应的函数。如
果是在某个主调函数内部声明了被调函数原型，那么该原型就只能在这个函数内部有效。

说明了函数原型之后，便可以按如下形式调用子函数：

函数名(实参列表)

其中，实参列表中应给出与函数原型形参个数相同、类型相符的实参。调用无参函数时，
括号不得省略。

函数调用可以作为一条语句，即在上面调用形式的后面加上一个分号“；”，这时函数
可以没有返回值。函数调用也可以出现在表达式中，这时就必须有一个明确的返回值，如
sum=add(x, y)+100。

对 C++ 系统提供的库函数，在程序的任何地方均可调用，调用时不需要再作说明，但
必须把该函数的头文件用 include 命令包含在源文件前部。如使用数学函数应有

#include<math.h>，如使用字符串函数应有 #include<string.h>等。

例 4-1　对被调用的函数作声明。

```
#include<iostream>
using namespace std;
void main()
{    float add(float x,float y);          //函数原型声明，注意，在主函数体内
     float a,b,c;
     cout<<"input a,b: ";
     cin>>a>>b;
     c=add(a,b);                          //add 只能在 main 函数中被调用
     cout<<"sum is: "<<c<<endl;
}
float add(float x,float y)                //函数定义
{    float z;                             //函数体部分
     z=x+y;
     return z;
}
```

程序运行结果如下：

```
input a,b: 3.4   5.8✓
sum is: 9.2
```

例 4-2　编写一个求 x 的 n 次方的函数。

```
#include<iostream>
using namespace std;
double power(double x,int n);            //函数原型声明，注意，在所有函数前
void hello(void);                        //函数原型声明后面有"；"号
void main(void)                          //主函数，后面无"；"号
{
     double p;
     p=power(5,3);                       //函数在赋值语句中
     hello();                            //无返回值函数单独使用
     cout<<"p="<<p<<endl;
     cout<<"p="<<power(5,3)<<endl;       //非 void 函数的调用可直接在输出语句中
}
double power(double x,int n)             //类型 double 并有形参函数的定义
{
     double val=1.0;
     while(n--)
       val*=x;
     return(val);
```

```
    }
    void hello()                         //无类型、无形参函数的定义
    {
        cout<<"result is:"<<endl;
    }
```

程序运行结果如下：

```
    result is:
    p=125
    p=125
```

可以看出函数原型与函数定义中的函数头部分相同，但是末尾要加分号。例 4-1 中的
add 函数和例 4-2 中的 power 函数是有参函数，把 a、b 和 5、3 分别传送给形参，并一般通
过 return 返回函数的值；例 4-2 中的 hello 函数是无参函数，且无返回值，一般完成某个特
定的任务。

从上面例子我们可以看出，对函数的"定义"和"声明"不是一回事。"定义"是指对
函数功能的确立，包括指定函数名、函数值类型、形参及其类型、函数体等，它是一个完
整的、独立的程序单位。而"声明"的作用则是把函数的名字、函数的类型、形参及其类
型、形参的个数和顺序等通知编译系统，以便在调用该函数时系统按此进行对照检查，与
函数原型不匹配的函数调用会导致编译出错。

特别注意，如果被调用函数的定义出现在主调函数之前时，可以不对函数原型进行声
明，因为编译系统已经知道了已定义函数的类型，并根据函数头提供的信息对函数的调用
做出正确性检查。我们把例 4-2 的程序改写如下：

```
    #include<iostream>
    using namespace std;
    void hello()                  //无类型、无形参函数的定义，在调用函数 main 之前
    {
        cout<<"result is:"<<endl;
    }
    double power(double x,int n)  //类型 double 并有形参函数的定义，在调用函数 main 之前
    {
        double val=1.0;
        while(n--)
          val*=x;
        return(val);
    }
    void main(void)
    {
        double p;
        p=power(5,3);
        hello();
```

```
        cout<<"p="<<p<<endl;
        cout<<"p="<<power(5,3)<<endl;
    }
```

4.2.3 函数调用的执行过程

一个 C++ 程序经过编译以后生成可执行的代码，形成后缀为 .exe 的文件，存放在外存储器中。当程序被启动时，首先从外存将程序代码装载到内存的代码区，然后从入口地址 (main()函数的起始处)开始执行。程序在执行过程中，如果遇到了对其他函数的调用，则暂停当前函数的执行，保存下一条指令的地址(即返回地址，作为从子函数返回后继续执行的入口点)，并保存现场，然后转到子函数的入口地址，执行子函数。当遇到 return 语句或者子函数结束时，则恢复先前保存的现场，并从先前保存的返回地址开始继续执行。图 4-1 说明了函数调用和返回的过程，图中标号标明了执行顺序。

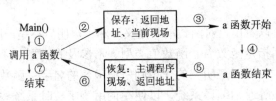

图 4-1 函数调用和返回的过程

4.2.4 函数的嵌套调用

函数允许嵌套调用。如果函数 1 调用了函数 2，函数 2 再调用函数 3，便形成了函数的嵌套调用。

例 4-3 输入两个整数，求它们的平方和。

```cpp
#include<iostream>
using namespace std;
void main(void)
{
    int a,b;
    int fun1(int x,int y);
    cout<<"请输入 a 和 b 的值:";
    cin>>a>>b;
    cout<<"a,b 的平方和为: "<<fun1(a,b)<<endl;
}
int fun1(int x,int y)
{
    int fun2(int m);
    return(fun2(x)+fun2(y));
}
int fun2(int m)
```

```
{
    return(m*m);
}
```

程序运行结果如下：

```
请输入 a 和 b 的值:3 4✓
a,b 的平方和为: 25
```

本例虽然这个问题很简单，但是为了说明函数的嵌套调用问题，在这里设计两个函数：求平方和函数 fun1 和求一个整数的平方函数 fun2。由主函数调用 fun1，fun1 又调用 fun2。图 4-2 说明了函数的调用过程，图中标号标明了执行顺序。

图 4-2 函数的嵌套调用过程

4.2.5 函数的递归调用

函数可以直接或间接地调用自己，称为递归调用。直接调用自己，就是指在一个函数的函数体中出现了对自己的调用语句，例如：

```
void fun1(void)
{
    fun1();      //调用 fun1 自身
}
```

就是函数直接调用自己的例子。而下面的情况是函数间接调用自己：

```
void fun1(void)
{
    fun2();
}
void fun2(void)
{
    fun1();
}
```

这里 fun1 调用了 fun2，而 fun2 又调用了 fun1，于是构成了递归。

递归算法的实质是将原有的问题分解为新的问题，而解决新问题时又用到了原有问题的解法。按照这一原则分解下去，每次出现的新问题都是原有问题的简化的子集，而最终分解出来的问题，是一个已知解的问题。这便是有限的递归调用。只有有限的递归调用才是有意义的，无限的递归调用永远得不到解，没有实际意义。为此，一般要用 if 语句来控制使递归过程到某一条件满足时结束。递归法类似于数学证明中的反推法，从后一结果与前一结果的关系中寻找其规律性。

归纳法可以分为递推法和递归法。

- 递推法　从初值出发，归纳出新值与旧值间直到最后值为止存在的关系。

要求通过分析得到：初值 + 递推公式

编程：通过循环控制结构实现(循环的终值是最后值)。

- 递归法　从结果出发，归纳出后一结果与前一结果直到初值为止存在的关系。

要求通过分析得到：初值 + 递归函数

编程：设计一个函数(递归函数)，这个函数不断使用下一级值调用自身，直到结果已知。

例 4-4　分析比较递推法和递归法，用递归法求 n！。

递 推 法		递 归 法	
0!=1 1!=0!×1 2!=1!×2 3!=2!×3 … n!=(n−1)!×n	分析得 s(n)=n! 的求解 s(n)=1 (n=1, 0) s(n)=s(n−1)×n 　　　(n>1) 其中 s(n−1)先求出	n!=(n−1)! ×n (n−1)!=(n−2)! ×(n−1) (n−2)!=(n−3)! ×(n−2) (n−3)!=(n−4)! ×(n−3) … 2!=1!×2	分析得 f(n)=n! 的求解 f(n)=1　(n=1, 0) f(n)=f(n−1)×n 　　　(n>1) 其中 f(n−1)未求出

递归程序分两个阶段执行：

① 回推(调用)：欲求 n!→先求(n−1)! →(n−2)! → … → 1!。若 1! 已知，回推结束。

② 递推(回代)：知道 1!→2! 可求出→3! → … → n!。

程序如下：

```cpp
#include<iostream>
using namespace std;
long fac(int n);
void main()
{   int n=10;
    long s;
    s=fac(n);
    cout<<n<<"!="<<s<<endl;        // 结果：5!=120
}
long fac(int x)
{   long f;
    if (x==0||x==1)
        f=1;
    else
        f=fac(x-1)*x;
    return f;
}
```

程序运行结果如下：

```
10!=3628800 (分析为什么函数 fac 说明为 long 型?)
```

从上面程序可以看出，递归程序的一般形式是，在主函数中用终值 n 调用递归函数，而在递归函数中使用如下形式：

```
递归函数名 f(参数 x)
{   if(n==初值)
        结果=取初值时的值;
    else
        结果=含 f(x-1)的递归表达式;
    return  结果;
}
```

例 4-5 Fibonacci 数列问题。

分析：$fib(n) = \begin{cases} 1 & (n = 0) \\ 1 & (n = 1) \\ fib(n-1) + fib(n-2) & (n > 1) \end{cases}$

程序如下：

```cpp
#include<iostream>
using namespace std;
int fib (int n);
void main()
{
    int i,t,s=0;
    for (i=1;i<=12;i++)
    {   t=fib(i);
        s+=t;
        cout<<i<<"--"<<t<<endl;          //输出第 i 个 fibonacci 数
    }
    cout<<"n=12,s="<<s<<endl;            //输出 n 个 fibonacci 数的和 s
}
int fib(int n)
{
    int f;
    if (n==0||n==1)
        f=1;
    else
        f=fib(n-1)+fib(n-2);
    return (f);
}
```

程序运行结果如下：

```
1—1
2—2
3—3
4—5
5—8
```

6—13

7—21

8—34

9—55

10—89

11—144

12—233

n=12, s=608

上面两个例子也可以不用递归的方法来完成。如可以用递推法求 n!，即从 1 开始乘以 2，再乘以 3……直到 n。递推法比递归法更容易理解和实现。但是有些问题则只能用递归算法才能实现。如下面的汉诺塔问题。

例 4-6 汉诺塔(Tower of Hanoi)问题。这是一个古典的数学问题，是一个只有用递归方法解决的问题。问题是这样的：古代有一个楚塔，塔内有 3 个座 A、B、C，开始时，A 座上有 64 个盘子，盘子大小不等，大的在下，小的在上，如图 4-3 所示。有一个人想把这 64 个盘子从 A 座移到 C 座,在移动过程中可以借助 B 座，但每次只允许移动一个盘子，且在移动过程中在 3 个座上都始终保持大盘在下、小盘在上。试编程序打印出移动的步骤。

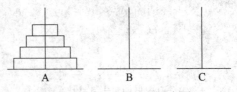

图 4-3   Hanoi 塔问题示意图

分析方法：

① 简化问题：设盘子只有一个，则本问题可简化为 a-->c。

② 对于大于一个盘子的情况，逻辑上可分为两部分：第 n 个盘子和除 n 以外的 n−1 个盘子。如果将除 n 以外的 n−1 个盘子看成一个整体，则要解决本问题，可按以下步骤：

a) 将 a 座上 n−1 个盘子借助于 c 先移到 b 杆；　　a-->b   (n−1, a, c, b)

b) 将 a 座上第 n 个盘子从 a 移到 c 杆；　　　a-->c

c) 将 b 座上 n−1 个盘子借助 a 移到 c 杆。　　c-->b   (n−1, b, a, c)

程序如下：

```cpp
#include<iostream>
using namespace std;
void move(int n,char x,char y,char z);
void main()
{   int h;
    cout<<"input number:";
    cin>>h;
    cout<<"the step to moving"<<h<<" diskes:"<<endl;
    move(h,'a','b','c');
}
void move(int n,char A,char B,char C)
{   if(n==1)
```

```
        cout<<A<<"-->"<<C<<"    ";          //a-->c
    else
    {   move(n-1,A,C,B);                     // a-->b   (n-1,a,c,b)
        cout<<A<<"-->"<<C<<"    ";           // a-->c
        move(n-1,B,A,C);                     // c-->b   (n-1,b,a,c)
    }
}
```

从程序中可以看出，move 函数是一个递归函数，它有四个形参 n，A，B，C。n 表示圆盘数，A、B、C 分别表示三个座。move 函数的功能是把 A 上的 n 个圆盘移动到 C 上。当 n==1 时，直接把 A 上的圆盘移至 C 上，输出 A-->C。如 n 不等于 1 则分为三步：递归调用 move 函数，把 n-1 个圆盘从 A 移到 B；直接将 A 上的第 n 个盘子移动到 C 即输出 A-->C；递归调用 move 函数，把 n-1 个圆盘从 B 移到 C。在递归调用过程中 n=n-1，故 n 的值逐次递减，最后 n=1 时，终止递归，逐层返回。当 n=4 时，程序运行的结果为

```
input number: 4↙

the step to moving 4 diskes:

a-->b  a-->c  b-->c  a-->b  c-->a  c-->b  a-->b  a-->c  b-->c  b-->a

c-->a  b-->c  a-->b  a-->c  b-->c
```

4.3　函数的参数传递

在函数未被调用时，函数的形参并不占有实际的内存空间，也没有实际的值。只有在函数被调用时才为形参分配存储单元，并将实参与形参结合。实参可以是常量、变量或表达式，其类型必须与形参相符。函数的参数传递，指的就是形参与实参结合(简称形实结合)的过程。一般的形实结合方式有值调用和引用调用两种方式。如果需要在函数之间传递大量数据，而且传递的数据是存放在一个连续的内存区域中时(比如数组)，还可以通过只传递数据的起始地址达到函数调用时传递数据的目的。

4.3.1　值调用

值调用是指当发生函数调用时，给形参分配内存空间，并用实参来初始化形参，即直接将实参的值传递给形参。这一过程是参数值的单向传递过程，一旦形参获得了值便与实参脱离关系，此后无论形参发生了怎样的改变，都不会影响到实参。

形参出现在函数定义中，在整个函数体内都可以使用，离开该函数则不能使用。实参出现在主调函数中，进入被调函数后，实参变量也不能使用。形参和实参的功能是作数据传送。发生函数调用时，主调函数把实参的值传送给被调函数的形参从而实现主调函数向被调函数的数据传送。函数的形参和实参具有以下特点：

(1) 形参变量只有在被调用时才分配内存单元，在调用结束时，即刻释放所分配的内存单元。因此，形参只有在函数内部有效。函数调用结束返回主调函数后则不能再使用该形参变量。

(2) 实参可以是常量、变量、表达式、函数等，无论实参是何种类型的量，在进行函数调用时，它们都必须具有确定的值，以便把这些值传送给形参。因此应预先用赋值，输入等办法使实参获得确定值。

(3) 函数调用中发生的数据传送是单向的。即只能把实参的值传送给形参，而不能把形参的值反向地传送给实参。因此在函数调用过程中，形参的值发生改变，而实参中的值不会变化。

例 4-7 观察实参和形参的值。

```cpp
#include<iostream>
using namespace std;
int s(int n);
void main()
{   int n;
    cout<<"input number:";
    cin>>n;
    s(n);
    cout<<"main n="<<n<<endl;
}
int s(int n)
{   int i;
    for(i=n-1;i>=1;i--)
      n=n+i;
    cout<<"sub n="<<n<<endl;
    return n;
}
```

程序运行结果如下：

```
input number: 10↙
sub n=55
main n=10
```

本程序中定义了一个函数 s，该函数的功能是求 $\sum n_i$ 的值。在主函数中输入 n 值，并作为实参，在调用时传送给 s 函数的形参量 n，注意，本例的形参变量和实参变量的标识符都为 n，但这是两个不同的量，各自的作用域不同。在主函数中输出一次 n 值，这个 n 值是实参 n 的值。在函数 s 中也输出了一次 n 值，这个 n 值是形参最后取得的 n 值。从运行情况看，输入 n 值为 10。即实参 n 的值为 10。把此值传给函数 s 时，形参 n 的初值也为 10，在执行函数过程中，形参 n 的值变为 55。返回主函数之后，输出实参 n 的值仍为 10。可见实参的值不随形参的变化而变化。

例 4-8 从键盘输入两个整数，交换次序后输出(分析错误)。

```cpp
#include<iostream>
using namespace std;
void swap(int a,int b);
```

```
int main()
{   int x(5),y(10);                    //给 x,y 赋初值
    cout<<"x="<<x<<"   y="<<y<<endl;
    swap(x,y);
    cout<<"x="<<x<<"   y="<<y<<endl;
    return 0;
}
void swap(int a,int b)
{   int t;
    t=a; a=b; b=t;
}
```

程序运行结果如下：

```
x=5       y=10
x=5       y=10
```

从上面的运行结果可以看出，并没有达到交换的目的。这是因为，这里采用的是值调用，函数调用时传递的是实参的值，是单向传递过程。形参值的改变对实参不起作用。

4.3.2　引用调用

我们已经看到，值调用时参数是单向传递，那么如何使在子函数中对形参所做的更改对主函数中的实参有效呢？这就需要使用引用调用。

引用是一种特殊类型的变量，可以被认为是另一个变量的别名。通过引用名与通过被引用的变量名访问变量的效果是一样的，例如：

```
int i,j;
int &ri=i;          //建立一个 int 型的引用 ri，并将其初始化为变量 i 的一个别名
j=10;
ri=j;               //相当于 i=j;
```

使用引用时必须注意下列问题：

(1) 声明一个引用时，必须同时对它进行初始化，使它指向一个已存在的对象。

(2) 一旦一个引用被初始化后，就不能改为指向其他对象。也就是说，一个引用，从它诞生之时起，就必须确定是哪个变量的别名，而且始终只能作为这一个变量的别名，不能另作他用。

引用也可以作为形参，如果将引用作为形参，情况便不同。这是因为，形参的初始化不在类型说明时进行，而是在执行主调函数中的调用语句时，才为形参分配内存空间，同时用实参来初始化形参。这样引用类型的形参就通过形实结合，成为实参的一个别名，对形参的任何操作也就会直接作用于实参。用引用作为形参的函数调用，称为引用调用。

例 4-9　使用引用调用改写例 4-8 的程序，使两整数成功地进行交换。

```
#include<iostream>
using namespace std;
```

```
    void swap(int &a,int &b);
    int main()
    {    int x(5),y(10);
         cout<<"x="<<x<<"      y="<<y<<endl;
         swap(x,y);
         cout<<"x="<<x<<"      y="<<y<<endl;
         return 0;
    }
    void swap(int &a,int &b)
    {    int t;
         t=a; a=b; b=t;
    }
```

程序运行结果：

```
    x=5      y=10
    x=10     y=5
```

从运行结果可以看出，改用引用调用后成功地实现了交换。引用调用与值调用的区别只是函数的形参写法不同，主调函数中的调用语句是完全一样的。

例 4-10　引用调用举例。

```
    #include<iostream>
    using namespace std;
    void fiddle(int in1,int &in2);
    int main()
    {

         int count=7,index=12;
         cout<<"The values are:\t"<<count<<'\t'<<index<<endl;
         fiddle(count,index);
         cout<<"The values are:\t"<<count<<'\t'<<index<<endl;
         return 0;

    }
    void fiddle(int in1,int &in2)
    {

         in1=in1+100;
         in2=in2+100;
         cout<<"The values are:\t"<<in1<<'\t'<<in2<<endl;

    }
```

程序运行结果如下：

```
    The values are:   7      12
    The values are:  107     112
    The values are:   7      112
```

从运行结果看出：子函数 fiddle 的第一个参数 in1 是普通的 int 型，被调用时传递的是实参 count 的值；第二个参数 in2 是引用，被调用时由实参 index 初始化后成为 index 的一个别名。于是在子函数中对参数 in1 的改变不影响实参，而对形参 in2 的改变实质上就是对主函数中变量 index 的改变。因而返回主函数后，count 值没有变化，而 index 值发生了变化。

4.3.3 用指针作为函数参数

当需要在函数之间传递大量数据时，程序执行时调用函数的开销就会很大。如值调用时，形参变量需要分配内存单元，在调用结束后才释放所分配的内存单元；同样引用调用需要对引用初始化，而且必须确定是哪个变量的别名，而且始终只能作为这一个变量的别名，不能另作它用。显然，这对处理大量数据在函数间的传递是很不方便的。由于 C++ 对一批数据的存放往往是存放在一个连续的内存区域中，如数组、结构、联合、函数以及指针等，因此通过只传递数据的起始地址而不必传递数据的值的方法，既可以实现传递大量数据，又可以大大提高程序运行效率，减少系统开销。

用指针作为函数的形参，使得实参与形参指针指向共同的内存地址，从而也实现了参数双向传递的目的，即通过在被调函数中直接处理主调函数中的数据，并将处理结果返回到主调函数，这种方法与引用调用相同；此外，用指针作为函数的形参，减少了函数调用时数据传递的开销，数据量越大越能感到其优越性。但是，如果在设计程序时不是传递大量数据，并且在函数中用指针或者引用作为形参都可以达到同样的目的时，使用引用比较好一些，能提高程序的可读性。

例 4-11 使用指针变量作为函数参数，改写例 4-8 的程序(请认真比较例 4-8、4-9 和本例)，使两整数成功地进行交换。

```
#include<iostream>
using namespace std;
void swap(int *p1,int *p2);
void main()
{    int x(5),y(10);
     int *px,*py;
     cout<<"x="<<x<<"    y="<<y<<endl;
     px=&x;
     py=&y;
     swap(px,py);                          //可直接写 swap(&x,&y);
     cout<<"x="<<x<<"    y="<<y<<endl;
}
void swap(int *p1,int *p2)
{    int t;
     t=*p1; *p1=*p2; *p2=t;
}
```

程序运行结果如下：

```
x=5      y=10
x=10     y=5
```

从运行结果可以看出，采用指针变量后成功地实现了交换。注意，程序实际上是通过交换 x 和 y 的地址而实现了程序的要求。

对于数组，当把数组元素(下标变量)作为实参使用时，这时与普通变量的值调用所使用方法相同。由于数组元素就是下标变量，因此它作为函数实参使用与普通变量是完全相同的，在发生函数调用时，把作为实参的数组元素的值传送给形参，实现单向的值传送。

例 4-12 判别一个整数数组中各元素的值，若大于 0 则输出该值，若小于等于 0 则输出 0 值。

```cpp
#include<iostream>
using namespace std;
void nzp(int v);          //有形参,无返回值
void main()
{    int i,a[5]={23,34,-11,33,-10};
     for(i=0;i<5;i++)
     nzp(a[i]);
}
void nzp(int v)
{    if(v>0)
        cout<<v;
     else
        cout<<0;
     cout<<endl;
}
```

本程序中首先定义一个无返回值函数 nzp，并说明其形参 v 为整型变量。在函数体中，根据 v 值输出相应的结果。在 main 函数中每一个元素作实参调用一次 nzp 函数，即把 a[i] 的值传送给形参 v，供 nzp 函数使用。

如果把数组名作为函数的形参和实参使用，这时用数组名作函数参数时所进行的传送是地址的传送，也就是说把实参的数组的首地址赋予形参的数组名。用数组名作函数参数时，不是进行值的传送，即不是把实参数组的每一个元素的值都赋予形参数组的各个元素。由于数组名就是数组的首地址，因此在数组名作函数参数形参数组名取得该首地址之后，也就等于有了实在的数组。实际上是形参数组和实参数组为同一数组，共同拥有一段内存空间，主调函数与被调函数的值是双向传递的。

例 4-13 数组 a 中存放了一个学生 5 门课程的成绩，求平均成绩。

```cpp
#include<iostream>
using namespace std;
float aver(float a[5]);
void main()
{
```

```
        float av,sco[5]={87,89,98,96,90};
        av=aver(sco);
        cout<<"average score is:"<<av<<endl;
    }
    float aver(float x[5])
    {
        int i;
        float av,s=0;
        for(i=0;i<5;i++)
            s=s+x[i];
        av=s/5;
        return av;
    }
```

程序运行结果如下:

```
        average score is: 92
```

本程序首先定义了一个实型函数 aver,有一个形参为实型数组 x,长度为 5。在函数 aver 中,把各元素值相加求出平均值,返回给主函数。主函数 main 中以 sco 作为实参调用 aver 函数,函数返回值送 av,最后输出 av 值。从运行情况可以看出,程序实现了所要求 的功能。

用数组名作为函数参数时还应注意以下几点:

(a) 形参数组和实参数组的类型必须一致,否则将引起错误。

(b) 形参数组和实参数组的长度可以不相同,因为在调用时,只传送首地址而不检查 形参数组的长度。当形参数组的长度与实参数组不一致时,虽不至于出现语法错误(编译能 通过),但程序执行结果将与实际不符,这是应予以注意的。

(c) 在函数形参表中,允许不给出形参数组的长度,或用一个变量来表示数组元素的个 数。例如:可以写为

```
        void nzp(int a[]);
```

或写为

```
        void nzp(int a[],int n);
```

其中,形参数组 a 没有给出长度,而由 n 值动态地表示数组的长度。n 的值由主调函数的 实参进行传送。由此,例 4-12 又可改为例 4-14 的形式。

例 4-14　形参数组没有给出长度。

```
        #include<iostream>
        using namespace std;
        void nzp(int a[],int n);              //有形参,无返回值
        void main()
        {   int i,a[5]={23,34,-11,33,-10};
            cout<<"initial values of array a are: ";
            for(i=0;i<5;i++)
```

```
        cout<<a[i]<<"   ";
    cout<<endl;
    nzp(a,5);
    cout<<"last values of array a are: ";
    for(i=0;i<5;i++)
        cout<<a[i]<<"   ";
    cout<<endl;
}
void nzp(int a[],int n)
{   int i;
    for(i=0;i<n;i++)              //函数体内可对数组进行各种处理
    {   if(a[i]<0)
            a[i]=0;
    }
}
```

程序运行结果如下：

```
initial values of array a are: 23    34 –11    33 -10
last values of array a are: 23    34    0    33    0
```

本程序 nzp 函数形参数组 a 没有给出长度，由 n 动态确定该长度。在 main 函数中，函数调用语句为 nzp(a,5)，其中实参 5 将赋予形参 n 作为形参数组的长度。

4.4　内　联　函　数

使用函数有利于代码重用，可以提高开发效率，增强程序的可靠性，也便于分工合作，便于修改维护。但是，函数调用也会降低程序的执行效率。因为调用函数时，需要保存现场和返回地址，然后转到子函数的代码起始地址去执行。子函数执行完后，又要取出先前保存的返回地址和现场状态，再继续执行。这一切都需要时间和空间方面的开销。因此对于一些功能简单、规模较小又使用频繁的函数，可以设计为内联函数。内联函数不是在调用时发生控制转移，而是在编译时将函数体嵌入在每一个调用语句处。这样就节省了参数传递、控制转移等开销。

内联函数在定义时使用关键字 inline，语法形式如下：

> inline　类型说明符　被调函数名(含类型说明的形参表)

通常内联函数应该是比较简单的函数，结构简单、语句少。如果将一个复杂的函数定义为内联函数，反而会造成代码膨胀，增大开销。这种情况下，多数编译器都会自动将其转换为普通函数来处理。到底什么样的函数会被认为太复杂呢？不同的编译器处理起来是不同的。但一般来说，包含有循环语句和 switch 语句的函数肯定不能按内联方式处理。

内联函数在被调用之前必须进行完整的定义，否则编译器将无法知道应该插入什么代码。内联函数通常写在主函数的前面。

例 4-15 内联函数应用举例。

```cpp
#include<iostream>
using namespace std;
inline double circle_area(double radius)        //内联函数，计算圆的面积
{ return 3.14*radius*radius; }
int main()
{
    for(int i=1;i<=3;i++)
        cout<<"r="<<i<<"   area="<<circle_area(i)<<endl;
    return 0;
}
```

程序运行结果如下：

```
r=1     area=3.14
r=2     area=12.56
r=3     area=28.26
```

注意：如果把程序中的 3.14 换为 3.1415926，则输出的面积为：3.14159，12.5664 和 28.2743，即系统默认输出有效数为 6。

4.5 带有缺省参数的函数

一般情况下，实参个数应与形参个数相同，但 C++ 在说明函数的函数原型时，可以为一个或多个形参指定缺省参数值，以后调用此函数时，若在给出的实参中省略其中某一参数，C++ 自动地以缺省形参值作为相应实参的值。例如：

```cpp
int add(int x=3,int y=4)   //定义默认形参值
{ return x+y; }
void main(void)
{   add(15,16);        //用实参来初始化形参，实现 15+16
    add(15);           //形参 x 采用实参值 15，y 采用默认值 4，实现 15+4
    add();             //x 和 y 都采用默认值，分别为 3 和 4，实现 3+4
}
```

默认形参值必须按从右向左的顺序定义。在有默认值的形参右面，不能出现无默认值的形参。因为在调用时，实参初始化形参是按从左向右的顺序。例如：

```cpp
int add(int x,int y=3,int z=4);     //正确
int add(int x=2,int y=3,int z);     //错误
int add(int x=2,int y,int z=4);     //错误
```

例 4-16 带默认形参值的函数举例。

本程序的功能是计算长方体的体积。子函数 get_volume 是计算体积的函数，有三个形

参：length(长)、width(宽)、height(高)，其中 width 和 height 带有缺省值。主函数中以不同形式调用 get_volume 函数，分析程序的运行结果。

```cpp
#include<iostream>
using namespace std;
int get_volume(int length,int width=2,int height=3);
int main()
{    int x=10;int y=12;int z=15;
     cout<<"some box data is";
     cout<<get_volume(x,y,z)<<endl;
     cout<<"some box data is";
     cout<<get_volume(x,y)<<endl;
     cout<<"some box data is";
     cout<<get_volume(x)<<endl;
     cout<<"some box data is";
     cout<<get_volume(x,7)<<endl;
     cout<<"some box data is";
     cout<<get_volume(5,5,5)<<endl;
     return 0;
}
int get_volume(int length,int width,int height)
{    cout<<'\t'<<length<<'\t'<<width<<'\t'<<height<<'\t';
     return length*width*height;
}
```

程序运行结果如下：

```
some box data is   10   12   15   1800
some box data is   10   12   3    360
some box data is   10   2    3    60
some box data is   10   7    3    210
some box data is   5    5    5    125
```

由于函数 get_volume 的第一个形参 length 在定义时没有给出默认值，因此每次调用函数时都必须给出第一个实参，用实参值来初始化形参 length。由于 width 和 height 带有默认值，因此如果调用时给出三个实参，则三个形参全部由实参来初始化；如果调用时给出两个实参，则第三个形参采用默认值；如果调用时只给出一个实参，则 width 和 height 都采用默认值。

4.6 函数重载

在程序中，一个函数通过调用实现某个操作。例如求一个整数的二次方，可以通过下面函数实现：

```
int isquare(int i)
{
    return i*i;
}
```

用上面函数来计算浮点数的二次方是不行的，即调用 isquare(3.45)会出现类型不匹配的错误，因为 C++ 函数的调用要求类型必须匹配。这样一来，我们要计算浮点数、双精度数的二次方就必须编写下面两个函数：

```
float fsquare(float i)
{
    return i*i;
}
double dsquare(double i)
{
    return i*i;
}
```

可以看出，当要计算一个数的二次方时，必须要记住以上的每个函数及其类型，并按照不同类型进行不同的调用。显然，上面三个函数的功能是相同的，但仅仅因为类型不同就需要编写三个函数，并命名了三个函数的名字 isquare、fsquare 和 dsquare，这对用户使用是很不方便的。

C++ 中提供了对函数重载的支持，使我们在编程时可以对不同的功能赋予相同的函数名，编译时会根据上下文(实参的类型和个数)来确定使用哪一具体功能。

严格地说，两个以上的函数，取相同的函数名，但是形参的个数或者类型不同，编译器根据实参和形参的类型及个数的最佳匹配，自动确定调用哪一个函数，这就是函数的重载。

C++ 允许功能相近的函数在相同的作用域内以相同函数名定义，从而形成重载，方便使用、便于记忆。例如在上面三个求二次方的函数可以起一个共同的名字 square，但它们的参数类型仍然保留不同。当用户调用这些函数时，只需要在参数表中带入实参，编译系统就会根据实参的类型来确定到底调用哪个函数。因此，用户调用求二次方的函数时，只需要记住一个 square 函数即可，下面是求不同类型数据的二次方的程序例子。

例 4-17 不同类型数据的函数重载。

```
#include<iostream>
using namespace std;
int square(int i)
{ return i*i;}
float square(float i)
{ return i*i;}
double square(double i)
{ return i*i;}
int main()
```

```
{       int i=12;
        float f=3.4;
        double d=5.67;
        cout<<i<<'*'<<i<<'='<<square(i)<<endl;
        cout<<f<<'*'<<f<<'='<<square(f)<<endl;
        cout<<d<<'*'<<d<<'='<<square(d)<<endl;
        return 0;
}
```

程序运行结果如下：

```
12*12=144
3.4*3.4=11.56
5.67*5.67=32.1489
```

在 main()中三次调用了 square()函数，实际上是调用了三个不同的重载版本。由系统根据传送的不同参数类型来决定调用哪个重载版本。例如 square(i)，当 i 为整数时，系统将自动判断并调用求二次方的重载版本 int square(int i)。可见，利用重载概念，用户在调用函数时，书写非常方便。

上面例子是参数个数相同但类型不同的函数重载，下面是一个参数个数不同但类型一致的函数重载的例子。

例 4-18 编写程序，可以求两个整数的最大值或三个整数的最大值。

```
#include<iostream>
using namespace std;
int max(int a,int b,int c)
{
    if(b>a) a=b;
    if(c>a) a=c;
    return a;
}
int max(int a,int b)
{   if(a>b)
        return a;
    else
        return b;
}
void main()
{
    int a=23,b=-34,c=45;
    cout<<max(a,b,c)<<endl;
    cout<<max(a,b)<<endl;
}
```

程序运行结果如下:

```
45

23
```

程序两次调用 max()函数,参数个数不同,系统会根据传送参数的数目,自动找到与之匹配的函数并调用它。

从上面两个例子可以看出,重载函数的形参必须不同,或者形参的类型不同(见例 4-17)或者形参的个数不同(见例 4-18),编译系统对实参和形参的类型及个数进行最佳匹配,来选择调用哪一个函数。重载函数的返回值可以相同(见例 4-18)也可以不同(见例 4-17)。但不允许参数个数和类型都相同而只有返回值类型不同,因为系统无法从函数的调用形式上判断哪一个函数与之匹配。此外,不要将不同功能的函数定义为重载函数,以免出现对函数调用结果的误解、混淆。

4.7　指针型函数与函数指针

在本章第 3 节中我们介绍过用指针作为函数的参数,其目的是使函数实参与形参指针指向共同的内存地址,从而也实现了参数的双向传递。本节介绍指针型函数和函数指针。

4.7.1　指针型函数

除了 void 类型的函数之外,函数在调用结束后都会有返回值,指针同样也可以作为函数的返回值。当一个函数的返回值是指针类型时,这个函数就是指针型函数。通常非指针型函数调用结束后只能返回一个值,而我们有时需要从被调函数返回一批数据到主调函数中,这时可利用指针型函数来解决。

指针型函数在调用后返回一个指针,通过指针中存储的地址值,主调函数就能访问该地址中存放的数据,并通过指针算术运算访问这个地址的前、后内存中的值。因此,通过对空间的有效组织(如数组、字符串等能前后顺序存放多个变量的数据类型),就可以返回大量的数据。在 C++ 中,很多库函数都是返回指针值,它的用处非常广泛。

定义指针型函数的函数头的一般形式为

数据类型 *函数名(参数表)

其中,数据类型是函数返回的指针所指向数据的类型;*函数名声明了一个指针型的函数,参数表是函数的形参列表。

例如,int *fun(int *a,int n)表示函数 fun 返回一个指针值,这个指针指向一个整型指针,a、n 是形参。

例 4-19　指针型函数的使用。

```
#include<iostream>
using namespace std;
int *fun(int *a,int n);                //指针型函数声明
void main()
{
```

```
        int *p,x[]={11,22,33,44};
        p=fun(x,4);                      //调用指针型函数
        for(int i=0;i<4;i++)
            cout<<*p++<<'\t';            //利用指针输出返回结果
        cout<<endl;
    }
    int *fun(int *a,int n)               //指针型函数的实现
    {
        for(int i=0;i<n;i++)
        {
            a[i]*=2;                     //函数体内可对参数任意更新
        }
        return a;                        //返回指针
    }
```

程序运行结果如下：

    22   44   66   88

4.7.2 函数指针

与数组一样，函数也在内存中占据一片存储单元存放一系列指令。这片内存单元也有一个起始地址，称为函数的入口地址，通过这个地址就可以找到该函数。与数组名类似，函数名也是一个指向函数入口地址的指针常量。因此，可以声明一个指向函数的指针，并使用该指针来调用函数。

函数指针就是指向函数的指针。定义函数指针的一般形式为

        数据类型   (*函数指针名)(参数表)；

其中，数据类型是指函数指针所指向函数的返回值的类型，参数表中指明该函数指针所指向函数的形参类型和个数。

例如，int (*p)(int a, int b); 就定义了一个函数指针 p，它指向一个返回整型值，有两个整型参数的函数。

在定义了指向函数的指针变量后，在使用此函数指针之前，必须先给它赋值，使它指向一个函数的入口地址。由于函数名是函数在内存中的首地址，因此可以赋给函数指针变量。赋值的一般形式为

        *函数指针名=函数名；

例如，对上面刚定义的函数指针 p，可以给它赋值如下：

        p=func1；

其中，函数名所代表的函数必须是一个已经定义过的、和函数指针具有相同返回类型的函数。并且等号后面只需写函数名而不要写参数，例如不要写成下列形式：

        p=func1(a,b);   //错误，不可带参数

当函数指针指向某函数以后，可以用下列形式调用函数：

(*指针变量)(实参表)

例如：(*p)(a,b)，它相当于 fun1(a,b)。

必须指出的是：指针的运算在这里是无意义的。因为指针指向函数的首地址。当用指针调用函数时，程序是从指针所指向的位置开始按程序执行，若进行指针运算，程序的执行就不是从函数的开始位置执行，这就会造成错误。

例 4-20 函数指针的使用。

```cpp
#include<iostream>
using namespace std;
void add(int a,int b)
{    cout<<a<<'+'<<b<<'='<<a+b<<endl;    }
void sub(int a,int b)
{    cout<<a<<'-'<<b<<'='<<a-b<<endl;    }
void mul(int a,int b)
{    cout<<a<<'*'<<b<<'='<<a*b<<endl;    }
void Div(int a,int b)
{    cout<<a<<'/'<<b<<'='<<a/b<<endl;    }
int main()
{
    void (*fp)(int i,int j);          //声明函数指针
    int i,j;
    char op;
    cout<<"input two numbers:";
    cin>>i>>j;
    cout<<"input one operator(+ - * /):";
    cin>>op;
    if(op=='+')
        fp=add;                   //函数指针指向 add 函数
    else if(op=='-')
        fp=sub;                   //函数指针指向 sub 函数
    else if(op=='*')
        fp=mul;                   //函数指针指向 mul 函数
    else if(op=='/')
        fp=Div;                   //函数指针指向 div 函数
    else
    {
        cout<<"input error!";
        return 0;
    }
    fp(i,j);                      //利用函数指针调用相应函数
```

```
        return 1;
    }
```

程序运行结果如下：

```
    input two numbers: 12    34✓
    input one operator(+ - * /): -✓
    12-34=-22
```

4.8 函数原型与系统函数

在本章的第 4.2.2 节，我们曾经介绍了函数原型。编写用户自定义函数后，在需要调用该函数之前先要在主调函数中对函数原型进行声明，声明的作用就是向编译系统声明将要调用此函数，并将被调用函数的有关信息通知编译系统。系统知道了函数原型后，才能正确的调用。

在 C++ 中，不仅允许我们根据需要自定义函数，而且 C++ 的系统库中还提供了几百个函数，这些系统函数可供用户直接使用，不必要再自己编写有关程序，既极大地方便了用户的使用，又大大提高了程序的开发效率和质量。

C++ 系统提供的函数，和我们自定义函数一样，都有函数原型。用户自定义函数和 C++ 系统函数的区别在于：自定义函数不仅要定义函数体，而且还要在调用前声明函数原型；C++ 系统提供的函数则不需要定义函数体，也不需要声明函数原型，系统函数的原型分类存放在不同的头文件中，用户需要做的事情，就是用 include 指令嵌入相应的头文件，然后便可以使用系统函数。例如，要使用数学函数，就要嵌入头文件 math.h。表 4-1 列出了一些 C++ 系统函数的函数原型、头文件及函数功能，供参考使用。了解 C++ 的系统函数是非常有用的，关于更多的系统函数信息请参阅有关 C++ 软件的用户参考手册。

表 4-1   C++ 部分系统函数原型、头文件及函数功能

函数名	函数原型与功能
isalnum	原型: int isalnum(int c); 头文件: `<ctype.h>` 测试 c 是否字母或数字，如果 c 在 A~Z，a~z 或 0~9 范围返回非 0 值，否则返回 0
isalpha	原型: int isalpha(int c); 头文件: `<ctype.h>` 测试 c 是否在 A~Z 或 a~z 范围，是返回非 0 值，否则返回 0
isdigit	原型: int isdigit(int c); 头文件: `<ctype.h>` 测试 c 是否十进制数字 0~9，是返回非 0 值，否则返回 0
tolower	原型: int tolower(int c); 头文件: `<stdlib.h>`和`<ctype.h>` 将字符转换为小写字母，返回值为转换的结果
toupper	原型: int toupper(int c); 头文件: `<stdlib.h>`和`<ctype.h>` 将字符转换为大写字母，返回值为转换的结果
abs	原型: int abs(int n); 头文件: `<stdlib.h>`或`<math.h>` 返回整数 n 的绝对值
fabs	原型: double fabs(double x); 头文件: `<math.h>` 返回浮点数 x 的绝对值
cos	原型: double cos(double x); 头文件: `<math.h>` 计算并返回 x 的余弦值

续表

函数名	函数原型与功能
sin	原型: double sin(double x);　　　　　　　　　　　　头文件: <math.h> 计算并返回 x 的正弦值
exp	原型: double exp(double x);　　　　　　　　　　　　头文件: <math.h> 计算并返回 e 的 x 次幂, 上溢时返回 INF(无穷大), 下溢时返回 0
log	原型: double log(double x);　　　　　　　　　　　　头文件: <math.h> 计算并返回 x 的自然对数, x 为负时返回值不确定, x 为 0 时返回 INF(无穷大)
pow	原型: double pow(double x, double y);　　　　　　　头文件: <math.h> 计算并返回 x 的 y 次幂
sqrt	原型: double sqrt(double x);　　　　　　　　　　　头文件: <math.h> 计算并返回 e 的平方根
printf	原型: int printf(const char *format[,arg]...);　　　　头文件<stdio.h> 格式化并输出字符和数字到 stdout, format 是格式控制字符串, arg 是待输出内容
scanf	原型: int scanf(const char *format[,arg]...);　　　　头文件<stdio.h> 从标准输入设备 stdin 输入格式化字符和数字, format 是格式控制字符串, arg 是待输出内容
getchar	原型: int getchar(void);　　　　　　　　　　　　　头文件<stdio.h> 从 stdin 读取一个字符并返回所读字符, 如果出现错误返回 EOF
putchar	原型: int putchar(void);　　　　　　　　　　　　　头文件<stdio.h> 写一个字符到 stdout, 如果出现错误返回 EOF
strlen	原型: sizet strlen(const chat *string);　　　　　　　头文件<string.h> 返回 string 中的字符个数, 不包括尾部 NULL
strstr	原型: char *strstr(const char *string,const char *strcharset); 头文件<string.h> 返回 strcharset 在 string 中第一次出现时的起始地址, 若没有出现则返回 NULL

例 4-21 系统函数应用举例。从键盘输入一个角度值, 求出该角度的正弦值、余弦值和正切值。C++ 系统函数中提供了求正弦值、余弦值和正切值的函数: sin(),con(),tan(), 函数的说明在头文件 math.h 中。源程序如下:

```cpp
#include<iostream>
#include<math.h>
using namespace std;
const double pi(3.14159265);
void main()
{
    double a,b;
        cin>>a;
        b=a*pi/180;
        cout<<"sin("<<a<<")="<<sin(b)<<endl;
        cout<<"cos("<<a<<")="<<cos(b)<<endl;
        cout<<"tan("<<a<<")="<<tan(b)<<endl;
}
```

程序运行结果如下:

```
30
sin(30)=0.5
```

```
con(30)=0.866025
tan(30)=0.57735
```

充分利用系统函数，可以大大减少编程的工作量，提高程序的运行效率和可靠性。要使用系统函数必须查阅编译系统的库函数参考手册或联机帮助，查清楚函数的功能、参数、返回值和使用方法，并知道要使用的系统函数的声明在哪个头文件中。例如，在 VC++ 6.0 系统中，为了方便用户查找系统函数，将所提供的系统函数进行了分类，应根据需要按照函数的分类去查找所用的函数。VC++ 6.0 系统中将函数分类列成以下几种：

① 获取参数(Argument access)
② 浮点支持(Floating-point support)
③ 缓冲区操作(Buffer manipulation)
④ 输入输出(Input and output)
⑤ 字节分类(Byte classification)
⑥ 国际化(Internationalization)
⑦ 字符分类(Character classification)
⑧ 内存分配(Memory allocation)
⑨ 数据转换(Data convecsion)
⑩ 处理机与环境控制(Process and environment control)
⑪ 调试(Debug)
⑫ 查找与排序(Searching and sorting)
⑬ 目录控制(Directory control)
⑭ 字符串操作(String manipulation)
⑮ 错误处理(Error handling)
⑯ 系统调用(System calls)
⑰ 异常处理(Exception handling)
⑱ 时间管理(Time management)
⑲ 文件处理(File handling)

4.9　动态内存分配

通过前面的学习我们看到，C++ 要求在使用一个变量之前必须首先定义它，从而使编译系统能够预先为每个变量分配相应的内存空间。在实际问题中，我们希望编写通用的通用的程序来解决相同类别的问题，例如，编写一个人事管理系统软件，这个软件应该适用于很多单位，但这些单位的人员肯定各不相同，甚至差异很大，如果用数组进行处理，这个数组该定义多大才合适呢？显然，为了满足通用需要，数组定义的越大越好，但这样一来，对于那些人少的单位，就白白浪费了大量的内存空间。

在 C++ 中，动态内存分配技术可以保证我们在程序运行过程中按照实际需要申请适量的内存，使用结束后还可以释放。C++ 提供了 new 运算符和 delete 运算符，可用于动态内存的申请和释放，在 C++ 中也称为动态内存的创建和删除。

运算符 new 用于申请所需要的内存单元，返回指定类型的一个指针。其使用形式为

指针=new 数据类型；

指针=new 数据类型[常量]；

其中，第一种形式用于非数组的其他数据类型，第二种形式专门针对数组，对多维数组应给出所有维的大小；指针应预先定义，指针指向的数据类型与 new 后的数据类型相同。若申请成功，则返回分配单元的首地址给指针；否则，即没有足够的内存空间时，返回 0，表示此时返回的是空指针(NULL)。这里，new 运算符从称为堆区(heap area)的自由存储区中为程序分配一块字节为 sizeof(数据类型)大小的内存空间。

运算符 delete 用于释放 new 分配的内存空间。其使用形式为

delete 指针；

delete [常量] 指针；

其中，第一种形式用于非数组的其他数据类型，第二种形式专门针对数组；指针是指向需要释放的内存单元的指针的名字，对于数组，常量可以省略，无须指出空间大小，但方括号不可少。运算符 delete 只是删除动态内存单元，并不会删除指针本身。注意，老的 C++版本对数组要求必须给出常量，以便告诉系统有多少元素所占空间需要释放。

例 4-22 运算符 new 和 delete 使用方法。

```cpp
#include<iostream>
using namespace std;
int main()
{   int *p1,*p2;         //定义指针变量 p1,p2
    p1=new int;              //根据 int 类型的空间大小，建立一个内存单元，地址存放在 p1 中
    p2=new int[10];         //分配了 10 个存放 int 型数据的内存空间
    if(!p1 || !p2)          //p1 为 0 或 p2 为 0 时
    {
        cout<<"allocation failure!"<<endl;
        return 0;
    }
    else
    {   cout<<"p1="<<p1<<endl;       //输出 p1 的地址
        cout<<"p2="<<p2<<endl;       //输出 p2 的地址，数组首址
    }
    *p1=123;                         //将 123 赋值给指针 p 所指向的 int 型内存单元
    cout<<"*p1="<<*p1<<endl;
    delete p1;                       //释放 p1 指向的变量的内存空间
    for(int i=0;i<10;i++)
    {   p2[i]=i*i;
        cout<<&p2[i]<<'\t'<<p2[i]<<endl;
    }
    delete [10]p2;                   //释放 p2 指向的数组的内存空间
```

```
        return 1;
    }
```

程序运行结果如下:

```
    p1=0x00780DA0
    p2=0x00780040
    *p1=123
    0x00780D40      0
    0x00780D44      1
    0x00780D48      4
    0x00780D4C      9
    0x00780D50     16
    0x00780D54     25
    0x00780D58     36
    0x00780D5C     49
    0x00780D60     64
    0x00780D64     81
```

　　程序运行时,若两个 new 运算符中的一个出现失败,就表示动态分配内存失败,这时输出信息"allocation failure!"。另外,程序中也可以直接给指向变量的指针 p1 所在的地址赋初值,可以写成"p1=new int(123);",即初始值可以在类型后面用圆括号括起来,但不能对动态分配的数组存储区进行初始化。

　　在上一节介绍的系统函数中,有关字符串处理函数的参数中,经常看到带有指针的参数形式。在用户自定义的函数中也是如此,并在函数体内经常使用动态分配内存的方法,如:

```
    int exam(const char *s,…)
    {   char *sp;                     //定义字符指针 sp
        sp=new char[strlen(s)+1];     //根据参数 s 的大小动态分配内存
        …                             //对字符串 sp, s 的处理
        delete sp;                    //释放已分配的存储空间
        return 1;
    }
```

第 5 章 类 和 对 象

类构成了实现 C++ 面向对象程序设计的基础,是面向对象程序设计方法的核心。类把数据和作用在这些数据上的操作组合在一起,是封装的基本单元。通过类的继承与派生,还能够实现对问题的深入抽象描述。在面向过程的结构化程序设计中,程序的模块是由函数构成的;在面向对象程序设计中,程序模块是由类构成的。函数是逻辑上相关的语句与数据的封装,用于完成特定的功能;类是逻辑上相关的函数与数据的封装,它是对所要处理的问题的抽象描述。因此,后者的集成程度更高,也就更适合用于大型复杂程序的开发。

5.1 类和对象的概念

面向对象方法学的出发点和基本原则,是尽可能按照人类的习惯思维方式,使开发软件的方法与过程尽可能接近人类认识世界解决问题的方法与过程。

我们把客观世界中的实体抽象为对象(Object),对象是现实世界的一个实体,具有自己的静态特征(属性)和动态特征(行为)。静态特征是可以用某种数据来描述的特征,动态特征是对象所表现的行为或对象所具有的功能。面向对象方法不是把程序看做是对一组数据和对该数据进行操作的一系列过程或函数的集合,而是把程序看做是相互协作而又彼此独立的对象的集合。从一般意义上讲,对象是实现世界中一个实际存在的事物,它可以是有形的,也可以是无形的,比如一辆汽车、一名学生、一块手表、一次演出、一项计划等。

类(Class)是对一组具有共同的属性特征和行为特征的对象的抽象。人类在认识客观世界时经常采用的思维方法,就是把众多的事物归纳、划分成一些类。依据抽象的原则进行分类,即忽略事物的非本质特征,只注意那些与当前目标有关的本质特征,从而找出事物的共性;把具有共同性质的事物划分为一类,得出一个抽象的概念。例如:张三、李四、王五等,虽说每个人性格、爱好、特长各不相同,但是,他们的基本特征是相似的,都是学生,而且都在某大学里读书,于是把他们统称为“某大学学生”。又如:电子表、石英表、机械表、手表、钟表等,虽然每种表的样式、价格、制作工艺各不相同,但它们的作用却相同,我们可以统称它们为“时钟”。人类习惯于相似特征的事物归为类,分类是人类认识客观世界的基本方法。

类和对象之间的关系是抽象和具体的关系。类是对多个对象进行综合抽象的结果,对象又是类的个体实物,一个对象是类的一个实例。

在面向对象方法中,抽象(Abstraction)是使用最为广泛的原则,它是指对具体问题(对象)进行概括,抽取出一类对象共同的、本质的特征并加以描述的过程。抽象就是对问题进行分析和认识的过程。在面向对象的软件开发中，首先注意的是问题的本质及描述，其次是解决问题的具体过程。因此，对一个问题的抽象应该包括两个方面，即数据抽象(描述静态特征)和行为抽象(描述动态特征)。

例如，对时钟的分析可以看出，需要三个整型数来存储时间，分别表示时、分和秒，这就是对时钟所具有的数据进行抽象。另外，时钟要具有显示时间、设置时间等简单的功能，这就是对它的行为的抽象。用 C++ 可以将时钟描述为

时钟(clock)：

数据抽象：

int hour；int minute；int second；

行为抽象：

show_time()；set_time()；

又例如，对某大学学生的分析可以看出，姓名、性别、年龄、专业、成绩等是对大学生的数据抽象，而报到、学习、考试、吃饭等则是对大学生的行为抽象。用 C++ 语言可以将某大学学生描述为

大学生(Stud)：

数据抽象：

int id；char *name；char *sex；int age；char *speciality；float score；

行为抽象：

register()；study()；examine()；eat()；

如何正确的抽象，需要考虑具体的应用领域。例如，在某大学学生类中是否考虑抽取"国籍"属性，在时钟类中是否抽取"制造商"属性，等等。显然，对于同一个研究对象，由于研究问题的侧重点不同，就可能产生不同的抽象结果，甚至解决同一问题的要求不同也可能产生不同的抽象结果。

5.2　类和对象使用

5.2.1　类的定义

类实际上相当于一种用户自定义的数据类型，这种类型与以前学习过的数据类型的不同之处在于，类这个特殊类型中同时包含了对数据进行操作的函数。

类的一般定义格式如下：

```
class  类名
    {
        private:
            私有数据成员和成员函数;
        protected:
            保护数据成员和成员函数;
        public:
```

　　　　公有数据成员和成员函数;
　　　　};
　　　　各个成员函数的实现

其中，class 是定义类的关键字，"类名"是一个标识符，用于唯一标识一个类。一对大括号内是类的说明部分，说明该类的所有成员。类的成员包括数据成员和函数成员，其中 C++习惯称函数成员为成员函数。类的成员在访问权限上可分为三类：公有的(public)、保护的(protected)和私有的(private)。如果在类的说明部分最前面的数据成员和成员函数没有访问权限要求时，被默认为 private 权限。

　　说明为公有的成员可以被程序中的其他函数访问，即说明为 public 的每个数据成员和成员函数都是公有成员，公有成员是类的对外接口。

　　说明为私有的成员只能被本类中的成员函数及友元类的成员函数访问，其他类的成员函数，包括其派生类的成员函数都不能访问它们。通过把特定的成员定义为私有的，使一部分成员隐蔽起来，可以达到对数据访问权限的合理控制，使程序中不同部分之间的相互影响减少到最低限度，增强了程序的安全性。

　　说明为保护的成员与私有成员类似，只是除了类本身的成员函数和说明为友元类的成员函数可以访问保护成员外，该类的派生类的成员也可以访问。

　　特别要说明的是，在面向对象方法中，封装(Encapsulation)也是一个非常重要的概念。它有两个涵义，一是把对象的全部属性(数据成员)和全部行为(成员函数)结合在一起，形成一个不可分割的独立单位，二是尽可能隐蔽对象的内部细节，只保留有限的对外接口使之与外部发生联系。通过 C++ 的类，实现了封装机制，对象的外部不能直接地存取对象的属性，而必须通过几个允许外部使用的行为与对象发生联系。

　　例如，定义一个类来描述时钟如下：

```
class clock
{
    private:
        int hour,minute,second;
    public:
        void set_time(int newh,int newm,int news);
        void show_time();
};
```

　　可以看出，例中封装了时钟的数据和行为，分别称为 clock 类的数据成员和成员函数。由于 hour、minute、second 被定义为私有数据成员，其意义表示对时钟的使用者来说，一般是不会关心时钟的内部结构，外部若想对时钟进行操作，只能通过公有成员 set_time()函数对时钟进行时间设置，或通过公有成员 show_time()函数来查看时钟的时间。可以想象，如果没有外部接口，即不能查看时间、不能调整时间，这个时钟是不会有人需要它的。

　　📢 **注意**：在类的定义中，关键字 private、protected 和 public 可以按照任意顺序出现任意次，一般我们将相同访问权限的成员归类放在一起，这样会使程序更加清晰。

5.2.2　类的成员函数

类的成员函数是对类的动态特征即行为的描述，是对类的数据成员进行操作的方法，也是程序功能及其算法实现的途径。

1．成员函数的定义

函数的原型声明要写在类主体中，原型说明了函数的参数表和返回值类型，如在上面定义的 clock 类中声明了公有成员函数 set_time 和 show_time。而函数的具体实现是写在类定义之外的。与普通函数不同的是，实现函数时要指明类的名称，具体形式为

```
        返回值类型　　类名::函数成员名(参数表)
        {
            函数体
        }
```

例如，在 clock 类的函数成员中，其函数的实现(即函数体)可以在类外定义如下：

```
        void clock::set_time(int newh,int newm,int news)
        {
            hour=newh;
            minute=newm;
            second=news;
        }
        void clock::show_time()
        {
            cout<<hour<<":"<<minute<<":"<<second<<endl;
        }
```

通过上面程序，我们就完成了对 clock 类的定义。可以看出，类的定义首先是以关键字 class 和所定义的类的名称，然后说明类的数据成员和函数成员，通过使用 private 和 public 等关键字来说明类的成员的访问控制属性，最后再给出成员函数的实现。

2．带默认值的成员函数

第 4 章中曾介绍过带默认形参值的函数。同样，类的成员函数也可以有默认形参值，其调用规则同普通函数相同。在实际问题中，有时候这个默认值可以带来很大的方便，比如时钟类的 set_time()函数，就可以使用默认值如下：

```
        void clock::set_time(int newh=0,int newm=0,int news=0);
        {
            hour=newh;
            minute=newm;
            second=news;
        }
```

这样，如果调用这个函数时没有给出实参，就会按照默认形参值将时钟设置到午夜零点。

3．内联成员函数

我们知道，函数的调用过程要消耗一些内存资源来记录调用时的状态，以便保证调用完成后能够正确地返回并继续执行。如果有调用次数频繁而且代码较简单的函数成员，这个函数也可以定义为内联函数(inline function)。和第 4 章介绍的普通内联函数相同，在编译时会将内联成员函数的函数体插入到每一个调用它的地方，这样做可以减少调用的开销，提高执行效率，但是却增加了执行程序的长度，一般要在权衡利弊的基础上慎重选择，只有对相当简单的成员函数才可以定义为内联函数。

内联函数的声明有两种方式：隐式声明和显式声明。

将函数定义直接放在类定义的主体内，这时也不再专门对函数进行原型的声明，这种方法可以称之为隐式声明，比如，将时钟类的 show_time()函数声明为内联函数，可以写作：

```
class clock
{
  public:
    void set_time(int newh,int newm,int news);        //原型声明，加 ";" 号
    void show_time()                                   //内联函数定义，无 ";" 号
    {   cout<<hour<<":"<<minute<<":"<<second<<endl; }
  private：
    int hour,minute,second;
};
```

为了保证类定义的清晰，我们仍然可以将内联成员函数放在类定义体外，但函数定义的前面冠以关键字"inline"，以此显式地说明这是一个内联函数，即在函数定义时，在函数返回值类型前加上 inline；类定义中仍然要对内联成员函数的原型进行声明。例如，对上面的内联函数 show_time 可采用下列方式表示：

```
class clock
{
  public:
    void set_time(int newh,int newm,int news);        //原型声明，加 ";" 号
    void show_time();                                  //原型声明，加 ";" 号
  private：
    int hour,minute,second;
};
inline void clock::show_time()                         //内联函数类外定义
{
    cout<<hour<<":"<<minute<<":"<<second<<endl;
}
```

上面的显式声明方式的效果和前面的隐式表达是完全相同的。

5.2.3　类对象

类实际上就是具有相同性质和功能的对象的集合，在程序中类就是具有相同内部存储

结构和具有相同操作行为的对象的集合。类实际上是一种抽象机制，它描述了一类问题的共同属性和行为。类和对象的关系，可以用整型 int 和整型变量 i 之间的关系来类比。类和整型 int 均代表的是一般概念，而对象和整型变量 i 却是代表具体的东西。正如定义 int 类型的变量一样，也可以定义类的变量，类的变量就是类对象，类对象就是具有该类类型的某一特定实例。如果把某校大学生看作是一个类，则每个学生就是该类的一个特定实例，也就是一个对象。

在第 3 章中介绍过基本数据类型和自定义类型，这些数据类型都是对某一类数据的抽象，在程序中说明的每一个变量都是其所属数据类型的一个实例。如果将类也看做是自定义的类型，那么类的对象就可以看成是该类型的变量。因此我们经常把普通变量和类类型的对象都统称为对象。

定义一个对象和说明一个一般变量的形式相同，采用以下方式：

类名　对象名表；

例如，clock myclock；就定义了一个时钟类型的对象 myclock。

注意：类的定义只是声明了一种类型，系统是不会给类分配存储空间的，只有定义了类对象时，才会给对象分配相应的内存空间。

定义了类及其对象后，我们就可以访问对象的公有成员，例如设置和显示对象 myclock 的时间值。这种访问采用的是"."操作符，该操作符也称为对象选择符，其一般形式是：

对象名.数据成员名

对象名.成员函数名(参数表)

例如，用 myclock.show_time()的形式可以来访问类 clock 的对象 myclock 的成员函数 show_time()。

在类的外部只能访问到类的公有成员；在类的内部，所有成员之间都可以通过成员名称直接访问，这就实现了对访问范围的有效控制。

例 5-1　时钟类的完整程序。

```cpp
#include<iostream>
using namespace std;
class clock                              //时钟类 clock 的定义
{
    public:                              //外部接口，公有成员函数
        void set_time(int newh=0,int newm=0,int news=0);
        void show_time();
    private:                             //私有数据成员
        int hour,minute,second;
};
void clock::set_time(int newh,int newm,int news)   //时钟类成员函数的定义
{
    hour=newh;
    minute=newm;
```

```
            second=news;
        }
    inline void clock::show_time()              //时钟内联成员函数类外定义
    {
        cout<<hour<<":"<<minute<<":"<<second<<endl;
    }
    void main()                                 //主函数
    {
        clock myclock;                          //定义对象 myclock
        cout<<"First time set and output:"<<endl;
        myclock.set_time();                     //设置时间为默认值
        myclock.show_time();                    //显示时间
        cout<<"Second time set and output:"<<endl;
        myclock.set_time(8,30,30);              //设置时间为 8:30:30
        myclock.show_time();                    //显示时间
    }
```

程序运行结果如下:

```
First time set and output:
0:0:0
Second time set and output:
8:30:30
```

分析: 本程序可以分为三个相对独立的部分,第一个部分是类 clock 的定义,第二个部分是时钟类成员函数的具体实现,第三个部分是主函数 main()。从前面的分析可以看到,定义了类及其成员函数,只是对问题进行了高度的抽象和封装化的描述,问题的解决还要通过类的实例,即对象之间的消息传递来完成,这里的主程序的功能就是定义对象并传递消息。程序中,成员函数 set_time 带有三个默认参数。考虑到成员函数 show_time 的语句相当少,我们使用显式的方法将其说明为内联成员函数。在主函数中,首先定义一个 clock 类的对象 myclock,然后利用对象调用其成员函数,第一次调用设置时间为默认值并输出,第二次调用将时间设置为 8:30:30 并输出。

例 5-2 分析下面关于 point 类程序的执行结果。

```
#include<iostream>
using namespace std;
class point
{   private:                                    //类 point 的私有成员
        int x,y;
    public:                                      //类 point 的公有成员
        void setpoint(int a,int b)
        { x=a;y=b; }
        int getx()
```

```
            { return x; }
            int gety()
            { return y; }
    };
    void main()
    {   int i,j;
        point p1,p2;              //定义了两个类对象 p1 和 p2
        p1.setpoint(1,2);         //调用 p1 的公有成员函数 setpoint，初始化 p1
        p2.setpoint(3,4);         //调用 p2 的公有成员函数 setpoint，初始化 p2
        i=p1.getx();              //调用 p1 的公有成员函数 getx，获取 p1 的 x 值
        j=p1.gety();              //调用 p1 的公有成员函数 gety，获取 p1 的 y 值
        cout<<"p1(i,j)="<<i<<","<<j<<endl;
        i=p2.getx();              //调用 p2 的公有成员函数 getx，获取 p2 的 x 值
        j=p2.gety();              //调用 p2 的公有成员函数 gety，获取 p2 的 x 值
        cout<<"p2(i,j)="<<i<<","<<j<<endl;
    }
```

程序运行结果如下：

```
    p1(i,j)=1,2
    p2(i,j)=3,4
```

关于类和对象的几点说明：

(1) 在类的公有成员的调用中，实际上使用的是一种缩写形式，完整的表达形式是：

对象名.类名::数据成员(或成员函数)

但其表达意义是完全一致的，因此，p1.setpoint(1,2)和 p1.point::setpoint(1,2)这两种表达方式是等价的。

(2) 类外不能引用对象的私有成员，例如在例 5-1 中和例 5-2 中的主程序中出现下面语句，编译系统将指示错误。

h=myclock.hour;   //错，hour 是类对象 myclock 的私有数据成员

i=p1.x;   //错，x 是类对象 point 的私有数据成员

我们看到，私有成员隐蔽在所定义的类中，类内可以访问，而类外是不能访问的，实现了访问权限的控制。

(3) 同类的对象之间可以赋值，例如，在例 5-2 中定义了两个对象 p1 和 p2，则语句 p2=p1;将会把对象 p1 的数据成员全部复制到对象 p2，但 p1 和 p2 是两个对象，若以后 p1 的值发生变化，与 p2 无关。特别注意，当类中存在指针时，对象之间的赋值可能产生错误，我们将在多态性一章中介绍。

5.3 构造函数和析构函数

在数据类型一章中，我们知道，不同类型的数据其存储空间也是不同的。类是用户自

定义的一种数据类型，定义类对象时也要分配存储空间。由于类类型可能比较简单，也可能比较复杂，因此定义类对象时，C++ 编译系统要根据类类型分配类对象的存储空间，并经常需要对所定义的类对象进行必要的初始化工作，而且，当特定对象使用结束时，还需要做一些清理和回收存储空间等善后工作。C++ 程序中的初始化和清理工作分别由两个特殊的成员函数来完成，它们就是构造函数和析构函数。

5.3.1　构造函数

我们在说明一个简单变量时，C++ 系统就为这个变量分配了一定的内存空间，为了方便，我们还可以在说明这个变量的同时，对该变量赋初值，即对该变量进行初始化。同样的道理，定义一个对象时，C++ 系统也会为这个对象分配一定的内存空间，而且，我们也希望在定义对象的同时，对该对象进行初始化。然而，类对象毕竟比普通变量要复杂得多，如果用户不针对类的特征自己编写初始化程序，直接在定义对象时贸然指定对象初始值，不仅不能实现初始化，还可能会引起编译时的语法错误。在例 5-1 和例 5-2 中，我们就没有对例题中的对象直接进行初始化工作，而是通过对公有成员函数的访问来获取对象属性的。

C++ 编译系统提供了在对象被创建时利用特定的值对其初始化的一种机制，这便是构造函数。构造函数的作用就是在对象被创建时利用特定的值构造对象，将对象初始化为一个特定的状态，使此对象区别于其他对象。构造函数完成的是一个从一般到具体的过程，它在对象被创建的时候由系统自动调用。

构造函数是类的一个特殊的成员函数，除了具有一般成员函数的特征之外，还有一些特殊性质：

(1) 构造函数的函数名与类名相同。

(2) 构造函数可以有任意类型的参数，但没有返回值。

(3) 构造函数是不能被显示调用的成员函数，只能在定义类的对象时自动调用，也称其为隐式调用。

(4) 当类中没有定义构造函数时，系统将自动调用一个默认的构造函数，不过这个默认构造函数的功能是不执行任何操作。

在上一节的两个例子中，尽管我们都没有定义与类同名的构造函数，但 C++ 系统仍然调用了一个默认形式的构造函数，这个构造函数的功能是不做任何事。在建立对象时自动调用构造函数是 C++ 程序"例行公事"的必然行为。如果用户定义了恰当的构造函数，就能够在类的对象建立时获得一个初始化的值。

例 5-3　运用构造函数，修改例 5-2。

```
#include<iostream>
using namespace std;
class point
{   private:
        int x,y;
    public:
```

```cpp
        point(int a,int b);              //构造函数原型的声明,无返回类型
        void setpoint(int a,int b);      //成员函数 setpoint 原型的声明
        int getx()                       //内联成员函数 getx 实现
        { return x; }
        int gety()                       //内联成员函数 gety 实现
        { return y; }
    };
    point::point(int a,int b)            //构造函数的实现
    {   x=a;                             //构造函数可访问类内成员 x 和 y
        y=b;
        cout<<"构造函数被调用!"<<endl;
    }
    void point::setpoint(int a,int b)    //成员函数的实现
    {   x=a;                             //成员函数可访问类内成员 x 和 y
        y=b;
        cout<<"成员函数被调用!"<<endl;
    }
    void main()
    {   int i,j;
        point p1(1,2);                   //定义对象 p1 并初始化
        i=p1.getx();                     //调用成员函数 getx，获取 p1 的 x 值
        j=p1.gety();                     //调用成员函数 gety，获取 p1 的 y 值
        cout<<"p1(i,j)="<<i<<","<<j<<endl;
        p1.setpoint(3,4);                //调用成员函数 setpoint，初始化 p1
        i=p1.getx();                     //调用成员函数 getx，获取 p1 的 x 值
        j=p1.gety();                     //调用成员函数 gety，获取 p1 的 y 值
        cout<<"p1(i,j)="<<i<<","<<j<<endl;
    }
```

程序运行结果如下：

```
构造函数被调用!
p1(i,j)=1,2
成员函数被调用!
p1(i,j)=3,4
```

在类的定义中，将 setpoint 定义为普通成员函数，与构造函数的形式可以进行对比。在主程序中，建立对象 p1 时，隐含调用了构造函数，将初始值作为实参。由于 point 类中定义了构造函数，所以编译系统就不会再为其生成默认构造函数了。而这里自定义的构造函数带有形参，所以建立对象时就必须给出初始值，用来作为调用构造函数时的实参。如果在定义对象时没有给出必要的实参，编译时就会指出语法错，例如下面定义 point 类的对象 p2 就会出现错误：

```
        point p2;      //错误，没有给出对象的实参
```

作为类的成员函数，构造函数可以直接访问类的所有数据成员，可以是内联函数，可以带有参数表，可以带默认的形参值，也可以重载。这些特征，使得我们可以根据不同问题的需要，有针对性地选择合适的形式将对象初始化成特定的状态，关于这些特征的具体使用，我们在深入学习类的继承、多态等特性时会详细地进行讨论。

另外，要注意的是，对象所占据的内存空间只是用于存放数据成员，函数成员不在每一个对象中存储副本。

5.3.2 拷贝构造函数

我们有时需要复制一个对象，通过建立一个新对象，然后将一个已有对象的数据成员值取出来，一一赋给新的对象，这种方法虽然可行，但不免繁琐。我们可以使用拷贝构造函数来实现对象的复制功能。

拷贝构造函数是一种特殊的构造函数，具有一般构造函数的所有特性，其形参是本类的对象的引用。其作用是使用一个已经存在的对象(由拷贝构造函数的参数指定的对象)去初始化一个新的同类的对象。

用户可以根据实际问题的需要定义特定的拷贝构造函数，以实现同类对象之间数据成员的传递。如果用户没有定义类的拷贝构造函数，系统就会自动生成一个默认函数，这个默认拷贝构造函数的功能是把初始值对象的每个数据成员的值都复制到新建立的对象中。这样得到的对象和原对象具有完全相同的数据成员，即完全相同的属性。

定义一个拷贝构造函数的一般形式为

```
        class 类名
        {
            public:
                类名(形参表);              //构造函数
                类名(类名 &对象名);        //拷贝构造函数
        }
        类名::类名(类名 &对象名);        //拷贝构造函数的实现
        {
                函数体
        }
```

仍以 point 类为例，给出一个拷贝构造函数的例子。point 类的定义、拷贝构造函数的定义及拷贝构造函数的调用通过下面例子给出。

例 5-4 分析下面程序运行结果，观察拷贝构造函数的调用。

```
        #include<iostream>
        using namespace std;
        class point
        {
            private:
```

```
            int x,y;
        public:
            point(int a=0,int b=0)          //内联构造函数的实现
            { x=a;
              y=b;
              cout<<"构造函数被调用"<<endl;
            }
            point(point &p);                //拷贝构造函数原型声明，形参是引用
            int getx() { return x; }
            int gety() { return y; }
    };
    point::point(point &p)                  //拷贝构造函数的实现
    {
        x=p.x;
        y=p.y;
        cout<<"拷贝构造函数被调用"<<endl;
    }
    void f(point p)                         //形参为 point 类对象的函数
    {
        cout<<p.getx()<<endl;
    }
    point g()                               //函数返回值为 point 类对象
    {
        point p1(1,2);                      //函数 g 中定义对象 p1
        return p1;
    }
    void main()
    {   point p1(3,4);                      //定义对象 p1
        point p2(p1);                       //情况 1，用对象 p1 初始化对象 p2
        cout<<p2.getx()<<endl;
        f(p2);                              //情况 2，对象 p2 作为函数 f 的实参
        p2=g();                             //情况 3，函数返回值是类对象
        cout<<p2.getx()<<endl;
    }
```

程序运行结果如下：

```
构造函数被调用
拷贝构造函数被调用
3
拷贝构造函数被调用
```

```
3
构造函数被调用
拷贝构造函数被调用
1
```

从程序运行结果看，构造函数是在定义对象时被调用，而拷贝构造函数在以下三种情况下都会被调用：① 当用类的一个对象去初始化该类的另一个对象时。② 如果函数的形参是类的对象，调用函数时，进行形参和实参结合时。③ 如果函数的返回值是类的对象，函数执行完成返回调用者时(注意，例中函数 g 内的对象 p1 仅在本函数体内有效，函数 g 运行结束即将值返回到调用语句 p2 时，g 中的对象 p1 便自动消失)。

如果把程序中拷贝构造函数的原型声明及拷贝构造函数的实现部分删除后，重新运行，程序运行结果如下：

```
构造函数被调用
3
3
构造函数被调用
1
```

这个结果说明，在本例题中，拷贝构造函数与默认的拷贝构造函数功能一样，都是直接将原对象的数据成员值一一赋给新对象中对应的数据成员。读者可能会有这样的疑问：这种情况下还有必要编写拷贝构造函数吗？的确，如果情况总是这样，就没有必要特意编写一个拷贝构造函数，用默认的就行。但是，就好比复印文件时可能有这样的情况：有时只需要某页的一部分，这时可以用白纸遮住不需要的部分再去复印，而且还有放大复印、缩小复印等多种模式。在程序中进行对象的复制时，也是这样，可以有选择、有变化地复制。读者可以尝试修改一下例题程序，使拷贝构造函数可以构造一个与初始点有一定位移的新点。另外，当类的数据成员中有指针类型时，默认的拷贝构造函数实现的只能是浅拷贝，浅拷贝会带来数据安全方面的隐患。要实现正确的拷贝，也就是深拷贝，必须编写拷贝构造函数。

5.3.3 析构函数

在 C++ 程序中，当对象消失时，通常要执行一些清理任务，如释放分配给对象的内存空间等。

析构函数是用于取消对象的成员函数，当一个对象作用域结束时，系统自动调用析构函数。析构函数与构造函数的作用几乎正好相反，它用来完成对象被删除前的一些清理工作，也就是专门作扫尾工作的，它的调用完成之后，对象也就消失了，相应的内存空间也被释放。析构函数有以下一些特点：

(1) 析构函数名与构造函数一样，与类名字相同，但它的名称是在类名前面加"~"。

(2) 析构函数没有参数，也没有返回值，一个类中只能定义一个析构函数，因此析构函数不能重载。

(3) 当撤消对象时，系统将自动地调用析构函数。

(4) 如果一个类没有定义析构函数，系统将自动生成一个默认析构函数，这个默认的析构函数与默认的构造函数一样，不执行任何操作。

析构函数定义的一般格式如下：

```
类名::~类名()
{
    函数体
}
```

例如，给 point 类加入一个空的内联析构函数，其功能和系统自动生成的默认析构函数相同。类的定义如下：

```
class point
{
    private:
        int x,y;
    public:
        point(int a=0,int b=0)          //内联构造函数
        { x=a; y=b; }
        point(point &p)                 //内联拷贝构造函数
        { x=p.x; y=p.y; }
        int getx() { return x; }        //内联成员函数
        int gety() { return y; }        //内联成员函数
        ~point()                        //内联析构函数
        { }
};
```

在这里，只是给出了析构函数的形式，类中的内联析构函数什么也没有做，与默认析构函数一样。但在实际情况中，一般都需要程序在对象被删除之前的时刻自动完成某些事情，如清理释放内存空间、保存对象退出时的状态等，这时通过自动调用析构函数将会十分方便。例如，在 Windows 操作系统中，每一个窗口就是一个对象，在窗口关闭之前，一般要保存当前窗口的状态，以便下次打开该窗口时，保留了最近窗口的状态，这个工作就可以在析构函数中完成。事实上，在很多情况下，用析构函数来进行扫尾工作是必不可少的。

例 5-5 分析下面程序运行结果。

```
#include<iostream>
using namespace std;
class point
{   private:
        int x,y;
    public:
        point() {x=0;y=0;}
        point(int a,int b) {x=a;y=b;}
```

```
        ~point()
        {
           if(x==y)
              cout<<"x=y"<<endl;
           else
              cout<<"x!=y"<<endl;
        }
        void show()
        {   cout<<"(x,y)=("<<x<<","<<y<<")"<<endl; }
    };
    void main()
    {   point p1(5,6);
        p1.show();
    }
```

程序运行结果如下：

```
    (x,y)=(5,6)
     x!=y
```

程序中，构造函数通过内联方式给出，并且给出两个构造函数：一个是无参数，当定义一个对象不带参数时，将其初始化为(0, 0)；另一个则带有形参 a 和 b，定义对象指定实参为 a 和 b 时，将其初始化为(a,b)。程序中给出了析构函数和一个公有成员 show，均为内联函数。注意，构造函数和析构函数一定是类的公有成员函数。

5.4 对象数组与对象指针

5.4.1 对象数组

对象数组是指数组元素为对象的数组。也就是说，若一个类有若干个对象，我们把这一系列的对象用一个数组来存放。对象数组的定义、赋值和引用与普通数组一样，只是数组的元素与普通数组不同，它是同类的若干对象。对象数组定义格式如下：

    类名 数组名[常量表达式], ...

其中，类名指出该数组元素是属于该类的对象，常量表达式表示数组的大小。下面是一个对象数组的例子。

例 5-6 对象数组举例。

```
    #include<iostream>
    using namespace std;
    class sample
    {   private:
          int x;
```

```
    public:
        void setx(int n)
        { x=n; }
        int getx()
        { return x; }
};
void main()
{
    sample a[4];
    int i;
    for(i=0;i<4;i++)
        a[i].setx(i);
    for(i=0;i<4;i++)
        cout<<a[i].getx()<<' ';
    cout<<endl;
}
```

程序运行结果如下：

```
0  1  2  3
```

这个程序建立了类 sample 的对象数组，并将 0～3 之间的值赋给每一个元素 x。由于在类 sample 中没有自定义的构造函数，对象数组由 C++ 的系统缺省构造函数建立。在赋值之前，每个对象数组元素都含有未定义的数据。

如果类中含有用户定义的构造函数，而且构造函数带有参数，则定义对象数组时，可通过初始值表进行赋值。请看下面的例子。

例 5-7　通过初始值表初始化对象。

```
#include<iostream>
using namespace std;
class sample
{
    private:
        int x;                          //私有数据成员
    public:
        sample(int n) { x=n; }          //构造函数
        int getx() { return x; }        //公有成员函数
};
void main()
{
    sample a[4]={12,34,56,78};          //通过初始值表给对象数组赋值
    int i;
    for(i=0;i<4;i++)
```

```
                cout<<a[i].getx()<<' ';
            cout<<endl;
        }
```

若类中含有构造函数，那么定义对象数组时，也可通过不带参数的构造函数或带有缺省参数的构造函数给对象数组元素赋值。请看下面例子。

例 5-8　构造函数将对象数组初始化的两种形式。

```
        #include<iostream>
        using namespace std;
        class point
        {
            private:
                int x,y;
            public:
                point()                          //不带参数的构造函数
                { x=5;y=6; }
                point(int a,int b)               //带参数的构造函数
                { x=a;y=b; }
                int getx() {return x;}
                int gety() {return y;}
        };
        void main()
        {
            point p1(3,4);                       //调用带参数的构造函数
            cout<<"p1.x="<<p1.getx()<<endl;
            cout<<"p1.y="<<p1.gety()<<endl;
            point p2[20];                        //调用不带参数的构造函数
            cout<<"p2[15].x="<<p2[15].getx()<<endl;
            cout<<"p2[15].y="<<p2[15].gety()<<endl;
        }
```

程序运行结果如下：

```
    p1.x=3
    p1.y=4
    p2[15].x=5
    p2[15].y=6
```

本例中，语句 point p1(3,4)调用带参数的构造函数，而语句 point.p2[20]调用不带参数的构造函数。

5.4.2　对象指针

前面我们看到了如何引用对象数据成员和成员函数。C++ 还可以通过指向该对象的指

针引用对象的数据成员和成员函数。对象指针是 C++ 的重要特性之一。

1. 用指针引用单个对象成员

说明对象指针的语法和说明其他数据类型指针的语法相同。使用对象指针时，首先要把它指向一个已创建的对象，然后才能引用该对象的成员。指向对象的指针的成员表示方法为

> 对象指针名 -> 数据成员名
>
> 对象指针名 -> 成员函数名(实参表)

这里的运算符"->"表示指向对象的指针的成员，当用指向对象的指针来引用对象成员时，就要用"->"操作符。前面我们是用点运算符"."直接来引用对象成员的。下例说明了对象指针的使用。

例 5-9 对象指针使用举例。

```cpp
#include<iostream>
using namespace std;
class sample                    //sample 类的定义
{
    private:
        int x;
    public:
        void setx(int a)
        { x=a; }
        void getx()
        { cout<<x<<endl; }
};
void main()
{
    sample p,*ip;              //定义类 sample 的对象 p 和类 sample 的对象指针 ip
    p.setx(5);
    p.getx();
    ip=&p;                     //将对象 p 的地址赋给 ip，使 ip 指针指向对象 p
    ip->getx();
}
```

程序运行结果如下：

```
5
5
```

在这个例子中，声明了一个类 sample，p 是类 sample 的一个对象，ip 是类 sample 的对象指针，对象 p 的地址是用地址操作符(&)获得并赋给对象指针 ip 的。

2. 用对象指针引用对象数组

对象指针不仅能引用单个对象，也能引用对象数组。

下面的语句声明了一个对象指针和一个有两个元素的对象数组：

```
sample *ip;        //声明对象指针 p
sample p[3]        //声明对象数组 p[3]
```

由于数组名就是地址，代表了该数组中第一个元素的地址，所以执行语句：

```
ip=p;
```

就把对象数组的第一个元素的地址赋给对象指针 p。我们仍采用例 5-9 的 sample 类的定义，改写主函数 main 后得到下面例子。

例 5-10 用对象指针引用对象数组。

```cpp
#include<iostream>
using namespace std;
class sample
{
    private:
        int x;
    public:
        void setx(int a)
        { x=a; }
        void getx()
        { cout<<x<<endl; }
};
void main()
{
    sample p[3],*ip;
    p[0].setx(10);
    p[1].setx(20);
    p[2].setx(30);
    ip=p;
    for(int i=0;i<3;i++)
    {   ip->getx();
        ip++;
    }
}
```

程序运行结果如下：

```
10
20
30
```

本例中指针对象 ip 加 1 时，指向下一个数组元素。可以看出，对象指针与基本类型指针一样，当指针加 1 或减 1 时，它总是指向对象数组中的一个相邻的对象元素。

5.4.3 this 指针

　　this 指针是一个隐含于每一个类的成员函数中的特殊指针。它指向类对象的地址。成员函数(包括构造函数和析构函数)通过这个指针可以知道自己属于哪一个对象。也就是每个成员函数都有一个 this 指针，this 指针指向该函数所属类的对象。因此，成员函数访问类中数据成员的格式可以写成：

　　　　this->成员变量

下面的程序帮助我们了解 this 指针是如何工作的。

　　例 5-11 this 指针的使用。

```
#include<iostream>
using namespace std;
class sample
{
    private:
        int i;
    public:
        void seti(int n)
        { this->i=n; }            //与 i=n; 相同

        int geti()
        { return this->i; }       //与 return i; 相同
};
void main()
{
    sample a;
    a.seti(5);
    cout<<a.geti();
}
```

　　当一个对象调用成员函数时，该成员函数的 this 指针便指向这个对象。如果不同的对象调用同一个成员函数，C++ 编译器将根据该成员函数的 this 指针指向的对象来确定应该引用哪一个对象的数据成员。在本例中，当对象 a 调用成员函数 seti() 和 geti() 时，this 指针便指向 a。这时，this->i 便指向对象 a 中的 i。在实际编程中，由于不标明 this 指针的形式使用起来更加方便，因此大部分程序员都使用简写形式。

　　实际上，在调用一个成员函数时，在参数表中，C++ 编译系统隐含地把类对象的地址自动传送给成员函数，即"函数成员名(参数表)"形式被隐含表示为"函数成员名(类名 *this, 参数表)"。也就是说，当某个对象调用成员函数时，第一个参数传递的是该类的 this 指针，并指向调用该成员函数的对象。注意，this 指针只能在类的成员函数中使用，一般用于返回当前对象本身。

　　this 指针在运算符重载的成员函数中被经常运用。

5.5 向函数传递对象

对象可以作为参数传递给函数，其方法与传递其他类型的数据相同。在向函数传递对象时，是通过传值调用传递给函数的。这就是说把对象的拷贝而不是对象本身传给函数。因此函数中对对象的任何修改均不影响调用该函数的对象本身。

例 5-12 将对象作为参数传递给函数。

```cpp
#include<iostream>
using namespace std;
class tr
{
    private:
        int i;
    public:
        tr(int n) {i=n;}
        void seti(int n) {i=n;}
        int geti() {return i;}
};
void sqri(tr ob)
{
    ob.seti(ob.geti()*ob.geti());
    cout<<"copy of obj has i value: "<<ob.geti()<<endl;
}
void main()
{
    tr obj(10);
    sqri(obj);                //对象 obj 以传值方式传送给函数
    cout<<"but, obj.i is unchanged in main: ";
    cout<<obj.geti()<<endl;
}
```

程序运行结果如下：

```
copy of obj has i value: 100
but, obj.i is unchanged in main: 10
```

如同其他类型的变量一样，也可以将对象的地址传递给函数。这时函数对对象的修改将影响调用该函数的对象本身。下例将上面例子稍作修改，来说明这个问题。

例 5-13 将对象的地址作为参数传递给函数。

```cpp
#include<iostream>
using namespace std;
```

```
class tr
{
    private:
        int i;
    public:
        tr(int n) {i=n;}
        void seti(int n) {i=n;}
        int geti() {return i;}
};
void sqri(tr *ob)
{
    ob->seti(ob->geti()*ob->geti());
    cout<<"copy of obj has i value: "<<ob->geti()<<endl;
}
void main()
{
    tr obj(10);
    sqri(&obj);
    cout<<"now, obj.i in main() has been changed: ";
    cout<<obj.geti()<<endl;
}
```

程序运行结果如下：

```
copy of obj has i value: 100
now, obj.i in main() has been changed: 100
```

不难看出，调用函数前 obj.i 的值是 10，调用后 obj.i 的值变为 100，可见函数对对象的修改，影响了调用该函数的对象本身。

5.6 静 态 成 员

类相当于一个数据类型，当定义一个类的对象时，系统就为该对象分配一块内存单元来存放该对象的数据成员，一个类中不同对象的内存单元是不同的。但在某些应用中，需要解决同一个类的不同对象之间数据和函数共享问题，通过静态成员可以实现成员的共享问题。静态成员的特性是不管这个类创建了多少个对象，而其静态成员只有一个拷贝，这个拷贝被所有属于这个类的对象共享。静态成员在类中有两种情况，即静态数据成员和静态成员函数。

5.6.1 静态数据成员

先看一个简单的问题。我们首先看一个大学生类，我们可以抽象出全体大学生的共性，设计出如下学生类：

```
class stud
{
    private :
        char *sex;
        int age;
        char *speciality;
        float score;
    public:
        int num;
        char *name;
        register();
        study();
        //其他成员
};
```

现在的问题是，某部门需要统计男生和女生的数量，如何存放这个数据？如果在 stud 类外的变量来存储统计数，不能实现数据的隐蔽；如果在 stud 类中增加两个数据成员，必然在每个对象中都存储了统计数据的拷贝，既造成了数据冗余，又使得数据成员不一致。

可以看出，这两个统计数与具体对象无直接关系，它不是对象的属性，这两个统计数直接与类有关，在面向对象的方法中，称其为"类属性"。"类属性"是描述类的所有对象的共同特征的数据项，对于类中任何对象实例，它的属性值是相同的。在 C++ 中，类属性是通过静态数据成员来实现的。

在一个类中，若将一个数据成员说明为 static，这种成员称为静态数据成员。由于静态数据成员不属于任何一个对象，因此，只能通过类名对它进行访问。引用静态数据成员的一般格式为

　　　类名::静态数据成员名

下面通过一个例子来说明静态数据成员和一般数据成员的不同。

例 5-14 统计学生类中的人数。

```
#include<iostream>
using namespace std;
class stud
{
    private:
        static int count;        //声明静态数据成员 count，统计学生的总数
        int id;                  //普通数据成员，用于表示每个学生的学号
    public:
        stud()                   //构造函数
        {
            count++;             //每创建一个学生对象，学生数加 1
```

```
            id=count;              //给当前学生的学号赋值
        }
        void disp()                //成员函数，显示学生的学号和当前学生数
        {
            cout<<"stud"<<id<<"--"<<"count="<<count<<endl;
        }
    };
    int stud::count=0;             //给静态数据成员 count 赋初值
    void main()
    {
        stud s1;                   //创建第一个学生对象 s1
        s1.disp();
        cout<<"-----"<<endl;
        stud s2;                   //创建第二个学生对象 s2
        s1.disp();
        s2.disp();
        cout<<"-----"<<endl;
        stud s3;                   //创建第三个学生对象 s3
        s1.disp();
        s2.disp();
        s3.disp();
    }
```

程序运行结果如下：

```
stud1 count=1
-----
stud1 count=2
stud2 count=2
-----
studl count=3
stud2 count=3
stud3 count=3
```

　　在上面的例子中，类 stud 的数据成员 count 被声明为静态的，它用来统计创建 stud 类对象的个数。由于 count 是静态数据成员，它为所有 stud 类的对象所共享，每创建一个对象，它的值就加 1。计数操作这项工作放在构造函数中，每次创建对象时系统自动调用其构造函数，从而 count 的值每次加1。静态数据成员 count 的初始化是在类外进行的。

　　数据成员 id 是普通的数据成员，每个对象都有其对应的拷贝，它用来存放当前对象即学生的学号。在上面的例子中，id 的初始化在构造函数中进行，从学号可以看出对象被创建的次序。

　　成员函数 disp()用来显示对象的各数据成员，即学号和当前的学生数。

从运行结果可以看出，所有对象的 count 值都是相同的，这说明它们都共享这一数据。也就是说，无论有多少对象，所有对象对于 count 只有一个拷贝，这也就是静态数据成员的特性。数据成员 id 是普通的数据成员，因此各个对象的 id 是不同的，它存放了各个对象的对象号。可以看出 count 是对象共享的数据成员，而 id 则是每个对象自有的数据成员，各个对象的 id 是没有什么关系的。

关于静态数据成员的说明：

(1) 静态数据成员不像普通数据成员那样属于某一对象，而是属于类，因此使用"类名::"来访问静态数据成员。例如上面例子中的 stud::count。

(2) 静态数据成员不能在类中进行初始化，因为在类中不给它分配内存空间，必须在类外的其他地方为它提供定义。一般在 main() 开始之前、类的声明之后的特殊地带为它提供定义和初始化。

(3) 静态数据成员是在编译时创建并初始化的。它在该类的任何对象被建立之前就存在，它可以在程序内部不依赖于任何对象被访问。

(4) C++ 支持静态数据成员，保持了面向对象程序设计的封装原理(全局变量破坏数据成员和成员函数的封装性)。静态数据成员的主要用途是定义类的各个对象所公用的数据，如统计总数、平均数等。

5.6.2　静态成员函数

我们可以在类中对数据成员进行静态说明，也可以对类中的成员函数进行静态说明。在类定义中，前面有 static 说明的成员函数称为静态成员函数。静态成员函数与静态数据成员类似，也是属于类，是该类所有对象共享的成员函数，不属于类中的某个对象。

静态成员函数首先是一个成员函数，因此它不能像类以外的其他函数那样使用，在使用时要用"类名::"作为它的限定词，或指出它作用在哪个对象上。其次静态成员函数是一种特殊的成员函数，它不属于某一个特定的对象，要让一个静态成员函数去访问一个类中的非静态成员，既麻烦又没有实际意义。一般而言，静态成员函数访问的基本上是静态数据成员。调用静态成员函数的格式如下：

类名::静态成员函数名(参数表)

下面的例子定义了一个学生类 student，通过对男女生人数的统计，可以看出静态成员函数访问静态数据成员的方法。

例 5-15　静态成员函数的使用。

```
#include<iostream>
using namespace std;
class student
{
    private:
        char *name,sex;
        int id;
        static int count_male,count_female;              //静态数据成员
```

```
    public:
        student(char *n,char s,int i)          //构造函数
        {    name=n;
             sex=s;
             id=i;
             if(sex=='m')                       //统计男女生人数
                count_male++;
             else
                count_female++;
        }
        void display()                          //公有成员函数
        {   cout<<"id:"<<id<<"\t name:"<<name<<"\t sex:"<<sex<<endl; }
        static void disp_mf()                   //静态成员函数
        {   cout<<"total m:"<<count_male<<endl; //访问静态数据成员
            cout<<"total f:"<<count_female<<endl;
        }
};
int student::count_male=0;                      //静态数据成员赋初值
int student::count_female=0;
void main()
{   student s[3]={                              //对象数组初始化
        student("wangqian",'f',101),
        student("zhangming",'m',102),
        student("lihua",'f',103)          };
    for(int i=0;i<3;i++)                        //调用成员函数
        s[i].display();
    student::disp_mf();                         //调用静态成员函数
}
```

程序运行结果如下：

```
    id:101    name:wangqian        sex:f
    id:102    name:zhangming       sex:m
    id:103    name:lihua           sex:f
    total m:1
    total f:2
```

上面的程序中定义了一个类 student，在类中定义了两个静态数据成员 count_male 和 count_female，分别用来统计男女生的数量，在类中还定义了一个静态成员函数 disp_mf() 用于显示男女生的统计结果。每当定义了一个 student 的对象时，就通过调用构造函数把每个人的性别进行统计。主程序中采用了对象数组，并对其进行了初始化。

下面对静态成员函数的使用再作几点说明：

(1) 静态成员函数可以定义成内连的，也可以在类外定义。在类外定义静态成员函数时，不需要 static 前缀。

(2) 编译系统将静态成员函数限定为内部连接，也就是说，与现行文件相连接的其他文件中的同名函数不会与该函数发生冲突，维护了该函数使用的安全性，这是使用静态成员函数的一个原因。

(3) 使用静态成员函数的另一个原因是，可以用它在建立任何对象之前处理静态数据成员，这是普通成员函数不能实现的功能。

(4) 在一般的成员函数中都隐含有一个 this 指针，用来指向对象自身，而在静态成员函数中是没有 this 指针的，因为它不与特定的对象相联系。当然把它看做是某个对象的成员也是允许的，如使用语句：s[1].disp_mf(); 也是正确的，这与调用静态成员函数的效果是一样的。

(5) 一般而言，静态成员函数不访问类中的非静态成员。若确实需要，静态成员函数只能通过对象名或指向对象的指针来访问该对象的非静态成员。

5.7 友 元

封装是类的主要特点之一，封装使得类中的私有成员对类外隐蔽起来，即类的私有成员只能在类定义的范围内使用，私有成员只能通过它的成员函数来访问。但是，为了数据的共享性和提高程序的运行效率，有时候需要在类的外部访问类的私有成员。友元提供了不同类或对象的成员函数之间、类的成员函数与一般函数之间进行数据共享的机制。也就是说，通过友元的方式，一个普通函数或者类的成员函数可以访问到封装于某一类中的数据。这无疑是对数据隐蔽和封装的破坏。但为了数据的共享性，我们也只能在共享和封装之间进行恰当的平衡，在必要的情况下，通过友元机制，将数据隐蔽这堵不透明的墙开一个小孔，使外界可以通过这个小孔窥视类内部的秘密。

友元可以是不属于任何类的一般函数，也可以是一个类的成员函数，还可以是整个的一个友元类。友元类中的所有成员函数都可以成为友元函数。

5.7.1 友元函数

友元函数是在类定义中用关键字 friend 说明的非成员函数，其一般格式如下：

> friend 类型 友元函数名(参数表);

在类定义中说明友元函数时，可以放在公有部分，也可以放在私有部分。友元函数可以定义在类内部，也可以定义在类的外部。

注意: 友元函数可以是一个普通函数，也可以是其他类的成员函数，但不是当前类的成员函数。友元函数是独立于当前类的外部函数，但在它的函数体中可以通过对象名访问该类的所有对象的成员，包括私有成员和保护成员。我们先看一个使用友元函数的例子。

例 5-16 使用友元函数，通过定义例 5-3 中 point 类的两个对象，即两个点，计算两点间的距离，注意对类中的私有成员的访问。

```cpp
#include<iostream>
using namespace std;
#include<math.h>
class point
{   private:
        int x,y;                                    //私有数据成员
    public:
        point(int a=0,int b=0)                      //构造函数
        { x=a;y=b; }
        int getx()                                  //成员函数
        { return x; }
        int gety();                                 //成员函数声明
        friend double Distance(point &a,point &b);  //友元函数声明
};
int point::gety()                                   //成员函数实现
{   return y;   }
double Distance(point &p1,point &p2)                //友元函数实现
{   double x,y;
    x=double(p1.x-p2.x);                            //友元函数中可访问私有成员
    y=double(p1.y-p2.y);
    return sqrt(x*x+y*y);
}
void main()
{
    point q1(1,2),q2(4,8);                          //定义类对象
    cout<<"the distance is:";
    cout<<Distance(q1,q2)<<endl;                    //通过类对象调用友元函数
}
```

程序运行结果如下：

```
the distance is: 6.7082
```

在上面的例子中，特意把成员函数 gety 在类外实现与友元函数 distance 的实现进行比较，可以看出，函数 distance 是一个普通函数，不是 point 类的成员函数。例子中通过友元函数实现了对 point 类的私有成员 x 和 y 的访问，计算出两点间的距离。若在类 point 的声明中将友元函数的声明语句去掉，那么函数 distance 对类对象的私有数据的访问将变为非法的。注意，程序中对私有数据成员的访问绕过了类的外部接口 getx 和 gety。

现在，我们不使用友元函数，而是通过公有成员函数 getx 和 gety 来实现两点间的距离，将例 5-16 中友元函数声明语句删除，修改 distance 函数如下：

```
        double distance(point &p1,point &p2)
{       double x,y;
        x=double(p1.getx()-p2.getx());
        y=double(p1.gety()-p2.gety());
        return sqrt(x*x+y*y);
}
```

可以看出，使用友元机制，用简单的赋值语句就完成了调用过程的功能；若不使用友元机制，就必须编写获取私有成员的公有成员函数 getx 和 gety，并且还要多次调用这些成员函数，比较繁琐，同时一定程度上影响了程序的执行效率。

关于友元函数的几点说明：

(1) 友元函数虽然可以访问类对象的私有成员，但它毕竟不是成员函数。因此，在类的外部定义友元函数时，不必像成员函数那样，在函数名前加上"类名::"。

(2) 友元函数一般带有一个该类的入口参数。因为友元函数不是类的成员，所以它不能直接引用对象成员的名字，也不能通过 this 指针引用对象的成员，它必须通过作为入口参数传递进来的对象名或对象指针来引用该对象的成员。例如上面例子中的友元函数 double distance(point &p1, point &p2)就带有该类的入口参数。

(3) 当一个函数需要访问多个类时，友元函数非常有用，普通的成员函数只能访问其所属的类，但是多个类的友元函数能够访问相应的所有类的数据。

(4) 友元函数通过直接访问对象的私有成员，提高了程序运行的效率。但是友元函数破坏了数据的隐蔽性，降低了程序的可维护性，这不符合面向对象的程序设计思想，因此使用友元函数应谨慎。

5.7.2 友元成员

除了一般的函数可以作为某个类的友元外，一个类的成员函数也可以作为另一个类的友元，这种成员函数不仅可以访问自己所在类对象中的私有成员和公有成员，还可以访问 friend 声明语句所在类对象中的私有成员和公有成员，这样能使两个类相互合作、协调工作，完成某一任务。

在下面的例子中，把函数 disp()作为类 boy 的成员函数，又是类 girl 的友元函数。

例 5-17 友元成员举例。

```
#include<iostream>
using namespace std;
class girl;                          //前向引用，因为 boy 类中要使用 girl 类
class boy
{   private:
        char *name;
        int age;
    public:
        boy(char *n,int d)           //boy 类构造函数
```

```
            { name=n;    age=d; }
            void disp(girl &);              //声明 disp()为类 boy 的成员函数
        };
        class girl
        {   private:
            char *name;
            int age;
            public:
            girl(char *n,int d)             //girl 类构造函数
            { name=n;    age=d; }
            friend void boy::disp(girl &);  //声明类 boy 成员函数 disp()为类 girl 友元函数
        };
        void boy::disp(girl &x)             //定义成员函数 disp()，也是类 girl 友元函数
        {   cout<<"boy\'s name is:"<<name<<", age:"<<age<<endl;
                                            //访问本类对象成员
            cout<<"girl\'s name is:"<<x.name<<", age:"<<x.age<<endl;
                                            //访问友类对象成员
        }
        void main()
        {
            boy b("zhangming",20);
            girl g("lihua",18);
            b.disp(g);
        }
```

程序运行结果如下：

```
boy's name is: zhangming, age: 20
girl's name is: lihua, age: 18
```

从本例看出，一个类的成员函数作为另一个类的友元函数时，必须先定义这个类。例如在上例中，类 boy 的成员函数为类 girl 的友元函数，必须先定义类 boy。并且在声明友元函数时，要加上成员函数所在类的类名，如：friend void boy::disp(girl &);

注意：程序中第 2 行语句 "class girl;" 为前向引用(forward reference)。前向引用是声明在引用未定义的类之前对该类进行声明，它只是为程序引入一个代表该类的标识符，类的具体定义可以在程序后面的其他地方。例子中，boy 类中的函数 disp()中将 girl &作为参数，而 girl 在要晚一些时候才被定义。

5.7.3 友元类

同函数一样，类也可以作为另一个类的友元，这时称为友元类。如果类 A 是类 B 的友元类，则类 A 中的所有成员函数就可以像友元函数一样，访问类 B 中的所有成员。友元类

的说明形式如下：

```
class A
{
    类 A 成员
};
class B
{
    类 B 成员
    friend class A;      //声明类 A 为类 B 的友元类
};
```

其中，friend class A;可以放在公有部分也可以放在私有部分，这里的关键字 class 可以省略。下面通过例子来说明友元类的用法。

　　例 5-18　有一个学生类 student，包括学生姓名、成绩，设计一个友元类。输出成绩对应的等级：90 分以上为优，[80,90)之间为良，[70,80)之间为中，[60,70)之间为及格，小于60 为不及格。

```cpp
#include<iostream>
using namespace std;
#include<string.h>
class student
{   private:
        char name[10];
        int deg;
        char level[7];
        friend class process;
    public:
        student(char na[],int d)
        { strcpy(name,na);
          deg=d;
        }
};
class process
{   public:
        void trans(student &s)
        {
            if(s.deg>=90) strcpy(s.level,"优");
            else if(s.deg>=80) strcpy(s.level,"良");
            else if(s.deg>=70) strcpy(s.level,"中");
            else if(s.deg>=60) strcpy(s.level,"及格");
            else strcpy(s.level,"不及格");
```

```
        }
        void disp(student &s)
        { cout<<s.name<<'\t'<<s.deg<<'\t'<<s.level<<endl; }
};
void main()
{   student st[]={
        student("wangqian",85),student("zhangming",59),
        student("lihua",90),student("chengwei",68),
        student("yangyang",65),student("zhaoliang",79) };
    process p;
    for(int i=0;i<6;i++)
    {   p.trans(st[i]);
        p.disp(st[i]);
    }
}
```

程序运行结果如下：

wangqian	85	良
zhangming	59	不及格
lihua	90	优
chengwei	88	良
yangyang	65	及格
zhaoliang	79	中

关于友元还要注意两点：第一，友元关系不具有传递性，若类 A 是类 B 的友元，类 B 是类 C 的友元，不一定类 A 是类 C 的友元。第二，友元关系是单向的，不具有交换性。若类 A 是类 B 的友元，类 B 是否是 A 的友元，要看在类中是否有相应的声明。

5.8　类对象作为成员

实际中经常遇到一些复杂问题，对这些问题的描述往往不是直接用一些简单的属性来描述，而是将复杂问题层层分解为简单问题的组合。例如，一个计算机系统，我们不是将其描述为 CPU、硬盘、键盘、显示器、操作系统、字处理软件、数据库软件等具体的属性，而是通常根据功能将其层层分解为较小的问题的组合，如图 5-1 所示。

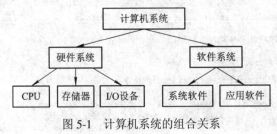

图 5-1　计算机系统的组合关系

　　这显然符合人类思考问题的一般逻辑。在面向对象的程序设计中，我们可以把复杂对象进行分解和抽象，将复杂对象分解为简单对象的组合，由比较容易理解和实现的对象来组成复杂对象的描述。

　　在前面的类的定义中，类的数据成员一般都是基本的数据类型。在 C++ 中，我们可以利用已定义类的对象来描述一个新类，也就是，将已定义类的对象作为类中的成员，这种成员叫做对象成员。新定义的类与已定义的类是一种包含与被包含的关系，也称组合类，一般形式如下：

```
class  组合类名
    {
        基本类型名  数据成员；
        已定义类名  对象成员；
        ···
    };
```

　　使用对象成员着重要注意的问题是其构造函数的定义方式，即类内部对象的初始化问题。含有对象成员的类，其构造函数和不含对象成员的构造函数有所不同。一般来说，组合类的构造函数的一般形式为

```
组合类名::已定义类名(形参表):成员名 1(形参表 1),…,成员名 n(形参表 n)
    {
        构造函数体
    }
```

　　冒号后面的部分是对象成员的初始化列表，各对象成员的初始化列表用逗号分隔，成员名所带的参数表给出了初始化对象成员所需要的数据，它们一般来自类名后的参数表。

　　当调用组合类的构造函数时，首先按各对象成员在类定义中的顺序依次调用它们的构造函数，对这些对象初始化，最后再执行组合类的构造函数体。析构函数的调用顺序与此正好相反。

　　下面的例子中有两个类 point 和 distance，距离 distance 类中的数据成员 p1 和 p2 是点 point 类的对象，即 p1 和 p2 是类 distance 的对象成员。两个类都有各自的构造函数，我们分析和观察程序的运行结果。

　　例 5-19　类对象作为成员举例。

```
#include<iostream>
using namespace std;
#include<math.h>
class point                          //point 类的定义
{
private:
    int x,y;
public:
    point(int a=0,int b=0)           //point 类的构造函数
    { x=a;
```

```cpp
            y=b;
            cout<<"point constructing called."<<endl;
        }
        point(point &p);                     //point 类的拷贝构造函数声明
        int getx()
        { return x;}
        int gety()
        { return y;}
};
point::point(point &p)                       //point 类拷贝构造函数的实现
{   x=p.x;
y=p.y;
cout<<"point copy constructing called."<<endl;
}
class Distance                               //distance 类的定义
{
private:
        point p1,p2;                         //point 类的对象 p1 和 p2
        double d;
public:
        Distance(point ap1,point ap2);       //distance 类的构造函数
        double getd()
        { return d;}
};
Distance::Distance(point ap1,point ap2):p1(ap1),p2(ap2)
{                                            //distance 类构造函数的实现
        double xx,yy;
        xx=double(p1.getx()-p2.getx());
        yy=double(p1.gety()-p2.gety());
        d=sqrt(xx*xx+yy*yy);
        cout<<"distance constructing called."<<endl;
}
void main()
{
        point mp1(1,2),mp2(4,8);
        Distance myd(mp1,mp2);
        cout<<"the result is: ";
        cout<<myd.getd()<<endl;
}
```

程序运行结果为

```
point constructing called.
point constructing called.
point copy constructing called.
point copy constructing called.
point copy constructing called.
point copy constructing called.
distance constructing called.
the result is: 6.7082
```

　　从程序运行结果可以看出：首先是对 p1 和 p2 进行初始化，调用两次 point 类的构造函数，在初始化过程中，调用 point 类的拷贝构造函数四次，分别是两个对象成员 p1 和 p2 在 distance 构造函数进行函数参数形实结合时调用两次以及初始化对象成员时调用两次。最后是 distance 类的构造函数的调用，distance 类对象在调用构造函数进行初始化的同时，也要对对象成员进行初始化，因为它也是属于此类的成员。从程序中也可看出，声明一个含有对象成员的类，首先要创建各成员对象，本例在声明类 distance 中，定义了对象成员 p1 和 p2，即语句"point p1,p2;"。注意，在写类 distance 构造函数的同时，必须缀上对象成员使得对其进行初始化，即

```
distance(point ap1,point ap2):p1(ap1),p2(ap2)
```

于是在调用 distance 的构造函数进行初始化时，也给对象成员 p1 和 p2 赋了初值。

5.9　常　类　型

　　常类型是指使用类型修饰符 const 说明的类型，常类型的变量和对象的值是不能更新的，使用常类型能够达到既保证数据共享又防止改变数据的目的。

5.9.1　常引用

　　如果在说明引用时用 const 修饰，则被说明的引用为常引用。常引用所引用的对象不能被更新。如果用常引用做形参，便不会发生对实参意外的更改。常引用的说明形式如下：

```
const 类型说明符 &引用名
```

例 5-20　常引用做形参，分析下面程序运行情况。

```cpp
#include<iostream>
using namespace std;
void display(const int &r,int &s);
void main()
{    int a(10),b(20);
     display(a,b);
}
void display(const int &r,int &s)
```

```
    {
        cout<<r<<'\t'<<s<<endl;
        r++;          //错误，常引用 r 不得修改，删除该行！
        s++;          //允许，可以修改 s 的值
        cout<<r<<'\t'<<s<<endl;
    }
```

编译上面程序，系统提示有错误，去掉"r++;"这条语句后，重新编译是正确的，这时程序运行结果如下：

```
    10    20
    10    21
```

结果表明，用常引用做形参，在函数中不能更新 r 所引用的对象，因此对应的实参不会被破坏，保证了数据的安全性；在函数中，对象 s 的值可以修改，并通过函数参数将 s 值的改变带回到了主程序，利用这个特点，我们可以通过函数参数在主调函数与被调函数之间进行数据传递。

5.9.2　常对象与常对象成员

1. 常对象

常对象是对象常量，它的数据成员值在对象的整个生存期间内不能被改变。也就是说，常对象必须进行初始化，而且不能被更新。常对象的定义形式如下：

```
    const  类名  对象名;
```

或

```
    类名  const  对象名;
```

2. 常数据成员

类的数据成员可以是常量和常引用，使用 const 说明的数据成员为常数据成员。常数据成员的定义形式如下：

```
    const  类型  数据成员(或引用);
```

或

```
    类型  const  数据成员(或引用);
```

3. 常成员函数

使用 const 说明的成员函数为常成员函数，常成员函数的说明形式如下：

```
    类型  函数名(参数) const
```

我们通过一个例子来说明常对象与常对象成员的使用方法。

例 5-21　分析下面程序的执行结果。

```
    #include<iostream>
    using namespace std;
    class sample
    {
        private:
```

```
            int i;
            const int j;
        public:
            sample(int xi,int xj):j(xj)
            { i=xi;}
            void get1();
            void get2() const;
    };
    void sample::get1()
    {
        int temp;
        i++;
        //j++;
        temp=i+j;
        cout<<"i,j="<<i<<','<<j<<endl;
        cout<<"i+j="<<temp<<endl;
    }
    void sample::get2() const
    {
        int temp;
        //i++;
        temp=i+j;
        cout<<"i,j="<<i<<','<<j<<endl;
        cout<<"i+j="<<temp<<endl;
    }
    void main()
    {
        sample a(10,20);
        a.get1();
        a.get2();
        const sample b(30,40);
        //b.get1();
        b.get2();
    }
```

程序定义了 sample 类，它有两个私有数据成员，其中 j 是常数据成员(也可表示为：int const j;)，类中声明了 3 个公有成员函数，其中 sample 为构造函数，get1 为普通成员函数，get2 为常成员函数。第 8 行表示，如果在一个类中说明了常数据成员，构造函数就只能通过初始化列表对该数据成员进行初始化，所以在定义构造函数时后缀了 j 的初始化值，当然也可以将 i 的值在此初始化，为了区别 i 和 j 的不同初始化方法，将 i 的初始化在构造函数体内进行。

第 13～21 行是成员函数 get1 在类外的实现，temp 是该函数定义的内部变量，16 行表示 i 是普通数据成员，可以改变其值；17 行去掉注解后编译就出现错误，说明常数据成员的值不能改变，仅能通过第 8 行的构造函数的初始化列表对它初始化。第 19 行和 20 行表示，成员函数可对数据成员和常数据成员进行访问。

第 22～29 行是常成员函数 get2 在类外的实现，第 22 行表示 const 是函数类型的一个组成部分，在其实现部分也要带 const 关键字。第 25 行去掉注解后编译也出现错误，说明常成员函数不能更新对象的数据成员，无论数据成员是否用 const 修饰。第 26 行和 27 行表示，常成员函数也可以对数据成员和常数据成员进行访问。

第 30～38 行是主程序部分，第 32 行定义了 sample 类的对象 a，并通过调用构造函数对其进行了初始化，第 33 和 34 行分别调用了对象 a 的成员函数 get1 和常成员函数 get2，输出了相应的结果。第 35 行定义了 sample 类的常对象 b(也可表示为：sample const b;)，同样调用构造函数进行了初始化，第 36 行表示，常对象不能调用其他成员函数，常对象只能通过该常对象调用它的常成员函数。

程序运行结果如下：

```
i, j=11,20
i+j=31
i, j=11,20
i+j=31
i, j=30,40
i+j=70
```

我们看到，类是封装了的数据成员和成员函数，其数据隐蔽性保证了数据的安全。但是，有时我们还希望通过友元、全局变量等手段实现一定的数据共享，而数据共享却在一定程度破坏了数据的安全。通过常类型，就可以防范共享数据被某个成员函数修改，确保了共享数据的安全性。例子中的数据成员 i 和 j 在 get1 和 get2 中均可引用，实现了数据共享，但普通数据成员 i 可以在成员函数 get1 中被修改，而常数据成员 j 却不能被改变，若其他成员函数引用该值将是安全的。

第6章　继承和派生类

继承是面向对象程序设计的基本特征之一，是从已有类的基础上建立新类，新类中继承了原有类的特征，也可以说是从原有类派生出来的新类。继承性是面向对象程序设计支持代码重用的重要机制。面向对象程序设计的继承机制提供了无限重复利用程序资源的一种途径。通过 C++ 中的继承机制，一个新类既可以共享另一个类的操作和数据，也可以在新类中定义已有类中没有的成员，这样就能大大节省程序开发的时间和资源。

6.1　继承的基本概念

继承在现实生活中是一个很容易理解的概念。例如，我们每一个人都从我们的父母身上继承了一些特性，比如种族、血型、眼睛的颜色等，我们身上的特性来自我们的父母，也可以说，父母是我们所具有的属性的基础。图 6-1 说明了两个对象的相互关系，箭头的方向指向基对象。

我们再以动物学中对动物继承性的研究为例。图 6-2 说明了哺乳动物、狗、柯利狗之间的继承关系。哺乳动物是一种热血、有毛发、用奶哺育幼仔的动物；狗是有犬牙、食肉、具有特定的骨骼结构、群居的哺乳动物；柯利狗是尖鼻子、身体颜色红白相间、适合放牧的狗。在继承链中，每个类继承了它前一个类的所有特性。例如，狗具有哺乳动物的所有特性，同时还具有区别于其他哺乳动物(如猫、大象等)的特征。图 6-2 中从下到上的继承关系是：柯利狗是狗，狗是哺乳动物。"柯利狗"类继承了"狗"类的特性，"狗"类继承了"哺乳动物"类的特性。

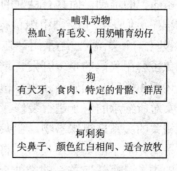

图 6-1　两个对象的相互关系　　　　　图 6-2　动物链

以面向对象程序设计的观点来看，继承所表达的是对象类之间相关的关系。这种关系使得某类对象可以继承另外一类对象的特征和能力。若类之间具有继承关系，则它们之间

具有下列几个特性:

    (1) 类间具有共享特征(包括数据和程序代码的共享);

    (2) 类间具有差别或新增部分(包括非共享的数据和程序代码);

    (3) 类间具有层次结构。

    假设有两个类 A 和 B,若类 B 继承类 A,则属于类 B 中的对象具有类 A 的一切特征(包括数据属性和操作),这时,我们称被继承类 A 为基类或父类或超类;而称继承类 B 为类 A 的派生类或子类。同时,我们还可以说,类 B 是从类 A 中派生出来的。

    如果类 B 从类 A 派生出来,而类 C 又是从类 B 派生出来的,就构成了类的层次。这样,我们又有了直接基类和间接基类的概念。类 A 是类 B 的直接基类,是类 C 的间接基类。类 C 不但继承它的直接基类的所有特性,还继承它的所有间接基类的特征。

    对于动物继承链,用面向对象程序设计的术语,我们称"哺乳动物"是"狗"的基类,"狗"是"哺乳动物"的派生类。"哺乳动物"、"狗"、"柯利狗"构成类的层次。"哺乳动物"是"狗"的直接基类,是"柯利狗"的间接基类。

    同样,我们可以把家族的继承关系推广成父母类和子女类(而不是我的父母和我),父母类是子女类的基类,子女类是父母类的派生类。

    如果类 B 是类 A 的派生类,那么,在构造类 B 的时候,我们不必重新描述 A 的所有特征,我们只需让它继承类 A 的特征,然后描述与基类 A 不同的那些特性。也就是说,类 B 的特征由继承来的和新添加的两部分特征构成。

    具体地说,继承机制允许派生类继承基类的数据和操作(即数据成员和成员函数),也就是说,允许派生类使用基类的数据和操作。同时,派生类还可以增加新的操作和数据。例如,子女类可以从父母类继承房子和汽车,当然可以使用房子和汽车,还可以对房子进行再装修。

    那么,面向对象程序设计为什么要提供继承机制?也就是说,继承的作用是什么?继承的作用有两个:其一,避免公用代码的重复开发,减少代码和数据冗余;其二,通过增强一致性来减少模块间的接口和界面。

    如果没有继承机制,每次的软件开发都要从"一无所有"开始,因为类的开发者们在构造类时,各自为政,使类与类之间没有什么联系,分别是一个个独立的实体。继承使程序不再是毫无关系的类的堆砌,而具有良好的结构。

    继承机制为程序员们提供了一种组织、构造和重用类的手段。继承使一个类(基类)的数据结构和操作被另一个类(派生类)重用,在派生类中只需描述其基类中没有的数据和操作。这样,就避免了公用代码的重复开发,增加了程序的可重用性,减少了代码和数据冗余。同时,在描述派生类时,程序员还可以覆盖基类的一些操作,或修改和重定义基类中的操作,例如子女对所继承的房子进行装修。

    继承机制以相关的关系来组织事物,可以减少我们对相似事物进行说明和记忆的规模,为我们提供了一种简化的手段。程序员可以将相关的类收集在一起,生成高一级的、概括了这些类的共性的类。具有适应关系的类处于一个继承层次结构中,高层的类作为低层的类的抽象,使程序员能够忽略那些低层类的不同实现细节,而按照高层类编写通用程序,并且在掌握了高层类的特征以后,能够很快地掌握低层类的特征,给编程工作带来方便。

    继承分为单继承和多继承。

单继承是指每个派生类只直接继承了一个基类的特征。前面介绍的动物链就是一个单继承的实例。图 6-3 也表示了一种单继承关系，即 Windows 操作系统的窗口之间的继承关系。

单继承并不能解决继承中的所有问题，例如，小孩喜欢的玩具车既继承了车的一些特性，又继承了玩具的一些特征，如图 6-4 所示。此时"玩具车"类不是继承了一个基类的特性，而是继承了"玩具"和"车"两个基类的特性，这是一种多继承的关系。多继承是指多个基类派生出的一个派生类的继承关系，多继承的派生类直接继承了不止一个基类的特征。

图 6-3 单继承 　　　　　 图 6-4 多继承

继承性是程序设计中的一个非常有用的、有力的特性，它可以让程序员在既有类的基础上，通过增加少量代码或修改少量代码的方法得到新的类，从而较好地解决了代码重用的问题。

6.2 派生类的定义

6.2.1 派生类引例

我们先通过例子来说明如何使用继承。现有一个 person 类,它包含有 name(姓名)、sex(性别)、age(年龄)等数据成员与 display()成员函数，该类的定义如下所示：

```cpp
class person
{
    private :
        char *name;
        char *sex;
        int age;
    public:
        void display();
};
```

假如现在要定义一个 teacher 类,它包含有 name(姓名)、sex(性别)、age(年龄)、depart(系)、prof(职称)、salary(工资)等数据成员与 display()成员函数，如下所示：

```cpp
class teacher
{    private:
        char *name;
```

```
        char *sex;
        int age;
        char *depart;
        char *prof;
        float salary;
    public:
        display();
};
```

从以上两个类的定义中看出，这两个类中的数据成员和成员函数有许多相同的地方。只要在 person 类的基础上再增加数据成员 depart、prof 和 salary，再对 display()成员函数稍加修改就可以定义出 teacher 类。像现在这样定义两个类，代码重复太严重。为了提高代码的可重用性，就必须引入继承性，将 teacher 类说明成 person 类的派生类，那些相同的成员在 teacher 类中就不需要再定义了。

为了使 teacher 类继承 person 类，C++ 需要将 teacher 类的定义写成如下形式：

```
    class teacher:public person      //定义一个派生类
    {   private:
            char *depart;
            char *prof;
            float salary;
        public:
            void display();
    };
```

可以看到，在类名 teacher 后加冒号，之后跟着关键字 public 与类名 person，这意味着类 teacher 将继承类 person 的全部特征。其中，类 person 是基类，类 teacher 是派生类，关键字 public 指出派生类的方式，告诉编译程序派生类 teacher 从基类 person 公有派生。

📢)) **注意**：基类 person 中的数据成员在派生类 teacher 中没有重新定义。

6.2.2　派生类的定义

在 C++ 中，派生类定义的一般语法形式如下：

```
    class 派生类名:继承方式  基类名 1,继承方式  基类名 2,…,继承方式  基类名 n
    {
            //派生类新增的数据成员和成员函数的声明
    };
        派生类成员函数的实现
```

其中，"派生类名"是新定义的一个类的名字，它是从"基类名 1"、"基类名 2"、……、"基类名 n"等基类中派生的，并且是按各个基类指定的"继承方式"派生的。"继承方式"一般用 3 种关键字给予表示，即"public"表示公有继承；"private"表示私有继承，可默认声明；"protected"表示保护继承。

　　派生类的定义中只有一个基类的情况时，为单继承，当同时有多个基类时，则为多继承。单继承可以看作是多继承的一个最简单的特例。

　　派生出来的新类也可以作为基类再继续派生新的类，例如可将 person 类的派生类 teacher 作为基类再派生出教授类和讲师类等。此外，一个基类可以同时派生出多个派生类，例如基类 person 不仅派生出教师类 teacher，还可派生出学生类 student。也就是说，一个类从父类继承来的特征也可以被其他新的类所继承，一个父类的特征可以同时被多个子类继承。这样，就形成了一个相互关联的类的家族，有时也称类族。

　　派生类新增的数据成员和成员函数，就是指除了从基类继承来的所有成员外，新增加的数据成员和成员函数。这些新增的成员正是派生类不同于基类的关键所在，是派生类对基类的发展。当重用和扩充已有的程序代码时，就是通过在派生类中新增成员来添加新的属性和功能的。

　　在 C++ 程序设计中，进行了派生类的定义及该类的成员函数的实现后，整个派生类就算完成了，这时可以由该派生类来生成对象进行实际问题的处理。派生类的过程实际上是经历了三个步骤：① 吸收基类成员；② 改造基类成员；③ 添加新的成员。面向对象的继承和派生机制，其最主要的目的就是实现对程序员编写代码的重用和扩充。因此，吸收基类成员就是一个重用的过程，而对基类成员进行改造和添加新成员就是对原有代码的扩充过程。派生类实际上继承了基类中除构造函数和析构函数之外的所有成员(数据成员和成员函数)。在派生类中添加新的成员，是继承与派生机制的核心，是保证派生类在功能上有所发展的关键，我们可以根据问题的需要给派生类添加适当的成员，来实现一些新增功能。例如，派生类 teacher 继承了基类 person 中的成员：name、sex、age、display()，经过派生过程后，这些成员便存在于派生类之中，同时，在派生类中新增成员：depart、prof、salary、display()，这里，派生类中的成员 display()与基类成员 display()同名，实际上是派生类中新成员对基类成员的改造，通过派生类的对象直接使用成员名，就能访问到派生类中声明的同名成员。

　　例 6-1　观察下列程序的执行结果。

```cpp
#include<iostream>
using namespace std;
class base                            //base 类定义
{
    public:
        int j;
        base() {j=0;}                 //base 类的构造函数
        void add(int i) {j+=i;}
        void display()
        {   cout<<"current value of j is "<<j<<endl; }
};
class deriv:public base               //派生类定义，deriv 类继承了 base 类
{
```

```
        public:
            void sub(int i) {j-=i;}
    };
    void main()
    {   deriv a1,a2;            //定义派生类 deriv 的两个对象，其成员 j 均初始化为 0
        a1.display();           //通过对象 a1 调用基类成员函数，显示 a1 成员 j 的值为 0
        a1.add(10);             //a1 的成员 j 的值加 10，其值为 10
        a1.display();           //显示 a1 成员 j 的值
        a1.sub(2);              //a1 的成员 j 的值减 2，即 10-2 为 8
        a1.display();           //显示 a1 成员 j 的值
        a2.display();           //对象 a2 没有对其成员 j 的值进行改变，其值仍然是 0
    }
```

程序运行结果如下：

```
    current value of j is 0
    current value of j is 10
    current value of j is 8
    current value of j is 0
```

6.3　派生类的继承

派生类继承了基类的全部数据成员和除了构造函数、析构函数之外的全部成员函数，但是，这些成员的访问属性在派生的过程中是可以调整的。从基类继承的成员，其访问属性由进程方式控制。

6.3.1　派生类的三种继承方式

在前一章中，我们已经知道，基类的成员可以有公有成员(public)、保护成员(protected)和私有成员(private)三种访问属性，基类的自身成员可以对基类中任何一个其他成员进行访问，但是通过基类的对象就只能访问该类的公有成员。

类的继承方式也有三种，即公有继承(public)、私有继承(private)和保护继承(protected)。不同的继承方式使得原来具有不同访问属性的基类成员在派生类中的访问属性也有所不同。这里说的访问来自两个方面：一是派生类中的新增成员对从基类继承来的成员的访问；二是在派生类外部，即非类族内的成员，通过派生类的对象对从基类继承来的成员的访问。表 6-1 表示了三种不同的继承方式的基类特性与派生类特性。

从表 6-1 中可以看出，公有继承的特点是基类的公有成员和保护成员作为派生类的成员时，它们都保持原有的状态，基类的私有成员仍然是私有的。私有继承的特点是基类的公有成员和保护成员作为派生类的私有成员，基类的私有成员仍然是私有的。保护继承的特点是基类的所有公有成员和保护成员都成为派生类的保护成员，基类的私有成员仍然是私有的。

表 6-1 不同继承方式的基类和派生类特性

继承方式	基类特性	派生类特性
公有继承	public	public
	protected	protected
	private	不可访问
私有继承	public	private
	protected	private
	private	不可访问
保护继承	public	protected
	protected	protected
	private	不可访问

注意：无论哪种派生方式，基类的私有成员都不允许派生类中的成员函数访问，也不允许外部函数访问，只能通过基类提供的公有成员函数访问。我们在下面分别详细说明。

6.3.2 公有继承

当类的继承方式为公有继承时，基类的公有和保护成员的访问属性在派生类中不变，而基类的私有成员不可访问，即基类的公有成员和保护成员被继承到派生类中仍作为派生类的公有成员和保护成员，派生类的其他成员可以直接访问它们。其他外部使用者只能通过派生类的对象访问继承来的公有成员，而无论是派生类的成员还是派生类的对象都无法访问基类的私有成员。

换句话说，在公有继承时，派生类的对象可以访问基类中的公有成员；派生类的成员函数可以访问基类中的公有成员和保护成员。

这里，一定要区分清楚派生类的对象和派生类中的成员函数对基类的访问是不同的。

例 6-2   一个调用 point 基类的公有成员示例程序。我们可以从 point(点)类派生出新的 circle(圆)类。圆是由一个圆心点加上半径构成的，因此通过继承 point 类并添加新的成员可实现 circle 派生类。

```cpp
#include<iostream>
using namespace std;
#include<math.h>
class point                          //基类 point 的定义
{
    private:
        float x,y;
    public:
        void initp(float a=0,float b=0) {x=a;y=b;}
        float getx() {return x;}
        float gety() {return y;}
```

```
    };
    class circle:public point              //派生类 circle 的定义
    {
        private:                            //新增的私有数据成员
          float r;
        public:                             //新增的公有成员函数
          void initc(float a,float b,float r0)
          { initp(a,b);                     //调用基类的公有成员
            r=r0;
          }
          float getr() {return r;}
          float area() {return 3.1416*r*r;}
    };
    void main()
    {
        circle mycircle;                    //定义 circle 类的对象 mycircle
        mycircle.initc(2.1,4.3,5);          //访问派生类新增公有成员函数
        cout<<"圆心 x,y:";
        cout<<mycircle.getx()<<","<<mycircle.gety()<<endl;   //访问基类成员函数
        cout<<"半径 r:"<<mycircle.getr()<<endl;              //访问派生类成员函数
        cout<<"圆的面积:"<<mycircle.area()<<endl;            //访问派生类成员函数
    }
```

程序运行结果如下：

```
    圆心 x, y: 2.1,4.3
    半径 r: 5
    圆的面积: 78.54
```

在程序中首先声明了基类 point，派生类 circle 继承了 point 类的全部成员，因此在派生类中，实际所拥有的成员就是从基类继承过来的成员与派生类新声明的成员的总和。继承方式为公有继承，这时，基类中的公有成员在派生类中访问属性保持原样，派生类的成员函数及对象可以访问到基类的公有成员，例如在派生类函数成员 initc 中直接调用基类的函数 initp，但是无法访问基类的私有数据，例如基类的 x,y。基类原有的外部接口变成了派生类外部接口的一部分，例如基类的 getx() 和 gety() 函数。当然，派生类自己新增的成员之间都是可以互相访问的。circle 类继承了 point 类的成员，也就实现了代码的重用，同时，通过新增成员，加入了自身的独有特征，实现了程序的扩充。主函数中首先声明了一个派生类的对象 mycircle，对象生成时调用了系统所产生的默认构造函数，这个函数的功能是什么都不做。然后通过派生类的对象，访问了派生类的公有函数 initc、getr 和 area，也访问了派生类从基类继承来的公有函数 getx 和 gety。这样我们看到，从一个基类以公有方式产生了派生类之后，派生类的成员函数以及通过派生类的对象如何访问从基类继承的公有成员。

例 6-3　分析下面程序的运行结果。

```cpp
#include<iostream>
using namespace std;
class base                         //定义一个基类 base
{   private:
        int x;
    public:
        void setx(int n) {x=n;}
        void showx() {cout<<x<<endl;}
};
class deriv:public base            //声明一个公有派生类 deriv
{   private:
        int y;
    public:
        void sety(int n) {y=n;}
        void showy() {cout<<y<<endl;}
};
void main()
{   deriv obj;
    obj.setx(10);                  //访问基类公有成员函数
    obj.sety(20);                  //访问派生类公有成员函数
    obj.showx();                   //访问基类公有成员函数,显示结果 10
    obj.showy();                   //访问派生类公有成员函数,显示结果 20
}
```

　　例中类 deriv 从类 base 中公有派生,所以类 base 中的两个公有成员函数 setx()和 showx()
在派生类中仍是公有成员。因此,它们可以被程序的其他部分访问。特别是它们可以合法
地在 main()中被调用。注意派生类以公有派生的方式继承了基类,并不意味着派生类可以
访问基类的私有成员。例如在例 6-3 中的派生类 deriv 中作如下的加法运算是不正确的。

```cpp
class deriv:public base
{   private:
        int y;
    public:
        void sety(int n) {y=n;}
        void show_sum()
        {cout<<x+y<<endl;}         //非法,不能访问基类私有成员
        void showy() {cout<<y<<endl;}
};
```

　　上面例子中,派生类 deriv 企图访问基类 base 的私有成员 x,但是这种企图是非法的,
编译时系统提示:“cannot access private member declared in class base”,说明基类无论怎样

被继承，它的私有成员都针对该基类保持私有性。

6.3.3　私有继承

当类的继承方式为私有继承时，基类中的公有成员和保护成员都以私有成员身份出现在派生类中，这些私有成员可以被派生类的成员函数访问，但不能在类外部进行访问；对于基类的私有成员，则无论是派生类的成员还是通过派生类的对象，都无法对其进行访问。

经过私有继承之后，所有基类的成员都成为了派生类的私有成员或不可访问的成员，如果进一步派生的话，基类的全部成员就无法在新的派生类中被访问。因此，私有继承之后，基类的成员再也无法在以后的派生类中发挥作用，实际是相当于中止了基类功能的继续派生，由于这个原因，一般情况下私有继承的使用比较少。

例 6-4　point 类的私有继承。

```cpp
#include<iostream>
using namespace std;
class point                          //基类 point 的定义(同例 6-2)
{
    private:
      float x,y;
    public:
      void initp(float a=0,float b=0) {x=a;y=b;}
      float getx() {return x;}
      float gety() {return y;}
};
class circle:private point           //派生类 rectangle 的定义
{
    private:                         //新增的私有数据成员
      float r;
    public:                          //新增的公有成员函数
      void initc(float a,float b,float r0)
      { initp(a,b);                  //调用基类的公有成员
        r=r0;
      }
      float getx() {return point::getx();}   //改造基类成员函数
      float gety() {return point::gety();}   //改造基类成员函数
      float getr() {return r;}
      float area() {return 3.1416*r*r;}
};
void main()                          //主程序(同例 6-2)
{
```

```
        circle mycircle;                //定义 circle 类的对象 mycircle
        mycircle.initc(2.1,4.3,5);      //访问派生类新增公有成员函数
        cout<<"圆心 x,y:";
        cout<<mycircle.getx()<<","<<mycircle.gety()<<endl;  //访问派生类成员函数
        cout<<"半径 r:"<<mycircle.getr()<<endl;             //访问派生类成员函数
        cout<<"圆的面积:"<<mycircle.area()<<endl;           //访问派生类成员函数
    }
```

程序运行结果(同例 6-2)如下:

```
    圆心 x,y: 2.1,4.3
    半径 r: 5
    圆的面积: 78.54
```

本例中所解决的问题和例 6-2 相同，只是采用不同的继承方式，即在继承过程中对基类成员的访问权限设置不同。派生类 circle 类私有继承了 point 类的成员，因此在派生类中，实际所拥有的成员就是从基类继承来的成员与派生类新声明成员的总和。由于继承方式为私有继承，这时，基类中的公有和保护成员在派生类中都以私有成员的身份出现。派生类的成员函数及对象无法访问基类的私有数据，例如基类的 x，y。派生类的成员仍然可以访问到从基类继承过来的公有和保护成员，例如在派生类函数成员 initc 中直接调用基类的函数 initp，但是在类外部通过派生类的对象根本无法访问到基类的任何成员，基类原有的外部接口被派生类封装和隐蔽起来，例如基类的 getx()和 gety()函数。当然，派生类新增的成员之间仍然可以自由地互相访问。

在私有继承情况下，为了保证基类的一部分外部接口特征能够在派生类中也存在，就必须在派生类中重新定义同名的成员。这里在派生类 circle 中，重新定义了 getx 和 gety 成员函数，利用派生类对基类成员的访问能力，把基类的原有成员函数的功能照搬过来。这种在派生类中重新定义的成员函数具有比基类同名成员函数更为局部的类作用域，在调用时，根据同名覆盖的原则，自然会使用派生类的函数。在面向对象的程序设计中，若要对基类继承过来的某些函数功能进行扩充和改造，都可以通过这样的覆盖来实现。这种覆盖的方法是对原有成员改造的关键手段，是程序设计中经常使用的方法。

例 6-4 和例 6-2 主函数最大的不同是：例 6-4 的 circle 类对象 mycircle 调用的函数都是派生类自身的公有成员，因为是私有继承，它不可能访问到任何一个基类的成员。两个例子相比较，基类和主函数部分没有做任何改动，只是修改了派生类的内容，由此也可看到面向对象程序设计封装性的优越性：circle 类的外部接口不变，内部成员的实现做了改造，根本就没有影响到程序的其他部分，这正是面向对象程序设计可重用与可扩充性的一个实际体现。

例 6-5 分析下面程序错误并修改错误。

```
#include<iostream>
using namespace std;
class base                  //定义一个基类 base
{   private:
        int x;
```

```
        public:
        void setx(int n) {x=n;}
        void showx() {cout<<x<<endl;}
    };
    class deriv:private base            //定义一个私有派生类 deriv
    {   private:
            int y;
        public:
        void setxy(int n,int m)
        {
            setx(n);                    //访问基类公有成员函数 setx()
            y=m;
        }
        void showxy()
        {cout<<x<<y<<endl;}            //错！成员函数访问基类私有成员 x
    };
    int main()
    {   deriv obj;
        obj.setxy(10,20);
        obj.showxy();
        obj.setx(8);                    //错！派生类对象 obj 访问私有继承的基类成员函数
        obj.showx();                    //错！同上
        return 0;
    }
```

上面程序中首先定义了一个类 base，它有一个私有数据 x 和两个公有成员函数 setx() 与 showx()。将类 base 作为基类，派生出一个类 deriv。派生类 deriv 除继承了基类的成员外，还有只属于自己的成员：私有数据成员 y、公有成员函数 setxy()和 showxy()。派生方式关键字是 private，所以这是一个私有派生。

类 deriv 私有继承了 base 的所有成员，但它的成员函数并不能直接使用 base 的私有数据 x，只能使用两个基类的公有成员函数访问。所以在 deriv 的成员函数 setxy()中引用 base 的公有成员 setx()是合法的，但在成员函数 showxy()中直接引用 base 的私有成员 x 是非法的。必须将例中函数 showxy()改成如下形式：

```
    void showxy()
    {showx();cout<<y<<endl;}
```

可见基类中的私有成员既不能被外部函数访问，也不能被派生类成员函数访问，只能被基类自己的成员函数访问。因此，我们在设计基类时，总要为它的私有数据成员提供公有成员函数，以使派生类或外部函数可以间接使用这些数据成员。

私有派生时，基类的所有成员在派生类中都成为私有成员，外部函数不能访问。例中派生类 deriv 继承了基类 base 的成员。但由于是私有派生，所以基类 base 的公有成员 setx()

和 showx()被 deriv 私有继承后，成为 deriv 的私有成员，只能被 deriv 的成员函数访问，不能被外界函数访问。在 main()函数中定义了派生类 deriv 的对象。由于 setxy()和 showxy()在类 deriv 中是公有函数，所以对 obj.setxy()和 obj.showxy()的调用是没有问题的，但是对 obj.setx()和 obj.showx()的调用是非法的，因为这两个函数在类 deriv 中已成为私有成员。

需要注意的是：无论 setx()和 showx()如何被一些派生类继承，它们仍然是 base 的公有成员，因此以下的调用是合法的：

```
base base_obj;
base_obj.setx(8);
base_obj.showx();
```

6.3.4　保护继承

在前面讲过，无论私有派生还是公有派生，派生类无权访问它的基类的私有成员，派生类要想使用基类的私有成员，只能通过调用基类的成员函数的方式实现，也就是使用基类所提供的接口来实现。这种方式对于要频繁访问基类私有成员的派生类而言，使用起来非常不便，每次访问都需要进行函数调用。我们可以利用 C++ 提供的保护成员和保护继承方式对基类的成员进行访问。

保护继承中，基类的公有和保护成员都以保护成员的身份出现在派生类中，而基类的私有成员是不可访问的。

由于基类公有成员和保护成员通过保护继承，在派生类中为保护成员，当然可以被派生类的成员函数访问，但是，对于外界是隐藏起来的，外部函数不能访问它，即保护成员不能通过类外对象访问。因此，为了便于派生类的访问，可以将基类私有成员中需要提供给派生类访问的成员定义为保护成员。

例 6-6　分析下面的程序，说明保护成员以公有方式被继承后的访问特性。

```cpp
#include<iostream>
using namespace std;
class base
{    protected:
        int a,b;
    public:
        void setab(int n,int m) {a=n;b=m;}
};
class deriv:public base
{    private:
        int c;
    public:
        void setc(int n) {c=n;}
        void showabc()                   //允许派生类成员函数访问保护成员 a 和 b
        { cout<<a<<' '<<b<<' '<<c<<endl;}
```

```
        };
        void main()
        {
            deriv obj;                      //定义派生类 deriv 的对象 obj
            obj.setab(2,5);                 //访问公有继承的基类公有成员函数
            obj.setc(8);                    //访问派生类的公有成员函数
            obj.showabc();                  //访问派生类的公有成员函数
        }
```

程序运行结果如下:

```
    2   5   8
```

在上面程序中，由于 a 和 b 是基类 base 的保护成员，而且被派生类以公有方式继承，所以它们可以被派生类的成员函数访问。但是基类的保护成员 a 与 b 不能被外部函数访问。

例 6-7 分析下面程序运行结果，并说明保护成员以保护方式继承后的访问特性。

```
        #include<iostream>
        using namespace std;
        class base
        {   protected:
                int a;
            public:
                void seta(int i)
                {a=i;}
                void show()
                {cout<<"base: a="<<a<<endl;}
        };
        class deriv1:protected base
        {   protected:
                int b;
            public:
                void setb(int i,int j)
                {seta(i);b=j;}
                void show()
                {cout<<"deriv1: a,b="<<a<<','<<b<<endl;}
        };
        class deriv2:protected deriv1
        {   private:
                int c;
            public:
                void setc(int i,int j,int k)
                {setb(i,j);c=k;}
```

```
        void show()
        {
            cout<<"deriv2: a,b,c=";
            cout<<a<<','<<b<<','<<c<<endl;
        }
};
void main()
{
    base x1;
    x1.seta(11);
    x1.show();
    deriv1 x2;
    x2.setb(21,22);
    x2.show();
    deriv2 x3;
    x3.setc(31,32,33);
    x3.show();
}
```

程序运行结果如下：

```
    base: a=11
    deriv1: a,b=21,22
    deriv1: a,b,c=31,32,33
```

从上面程序的运行结果可以看出，在主程序中，通过定义各类的对象，然后再用其公有成员函数访问保护成员，如 x1.show。保护成员在保护继承后，通过类内的成员函数可以访问，如 deriv1 类中的 seta 和 deriv2 类中的 setb，当然可以通过对象访问，如 x3.show，这里，定义对象 x3 的类 deriv2 中的公有成员函数 setc 和 show，访问了保护继承过来的成员函数 setb 和数据成员 a、b。如果在主程序中加上一条语句"x3.setb(41,42);"，分析会出现什么情况。(编译系统提示：cannot access public member declared in class deriv1)

请读者对上面继承方式进行不同组合的修改，以观察程序编译和运行情况，并对出现的错误进行分析。

6.4 派生类的构造函数与析构函数

基类具有显示或隐式的构造函数和析构函数，派生类同样也有相应的构造函数和析构函数。构造函数和析构函数是特殊的成员函数，本节着重讨论它们的一些特点。由于派生类不能继承基类的构造函数和析构函数，因此，对所有从基类继承下来的成员的初始化工作，还是由基类的构造函数完成，我们必须在派生类中对基类的构造函数所需要的参数进行设置。与此同时，在派生类中，如果对派生类新增的成员进行初始化，就必须由程序员针对实际需要加入新的构造函数。同样，对派生类对象的扫尾、清理工作也需要加入新的析构函数。

6.4.1　派生类构造函数和析构函数的执行顺序

定义了派生类后，就可以说明派生类的对象，而对象在使用之前必须初始化，也就是对派生类中的新增数据成员、派生类继承的基类数据成员的初始化工作，对象使用完毕也要做一些清理工作。基类的构造函数和析构函数并没有继承下来，要完成这些工作，就必须给派生类添加新的构造函数和析构函数。通常情况下，当创建派生类对象时，首先执行基类的构造函数，随后再执行派生类的构造函数；当撤消派生类对象时，则先执行派生类的析构函数，随后再执行基类的析构函数。下列程序的运行结果反映了基类和派生类的构造函数及析构函数的执行顺序。

例 6-8　观察下面程序的执行顺序。

```cpp
#include<iostream>
using namespace std;
class base
{   public:
        base()                 //基类的构造函数
        { cout<<"constructing base class"<<endl; }
        ~base()                //基类的析构函数
        { cout<<"destructing base class"<<endl; }
};
class deriv:public base
{   public:
        deriv()                //派生类的构造函数
        { cout<<"constructing deriv class"<<endl;}
        ~deriv()               //派生类的析构函数
        { cout<<"destructing deriv class"<<endl;}
};
int main()
{
    deriv obj;
    return 0;
}
```

程序运行结果如下：

```
constructing base class
constructing deriv class
destructing deriv class
destructing   base class
```

从程序运行的结果可以看出：构造函数的调用严格地按照先调用基类的构造函数，后调用派生类的构造函数的顺序执行。析构函数的调用顺序与构造函数的调用顺序正好相反，先调用派生类的析构函数，后调用基类的析构函数。

6.4.2　派生类构造函数和析构函数的构造规则

如果基类的构造函数没有参数，或没有显式定义构造函数时，派生类可以不向基类传递参数，甚至可以不定义构造函数。例 6-8 的程序就是由于基类的构造函数没有参数，所以派生类没有向基类传递参数。如果基类没有定义构造函数，派生类也可以不定义构造函数，全部采用默认的构造函数，这时新增成员的初始化工作可以用其他公有成员函数来完成。

由于派生类不能继承基类中的构造函数和析构函数，因此，如果基类定义了带有形参表的构造函数时，派生类就应当定义构造函数，提供一个将参数传递给基类构造函数的途径，保证在基类进行初始化时能够获得必要的数据。派生类的构造函数需要以合适的初值作为参数，隐含调用基类和新增内嵌子对象成员的构造函数，来初始化它们各自的数据成员，然后再加入新的语句对新增普通数据成员进行初始化。

派生类构造函数的一般语法形式如下：

```
派生类名::派生类名(总参数表)：基类名表(对应参数表),子对象名表(对应参数表)
{
派生类中新增成员的初始化语句;
}
```

这里，派生类的构造函数名与派生类名相同。在派生类构造函数名(即派生类名)后的总参数表中，需要给出初始化基类数据、新增子对象数据及新增一般成员数据所需要的全部参数。之后，列出需要使用参数进行初始化的基类名和子对象名及各自的参数表，各项之间使用逗号分隔。这里基类名、子对象名之间的次序无关紧要，它们各自出现的顺序可以是任意的。在生成派生类对象时，系统首先会使用这里列出的参数，调用基类和子对象的构造函数。

我们先讨论派生类只有一个基类时的情况，这种情况也称为单继承。下面的程序说明如何传递一个参数给派生类的构造函数和传递一个参数给基类的构造函数。

例 6-9　分析下面程序的运行结果。

```cpp
#include<iostream>
using namespace std;
class base
{   private:
        int x;
    public:
        base(int a)                    //基类的构造函数，有一个整型参数
        {
            cout<<"constructing base class"<<endl;
```

```
        x=a;
    }
    ~base()                     //基类的析构函数
    { cout<<"destructing base class"<<endl; }
    void showx()
    {cout<<x<<endl;}
};
class deriv:public base
{
    private:
        int y;
    public:
        deriv(int a,int b):base(a)      //定义派生类构造函数，base 是基类，a 是参数
        {
            cout<<"constructing deriv class"<<endl;
            y=b;
        }
        ~deriv()                    //派生类的析构函数
        { cout<<"destructing deriv class"<<endl; }
        void showy()
        {cout<<y<<endl;}
};
void main()
{
    deriv obj(11,22);
    obj.showx();
    obj.showy();
}
```

程序运行结果如下：

```
constructing base class
constructing deriv class
11
22
destructing deriv class
destructing base class
```

　　上面程序将函数体直接放在类主体内，也就是说，采用了内联构造函数的隐式声明，若在类外实现，可在类内进行构造函数的声明，在类外实现构造函数。上例可改写为下例的形式。

　　例 6-10　采用类外实现构造函数的办法改写例 6-9。

```cpp
#include<iostream>
using namespace std;
class base
{    private:
        int x;                          //基类数据成员
    public:
        base(int n);                    //基类的构造函数声明
        ~base();                        //基类的析构函数声明
        void showx();                   //其他成员函数声明
};
class deriv:public base
{
    private:
        int y;                          //派生类数据成员
    public:
        deriv(int a,int b);             //派生类构造函数声明
        ~deriv();                       //派生类的析构函数声明
        void showy();                   //其他成员函数声明
};
base::base(int a)                       //基类的构造函数实现
{
    cout<<"constructing base class"<<endl;
    x=a;
}
base::~base()                           //基类的析构函数实现
{ cout<<"destructing base class"<<endl; }
deriv::deriv(int a,int b):base(a)       //派生类构造函数实现，后缀上基类 base
{
    cout<<"constructing deriv class"<<endl;
    y=b;
}
deriv::~deriv()                         //派生类的析构函数实现
{ cout<<"destructing deriv class"<<endl; }
inline void base::showx()               //基类 base 的显式内联函数实现
{ cout<<x<<endl;}
inline void deriv::showy()              //派生类 deriv 的显式内联函数实现
{ cout<<y<<endl;}
void main()                             //主函数
{
```

```
        deriv obj(11,22);
        obj.showx();
        obj.showy();
    }
```

程序运行结果与上例相同。

 注意：在上面的例子中，派生类中不含对象成员。当派生类中含有对象成员时，派生类构造函数的执行顺序如下：

(1) 调用基类构造函数，从多个基类继承的派生类的调用顺序按照它们被继承时声明中的基类名表的顺序从左向右进行；

(2) 调用派生类中对象成员的构造函数，如果有多个对象成员，调用顺序按照它们在派生类中定义对象的顺序进行；

(3) 派生类的构造函数体中的内容。

其中，只有当派生类的新增成员中有对象成员时，第二步的调用才会执行；否则，就直接转到第三步，执行派生类构造函数体。基类的构造函数的调用顺序是按照声明派生类时基类的排列顺序来进行，而派生类内嵌对象成员的构造函数的调用顺序，则是按照对象在派生类中定义对象语句出现的先后顺序来进行。

注意：和派生类构造函数中列出的名称顺序毫无关系，撤消对象时，析构函数的调用顺序与构造函数的调用顺序正好相反。

例 6-11 分析下面程序，说明派生类构造函数和析构函数的执行顺序。

```cpp
#include<iostream>
using namespace std;
class base
{   private:
        int x;
    public:
        base(int a)      //基类的构造函数
        {
            x=a;
            cout<<"constructing base class"<<endl;
        }
        ~base()          //基类的析构函数
        { cout<<"destructing base class"<<endl; }
        void showx()
        { cout<<"x="<<x<<endl; }
};
class deriv:public base
{
    private:
```

```
        base sobj;              //sobj 为基类对象，作为派生类的对象成员
    public:
        deriv(int a):base(a),sobj(a)
            //派生类的构造函数，缀上基类构造函数 base 和对象成员 sobj 及初始化值
        {
            cout<<"constructing deriv class"<<endl;
        }
        ~deriv()              //派生类的析构函数
        { cout<<"destructing deriv class"<<endl; }
};
void main()
{
    deriv obj(11);
    obj.showx();
}
```

程序运行结果如下：

```
constructing base class
constructing base class
constructing deriv class
x=11
destructing deriv class
destructing base class
destructing base class
```

上面程序中有两个类：基类 base 和派生类 deriv。基类中含有一个需要传递参数的构造函数，用它初始化私有成员 x，并显示提示信息。派生类 deriv 中含有基类 base 的一个对象 sobj。从程序执行的结果看出，构造函数和析构函数的执行顺序与规定的顺序是完全一致的。

说明：

(1) 当基类构造函数不带参数时，派生类不一定需要定义构造函数，然而当基类的构造函数哪怕只带有一个参数，它所有的派生类都必须定义构造函数，甚至所定义的派生类构造函数的函数体可能为空，仅仅起参数的传递作用。例如，在下面的程序段中，deriv 就不使用参数 a，a 只是被传递给了基类 base()。

```
class base
{   private:
        int x;
    public:
        base(int a)              //构造函数定义，带参数 a
        { cout<<"constructing base class"<<endl; x=a; }
        void showx()
```

```
        { cout<<x<<endl; }
    };
    class deriv:public base
    {   private:
            int y;
        public:
            deriv(int a):base(a)        //仅向基类 base 传递参数 a
            { cout<<"constructing deriv class"<<endl; y=0; }
            void showy() { cout<<y<<endl; }
    };
```

(2) 若基类使用缺省构造函数或不带参数的构造函数，则在派生类中定义构造函数时可略去后缀"：基类名名(参数表)"；此时若派生类也不需要构造函数，则可不定义构造函数。

(3) 如果派生类的基类也是一个派生类，则每个派生类只需负责其直接基类的构造，依次上溯。

(4) 由于析构函数是不带参数的，在派生类中是否要定义析构函数与它所属的基类无关，故基类的析构函数不会因为派生类没有析构函数而得不到执行，它们各自是独立的。

6.5 多 重 继 承

6.5.1 多重继承的概念

前面我们介绍的派生类及所举的例子中只有一个基类，这种派生方式成为单基派生或单继承。可以为一个派生类指定多个基类，这样的派生方式称为多基派生或多重继承。多继承可以看作是单继承的扩展。例如，在 Windows 操作系统中，用户界面中的文本框、对话框、窗口、滚动条及多种按钮等组件都是通过类来支持的，我们可以运用多重继承实现应用的扩展，比如，我们想实现一个可滚动的窗口，只需要利用窗口和滚动条两个类的特征，并通过多重继承派生出新的类，即可滚动窗口派生类。显然用户不需要再编写已经实现了的窗口和滚动条的程序代码，只需要吸收这些已有的成果，重用它们的代码，使自己的开发站在更高的水平上，这种继承和派生机制对已有程序的发展和改进是极为有利的，可大大提高程序的开发效率。

多重继承的派生类的定义格式中至少有两个或两个以上的基类，例如：

```
class A
{
...
};
class   B
{
```

```
        ...
        };
        class C:public A,private B
        {
            ...
        }
```

其中，派生类 C 具有两个基类，即基类 A 和基类 B，因此，类 C 是多重继承的。按照继承的规定，派生类 C 的成员包含了基类 A 中成员和基类 B 中成员以及该类本身的成员。在这里派生类 C 公有继承了基类 A、私有继承了基类 B。

例 6-12　分析一个简单的多重继承程序。

```cpp
        #include<iostream>
        using namespace std;
        class A
        {
            private:
                int a;
            public:
                void seta(int x) { a=x;}
                void showa() { cout<<a<<endl; }
        };
        class B
        {
            private:
                int b;
            public:
                void setb(int x) { b=x;}
                void showb() { cout<<b<<endl; }
        };
        class C:public A, private B        //C 公有继承 A，私有继承 B
        {
            private:
                int c;
            public:
                void setc(int x,int y,int z)
                { seta(x);setb(y);c=z;}    //调用公有继承的公有成员和私有继承的公有成员
                void showc()
                { showa();showb();cout<<c<<endl; }
        };
        void main()
```

```
        {
            C obj;
            obj.seta(2);          //公有继承了公有成员，外部对象可以使用
            obj.showa();          //同上
            obj.setb(3);          //错误，私有继承了公有成员，外部对象不可以使用
            obj.showb();          //错误，同上
            obj.setc(4,5,6);      //派生类对象可以访问派生类公有成员
            obj.showc();          //同上
        }
```

在上面程序中，C 公有继承 A，私有继承 B。派生类 C 的成员包含了基类 A 中成员，公有成员 seta 和 showa 通过公有继承，作为派生类 C 的公有成员；派生类 C 的成员中也包含了基类 B 中的成员。由于是私有继承，因此基类 B 的公有成员 setb 和 showb 通过私有继承，作为派生类 C 的私有成员，在派生类 C 内部可以访问使用，例如"{seta(x);setb(y);c=z;};"，类外不可访问，例如"obj.setb(20);"。将派生类 C 中的基类 B 改为公有继承后，程序编译正确。

6.5.2 多重继承的构造函数与析构函数

在多重继承的情况下，多个基类构造函数的调用次序是按基类在被继承时所声明的次序从左到右依次调用，与它们在派生类的构造函数实现中的初始化列表出现的次序无关。多继承下派生类的构造函数与单继承下派生类构造函数相似，它必须同时负责该派生类所有基类构造函数的调用。同时，派生类的参数个数必须包含完成所有基类初始化所需的参数个数。下面通过例子来说明派生类构造函数的构成及其执行过程。

例 6-13 设计一个圆类 circle 和一个桌子类 table，另设计一个圆桌类 roundtable，它是从前两个类派生的，要求输出一个圆桌的高度、面积和颜色等数据。

分析：circle 类包含私有数据成员 radius 和求圆面积的成员函数 getarea()；table 类包含私有数据成员 height 和返回高度的成员函数 getheight()。roundtable 类继承所有上述类的数据成员和成员函数，添加了私有数据成员 color 和相应的成员函数。程序如下：

```cpp
#include<iostream>
using namespace std;
#include<string.h>
class circle
{
    private:
        double radius;
    public:
        circle(double r)
        { radius=r;
            cout<<"circle class begin!"<<endl;
```

```
        }
        ~circle() { cout<<"circle class end!"<<endl; }
        double getarea()    { return radius*radius*3.1416; }
    };
    class table
    {
      private:
        double height;
      public:
        table(double h)
        { height=h;
            cout<<"table class begin!"<<endl;
        }
        ~table() { cout<<"table class end!"<<endl;}
        double getheight() { return height; }
    };
    class roundtable:public table,public circle        //多重继承定义
    {
      private:
        char *color;
      public:
        roundtable(double h,double r,char c[]):circle(r),table(h)
        {
            color=new char[strlen(c)+1];                //根据字符串长度动态分配 color
            strcpy(color,c);
        }
        char *getcolor()    { return color; }
    };
    void main()
    {
        roundtable rt(0.8,1.2,"black");
        cout<<"the roundtable is:"<<endl;
        cout<<"height:"<<rt.getheight()<<endl;
        cout<<"area:"<<rt.getarea()<<endl;
        cout<<"color:"<<rt.getcolor()<<endl;
    }
```

程序的运行结果如下：

```
table class begin!
circle class begin!
```

```
the roundtable is:
height: 0.8
area: 4.5239
color: black
circle class end!
table class end!
```

6.5.3　多重继承的二义性与支配原则

一般来说，在派生类中对基类成员的访问应该是唯一的。但是，由于多重继承情况下可能造成对基类中某个成员的访问出现了不唯一的情况，则称为对基类成员访问的二义性问题。

1. 同名成员的二义性

在多重继承中，如果不同基类中有同名的函数，则在派生类中就有同名的成员，这种成员会造成二义性。

例如：

```
class A
{ public:
    void f();
};
class B
{ public:
    void f();
    void g();
};
class C:public A,public B
{ public:
    void g();
    void h();
};
```

这时，C obj; 就对函数 f()的访问是二义性的，即 obj.f()无法确定访问 A 中或是 B 中的 f()。使用基类名可避免这种二义性，例如：

```
obj.A::f();          //A 中的 f()
obj.B::f();          //B 中的 f()
```

同样，C 类的成员访问 f()时也必须避免这种二义性。

以上这种用基类名来控制成员访问的规则称为支配原则。

又例如：

```
obj.g();             //隐含用 C 的 g()
obj.B::g();          //用 B 的 g()
```

以上两个语句是无二义的。

对于前面的二义性问题，我们可以在类 C 中定义一个同名成员 f()，类 C 中的 f()再根据需要来决定调用 A::f()，还是 B::f()，还是两者皆有，这样，obj.f()将调用 C::f()。

同样地，类 C 中成员函数调用 f()也会出现二义性问题。例如：

```
        void C::h() { f();}
```

这里有二义性问题，该函数应修改为

```
        void C::h() { A::f();}
```

或者

```
        void C::h() { B::f();}
```

或者

```
        void C::h() { A::f(); B::f();}
```

特别注意：不能通过对成员访问权限的定义来区分有二义性的同名成员。例如：

```
        class A
        {   public：
                void fun();
        };
        class B
        {   protected:
                void fun();
        };
        class C:public A,public B
        {   };
```

虽然类 C 中的两个 fun()函数，一个是继承了类 A 的公有成员函数，一个是继承了类 B 的保护成员函数(或私有成员函数)，但下面的使用仍然是错误的：

```
        C obj;
        obj.fun();        //错误，仍是二义性的
```

并不因为在类 C 定义的对象 obj 无法访问类 B 中的保护成员函数(或私有成员函数)fun，而使得编译器调用从类 A 继承的成员函数 fun，编译器在编译上面的代码时仍将给出二义性的错误。

2. 同一基类被多次继承产生的二义性

如果同一个成员名在两个具有继承关系的类中进行了定义，那么，在派生类中所定义的成员名具有支配地位。在出现二义性时，如果存在具有支配地位的成员名，那么编译器将使用这一成员，而不是给出错误信息。例如，在类 A 中定义了成员函数 fun，类 B 继承了类 A 但也定义了具有相同参数的成员函数 fun，类 C 又继承了类 A 和类 B，这样，尽管类 C 中可以以两种方式来解释成员函数名 fun，即来自类 A 的成员函数 fun 和来自类 B 的成员函数 fun，但是，按照规则，类 B 的成员名 fun 相比类 A 的成员名 fun 处于支配地位，这样，编译器将调用类 B 的成员函数 fun，而不产生二义性的错误。

下面是一个多重继承的例子：

```
class A { public：int x; };
class B1:public A{    };
class B2:public A{    };
class C:public B1,public B2
{ public: int x; };
```

其中，类 C 中共继承了两个名为 x 的数据成员，对这两个同名成员的访问，根据支配原则，应由类名 A 来控制，但是，

```
C b;
b.A::x;
```

显然是二义性的，对象 b 是访问从 B1 继承的 x 还是 B2 继承的 x？所以应该用以下语句：

```
b.B1::b;
b.B2::b;
```

由于二义性的原因，一个类不能从同一类直接继承两次或更多次。例如：

```
class C:public A,public A;
```

类 C 两次继承类 A 是错误的，如果必须这样，可以像前面那样使用 B1 和 B2 那样的中间类。

然而，尽管可以使用作用域限定符来解决二义性的问题，但是仍然不建议这样做，在使用多重继承机制时，最好还是保证所有的成员都不存在二义性问题。

6.6 虚 基 类

当某个派生类从两个以上的直接基类派生而来，而其部分或全部直接基类又是从另一个共同基类派生而来时，这些直接基类中从上一级基类继承来的成员就拥有相同的名称，也就是说，这些同名成员在内存中存在多个拷贝。而多数情况下，由于它们的上一级基类是完全一样的，在编程时，只需使用多个拷贝的任一个。

C++ 语言允许程序中只建立公共基类的一个拷贝，将直接基类的共同基类设置为虚基类，这时从不同路径继承过来的该类成员在内存中只拥有一个拷贝，这样有关公共基类成员访问的二义性问题就不存在了。

6.6.1 虚基类的引入

如果一个派生类从多个基类派生，而这些基类又有一个共同的基类，则在对该基类中声明的名字进行访问时，可能产生二义性。例如：

```
class A
{
    public:
        int a;
        void f(){cout<<"f in class A"<<endl;}
```

```
    };
    class B1: public A { public: int b1;};
    class B2: public A { public: int b2;};
    class C: public B1, public B2
    {
        private:
            int c;
        public:
            void g()
            {cout<<"g in class C"<<endl;}
    };
```

这时有：

```
    C obj;          //定义一个类 C 的对象 obj
    obj.a           //错误，类 C 的对象 obj 不知道从何处访
问类 A 的成员 a
    obj.A::a        //错误，同样不知道从哪里继承
    obj.B1::a       //正确，从 B1 继承的成员 a
    obj.B2::a       //正确，从 B2 继承的成员 a
```

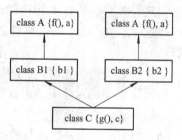

图 6-5　类的层次关系示意图

　　此例中类的层次关系如图 6-5 所示。引进虚基类的真正目的是为了解决二义性问题。当基类被继承时，在基类的访问控制保留字的前面加上保留字 virtual 来定义。

　　例 6-14　给出以下程序的运行结果。

```
    #include<iostream>
    using namespace std;
    class A
    {   public:
            int a;
            void f(){cout<<"f in class A"<<endl;}
    };
    class B1: public A { public: int b1;};
    class B2: public A { public: int b2;};
    class C: public B1, public B2
    {
        private:
            int c;
        public:
            void g() {cout<<"g in class C"<<endl;}
    };
    void main()
```

```
    {   C obj;
        obj.B1::a=5;
        obj.B2::a=10;
        cout<<"path B1 is:"<<obj.B1::a<<endl;
        cout<<"path B2 is:"<<obj.B2::a<<endl;
    }
```

程序运行结果如下：

```
        path B1 is: 5
        path B2 is: 10
```

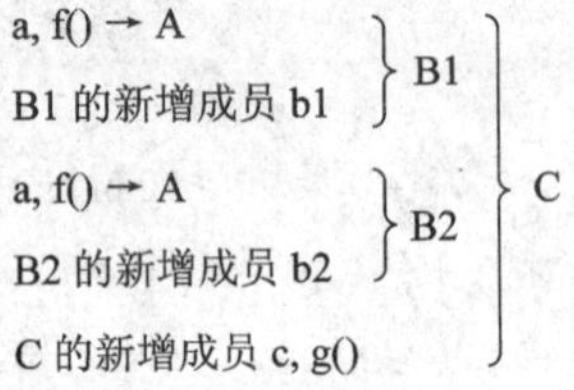

图 6-6　多重派生类 C 的对象的存储结构示意图

程序中 C 类是从 B1 和 B2 类派生来的，而 B1 和 B2 类又都是从 A 类派生的，但各有自己的副本。所以对于对象 obj，obj.B1::b 与 obj.B2::b 是两个不同的数据成员，它们互无关系。所以此程序的运行结果是两个不同的数据。此程序中，多重派生类 C 的对象的存储结构如图 6-6 所示。

建立 C 类的对象时，A 的构造函数将被调用两次：一次由 B1 调用，另一次由 B2 调用，以初始化 C 类的对象中所包含的两个 A 类的子对象。

如果基类被声明为虚基类，则重复继承的基类在派生类对象实例中只好存储一个拷贝，否则，将出现多个基类成员的拷贝。

虚基类的声明一般是在派生类的声明过程中，其语法形式为

```
        class 派生类名:virtual 继承方式 基类名
```

其中，virtual 是虚基类的关键字。例如对例 6-14 类的部分修改后的程序如下例。

例 6-15　虚基类的使用。

```
    #include<iostream>
    using namespace std;
    class A
    {   public:
            int a;
            void f(){cout<<"f in class B"<<endl;}
    };
    class B1: virtual public A { public: int b1;};
    class B2: virtual public A { public: int b2;};
    class C: public B1, public B2
    {
        private:
            int c;
        public:
            void g() {cout<<"g in class C"<<endl;}
    };
```

```
            void main()
            {   C obj;
                obj.B1::a=5;
                obj.B2::a=10;
                cout<<"path B1 is:"<<obj.B1::a<<endl;
                cout<<"path B2 is:"<<obj.B2::a<<endl;
            }
```

程序运行结果如下：

```
            path B1 is: 10
            path B2 is: 10
```

由于使用了虚基类，使类 A、类 B1、类 B2 和类 C 之间关系如图 6-7 所示。

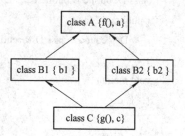

从图 6-7 中可见，不同继承路径的虚基类子对象被合并成为一个子对象。这便是虚基类的作用，这样消除了合并之前可能出现的二义性。这时，在类 C 的对象中只存在一个类 A 的子对象。因此，在定义了一

图 6-7　类 A、类 B1、类 B2、类 C 关系示意图

个类 C 的对象 obj，即 "C obj;" 后，obj.a 的引用是正确的。此外要注意，由于 B1 和 B2 共用一个副本 A，所以对于对象 obj，obj.B1::a 与 obj.B2::a 是一个数据成员，仍以例 6-14 的主程序中语句为例，obj.B1::a=5; obj.B2::a=10; 的运行结果是后一条语句的值，输出结果是相同的数据。

从上面我们看到，如果一个派生类从多个基类派生，而这些基类又有一个共同的基类，则在对该基类中声明的名字进行访问时，可能产生二义性。如果在多条继承路径上有一个公共的基类，那么在继承路径的某处汇合点，这个公共基类就会在派生类的对象中产生多个基类子对象。要使这个公共基类在派生类中只产生一个子对象，必须将这个基类声明为虚基类。虚基类声明使用关键字 virtual。

6.6.2　虚基类的初始化

在派生类的对象中，同名的虚基类只产生一个虚基类子对象，而每个非虚基类产生各自的子对象。虚基类的构造函数按被继承的顺序调用，建立虚基类的子对象时虚基类构造函数仅被调用一次。从下面两个程序运行结果的比较中，就可以看到。

例 6-16　比较下面两个程序的运行结果。

```
//program 1                              //program 2
#include<iostream>                       #include<iostream>
using namespace std;                     using namespace std;
class A                                  class A
{ public:                                { public:
    A(){cout<<"class A"<<endl;}              A(){cout<<"class A"<<endl;}
};                                       };
class B: virtual public A                class B: public A
```

```
    { public:
        B(){cout<<"class B"<<endl;}
    };
    class C: virtual public A
    { public:
        C(){cout<<"class C"<<endl;}
    };
    class D: public B,public C
    { public:
        D(){cout<<"class D"<<endl;}
    };
    void main()
    {   D d;
    }
```

运行结果为

```
    class A
    class B
    class C
    class D
```

```
    { public:
        B(){cout<<"class B"<<endl;}
    };
    class C: public A
    { public:
        C(){cout<<"class C"<<endl;}
    };
    class D: public B,public C
    { public:
        D(){cout<<"class D"<<endl;}
    };
    void main()
    {   D d;
    }
```

运行结果为

```
    class A
    class B
    class A
    class C
    class D
```

在初始化基类的子对象时，派生类的构造函数要调用基类的构造函数。对于虚基类来讲，由于派生类的对象中只有一个虚基类子对象，为保证虚基类子对象只被初始化一次，这个虚基类构造函数必须只被调用一次。由于继承结构的层次可能很深，规定将在建立对象时所指定的类称为最直接派生类。虚基类子对象是由最直接派生类的构造函数通过调用虚基类的构造函数进行初始化的。如果一个派生类有一个直接或间接的虚基类，那么派生类的构造函数的成员初始列表中必须列出对虚基类构造函数的调用，如果未被列出，则表示使用该虚基类的默认构造函数来初始化派生类对象中的虚基类子对象。

虚基类的初始化与一般的多继承的初始化在语法上是一样的，但构造函数的调用次序不同。C++规定，派生类构造函数调用的次序有以下原则：

(1) 若同一层次中同时包含虚基类和非虚基类，先调用虚基类的构造函数，再调用非虚基类的构造函数，最后调用派生类构造函数；

(2) 若同一层次中包含多个虚基类，这些虚基类的构造函数按它们说明的先后次序调用；

(3) 若虚基类由非虚基类派生而来，则仍然先调用基类构造函数，再调用派生类的构造函数。

在例 6-15 中，虚基类使用了默认的构造函数；在例 6-16 中，虚基类的构造函数中没有参数传递。如果虚基类定义中带有参数，这时在整个继承结构中，直接或间接继承虚基类的所有派生类，都必须在构造函数的成员初始化表中列出对虚基类的初始化。通过下面的例子可以说明含虚基类对象的初始化方法。

例 6-17 虚基类带有参数时的初始化方法。

```
#include<iostream>
using namespace std;
class A
{   public:
        int a;
        A(int aa)                          //带参数的构造函数
        { a=aa; }
        void funa()
        { cout<<"class A: a="<<a<<endl; }
};
class B:virtual public A
{   public:
        int b;
        B(int aa,int bb):A(aa)         //必须带基类参数
        { b=bb; }
        void funb()
        { cout<<"class B: b="<<b<<endl; }
};
class C:virtual public A
{   public:
        int c;
        C(int aa,int cc):A(aa)         //必须带基类参数
        { c=cc; }
        void func()
        { cout<<"class C: c="<<c<<endl; }
};
class D:public B,public C
{   public:
        int d;
        D(int aa,int bb,int cc,int dd):A(aa),B(aa,bb),C(aa,cc)
        { d=dd; }                          //必须带基类参数
        void fund()
        { cout<<"class D: d="<<d<<endl; }
};
void main()
{   D obd(11,22,33,44);                 //必须带参数进行初始化
    obd.a=12;
    obd.b++;
```

```
        obd.c+=10;
        obd.funa();
        obd.funb();
        obd.func();
        obd.fund();
    }
```

程序运行结果如下：

```
    class A：12
    class B：23
    class C：43
    class D：44
```

下面再举一个例子。例中设计了一个虚基类 person 类，包含姓名和年龄等私有数据成员以及相关的成员函数，由它派生出领导类 leader，包含职务和部门等私有数据成员以及相关的成员函数。再由 person 类派生出教师类 teacher，包含职称和专业等私有成员以及相关的成员函数。然后由 leader 和 teacher 类派生出院系主任类 director。

例 6-18　虚基类的用法。

```cpp
#include<iostream>
using namespace std;
#include<string.h>
class person                        //基类
{   private:
        char *name;                 //姓名
        int age;                    //年龄
    public:
        void setname(char na[])
        {   name=new char[strlen(na)+1];
            strcpy(name,na);
        }
        void setage(int ag) {   age=ag; }
        char *getname() {   return name; }
        int getage() {   return age; }
};
class leader:virtual public person            //领导类,从虚基类派生
{   private:
        char *job;                            //职务
        char *dep;                            //部门
    public:
        void setjob(char jb[])
        {   job=new char[strlen(jb)+1];
```

```
                strcpy(job,jb);
            }
        void setdep(char dp[])
        {   dep=new char[strlen(dp)+1];
            strcpy(dep,dp);
        }
        char *getjob() {    return job; }
        char *getdep() {    return dep; }
};
class teacher:virtual public person          //教师类，从虚基类派生
{   private:
        char *major;                          //专业
        char *prof;                           //职称
    public:
        void setmajor(char maj[])
        {   major=new char[strlen(maj)+1];
            strcpy(major,maj);
        }
        void setprof(char prf[])
        {   prof=new char[strlen(prf)+1];
            strcpy(prof,prf);
        }
        char *getmajor() {    return major; }
        char *getprof() {    return prof; }
};
class director:public leader,public teacher  //院系主任类
{ };                                          //可增加 director 类的成员
void main()
{
        director sb;
        sb.setname("张明");
        sb.setage(40);
        sb.setjob("院长");
        sb.setdep("资源环境学院");
        sb.setmajor("环境工程");
        sb.setprof("教授");
        cout<<sb.getname()<<",年龄"<<sb.getage()<<"岁,担任"
            <<sb.getdep()<<sb.getjob()<<"职务"<<","
            <<sb.getprof()<<",从事"
```

```
                <<sb.getmajor()<<"专业。"<<endl;
    }
```

程序运行结果如下：

张明，年龄 40 岁，担任资源环境学院院长职务，教授，从事环境工程专业。

上面的程序中，使用了默认的构造函数和析构函数。如果通过构造函数进行对象的初始化，程序可改写为例 6-19，程序运行结果相同。请注意构造函数及初始化对象的形式以及参数的传递方法。

例 6-19　派生类含虚基类构造函数并带参数时对象的初始化。

```
#include<iostream>
using namespace std;
#include<string.h>
class person                          //虚基类 person
{   private:
        char *name;
        int age;
    public:
        person(char na[],int ag)          //person 类构造函数
        {   name=new char[strlen(na)+1];    //根据 na[]的长度动态分配内存
            strcpy(name,na);
            age=ag;
        }
        ~person(){delete name;}           //person 类析构函数，释放已分配内存
        char *getname() {   return name; }
        int getage() {   return age; }
};
class leader:virtual public person        //leader 类，从虚基类派生
{   private:
        char *job;
        char *dep;
    public:
        leader(char jb[],char dp[],char na[],int ag):person(na,ag)    //构造函数
        {   job=new char[strlen(jb)+1];
            strcpy(job,jb);
            dep=new char[strlen(dp)+1];
            strcpy(dep,dp);
        }
        ~leader(){delete job,dep;}        //析构函数
        char *getjob() {   return job; }
        char *getdep() {   return dep; }
```

```
    };
    class teacher:virtual public person        //teacher 类，从虚基类派生
    {   private:
            char *major;
            char *prof;
        public:
            teacher(char mj[],char pf[],char na[],int ag):person(na,ag)    //构造函数
            {   major=new char[strlen(mj)+1];
                strcpy(major,mj);
                prof=new char[strlen(pf)+1];
                strcpy(prof,pf);
            }
            ~teacher(){delete major,prof;}              //析构函数
            char *getmajor() {    return major; }
            char *getprof() {    return prof; }
    };
    class director:public leader,public teacher            //director 类
    {
        public:                                    //构造函数
            director(char na[],int ag,char jb[],char dp[],char mj[],char pf[])
                :person(na,ag),leader(jb,dp,na,ag),teacher(mj,pf,na,ag)
            {    }
            ~ director (){ }                        //默认析构函数
    };
    void main()
    {
        director sb("张明",40,"院长","资源环境学院","环境工程","教授");
        cout<<sb.getname()<<",年龄"<<sb.getage()<<"岁,担任"
            <<sb.getdep()<<sb.getjob()<<"职务"<<","
            <<sb.getprof()<<",从事"
            <<sb.getmajor()<<"专业。"<<endl;
    }
```

6.7　赋值兼容规则

　　赋值兼容规则是指：在公有派生的情况下，一个派生类的对象可用于基类对象适用的地方。通过公有派生，派生类得到了基类中除构造函数、析构函数之外的所有成员，而且所有成员的访问控制属性也和基类完全相同。这样，公有派生类实际就具备了基类的所有

功能，凡是基类能解决的问题，公有派生类都可以解决。

假定类 deriv 由类 base 派生，即

```
class base
{…}
class deriv:public base
{…}
base b, *pb;          //声明基类 base 的对象 b 和指向 base 的指针 pb
deriv d;              //声明派生类 derived 的对象 d
```

这时，赋值兼容规则有如下三种情况：

(1) 派生类的对象可以赋值给基类的对象，既用派生类对象中从基类继承类的成员，逐个赋值给基类对象成员：

```
b=d;
```

(2) 派生类的对象可以初始化基类的引用：

```
base &br=d;
```

(3) 派生类的对象的地址可以赋给指向基类的指针。

```
pb=&d;
```

由于赋值兼容规则的引入，对于基类及其公有派生类的对象，就可以使用相同的函数统一进行处理(因为当函数的形参为基类对象时，实参可以是派生类的对象)，而没有必要为每一个类设计单独的模块，从而大大提高了编写程序的效率。

我们来看一个例子。本例中基类 base0 以公有方式派生出 base1 类，base1 类再作为基类以公有方式派生出 base2 类，基类中定义了成员函数 disp，并在各个派生类中对这个成员函数重新进行了定义，程序如下。

例 6-20　赋值兼容规则举例。

```
#include<iostream>
using namespace std;
class base0
{
  public:
    void disp()
    {   cout<<"base0::disp()"<<endl; }
};
class base1:public base0
{
  public:
    void disp()
    {   cout<<"base1::disp()"<<endl; }
};
class base2:public base1
{
```

```
    public:
        void disp()
        {   cout<<"base2::disp()"<<endl; }
};
void fun(base0 *ptr)
{
    ptr->disp();
}
void main()
{
    base0 b0,*p;
    base1 b1;
    base2 b2;
    p=&b0;
    fun(p);
    p=&b1;
    fun(p);
    p=&b2;
    fun(p);
}
```

程序运行结果如下：

```
base0::disp()
base0::disp()
base0::disp()
```

　　程序中，通过"对象指针->成员名"的方式访问了各派生类中新添加的同名成员。虽然根据赋值兼容性规则，可以将派生类对象的地址赋值给基类的指针，但通过这个基类类型的指针却只能访问到从基类继承的成员。因此，主函数中三次调用函数 fun 的结果是相同的。

　　通过这个例子可以看出，根据赋值兼容性规则，我们可以在基类出现的场合使用派生类进行替代，但替代之后派生类仅仅发挥出基类的作用。在下一章，我们将要学习面向对象程序设计的另一个重要特征——多态性，多态的设计方法可以保证在赋值兼容的前提下，基类、派生类分别以不同的方式来响应相同的消息。赋值兼容性规则是多态性的重要基础之一。

第7章 多 态 性

多态性(polymorphism)是面向对象的程序设计的重要特征之一。前面讨论的继承是研究类与类的层次关系，多态性考虑的则是在一个类的内部以及不同层次的类中同名成员函数之间的关系问题，是解决功能和行为的再抽象问题。

7.1 多态性概述

所谓多态性，就是不同对象收到相同的消息时，产生不同的动作。这里的消息，实际上就是对函数的调用，使用消息的概念要比使用参数的概念更符合人们日常思维所采用的术语。通俗地说，多态性就是用一个名字定义不同的函数，这些函数对不同的对象进行操作，但又有类似的操作，即用同样的接口访问功能不同的函数，从而实现"一个接口，多种方法"，即可以使用相同的调用方式来调用这些具有不同功能的同名函数。这也是人类思维方式的一种直接模拟，在函数一章中我们看到，对不同数据类型的两个数求最大值，虽然可以针对不同的数据类型，写很多不同名称的函数来实现，但事实上它们的功能几乎完全相同，这时，利用重载来统一函数的标识去完成这些功能，这就是多态的特性。在同一程序中，同一个标识在不同情况下具有不同解释的现象就是多态，通过多态性可以达到类的行为的再抽象，进而统一标识，减少程序中标识符的个数。

在程序设计中我们经常使用多态的特性，最简单的例子就是运算符，如使用同样的加号"＋"，就可以实现整型数之间、浮点数之间、双精度浮点数甚至自定义复数等数据成员之间以及它们相互的加法运算。同样的消息"相加"，被不同类型的对象"变量"接收后，不同类型的变量采用不同的方式进行加法运算。如果是不同类型的变量相加，例如浮点数和整型数，则要先将整型数转换为浮点数，然后再进行加法运算，这就是典型的多态现象。

面向对象的多态性可以分为四类：重载多态、强制多态、包含多态和参数多态。前面两种统称为专用多态，而后面两种也称为通用多态。重载多态是指普通函数和类的成员函数以及运算符的重载。强制多态是指将一个变元的类型加以变化，以符合一个函数或者操作的要求。包含多态是指类族中定义于不同类中的同名成员函数的多态行为，主要是通过虚函数来实现。参数多态与类模板相关联，我们在模板一章中详细介绍。

在 C++ 中，多态性的实现与联编这一概念有关。一个源程序经过"编译"、"连接"成为可执行文件的过程，就是把可执行代码联编(binding，也称为绑定)在一起的过程，也就是把一个标识符名和一个存储地址联系在一起的过程。

联编有两种方式，一种是在程序编译阶段就完成的联编称为静态联编，另一种是在程序运行时才完成的联编称为动态联编。静态联编和动态联编这两种联编过程分别对应着多态的两种实现方式。

　　静态联编在系统编译时就决定如何实现某一动作，并了解调用函数的全部信息。因此，这种联编类型的函数调用速度很快。效率高是静态联编的主要优点。静态联编支持的多态性称为编译时多态性，也称静态多态性。在 C++ 中，编译时多态性是通过函数重载和运算符重载实现的。

　　动态联编在系统运行时动态实现某一动作，即在程序运行时才能确定调用哪个函数。动态联编的主要优点是：提供了更好的灵活性、问题抽象性和程序易维护性。动态联编所支持的多态性称为运行时多态性，也称动态多态性。在 C++ 中，运行时多态性是通过继承和虚函数来实现的。

7.2　成员函数的重载

　　编译时的多态性可以通过函数重载来实现。成员函数重载的定义和调用与普通函数重载的定义和调用相似，其差别就是成员函数与普通函数之间的差别。函数重载的意义在于它能用同一个名字访问一组相关的函数，也就是说，能使用户为某一类操作取一个通用的名字，而由编译程序来选择具体由哪个函数来执行，因而有助于解决程序的复杂性问题。在类中，普通成员函数和构造函数都可以重载，特别是构造函数的重载可以提供多种初始化方式，给用户以更大的灵活性。下面我们通过例子来说明类中成员函数重载的使用方法。

　　例 7-1　构造函数重载的例子，提供 1、2 或 3 条边，求正方形、矩形和三角形的面积。

```
#include<iostream>
using namespace std;
#include<math.h>
class demo
{   private:
        int a,b;
        int f;
    public:
        demo(){a=0;b=0;}                    //无参构造函数
        demo(int aa) {a=aa;b=aa;}           //有一个参数的构造函数
        demo(int aa,int bb) { a=aa;b=bb;}   //有两个参数的构造函数
        void seta(int aa){a=aa;b=aa;}
        int geta(){return a;}
        int getb(){return b;}
        void getarea()
    {   f=a*b;
        cout<<"two edges: "<<a<<','<<b<<"---";
        cout<<"the area is: "<<f<<endl;
    }
```

```
        };
        class tdemo:public demo
        {    private:
                int c;
                double f;
            public:
                tdemo(int aa,int bb,int cc):demo(aa,bb)        //构造函数，指定基类初始化
                { c=cc; }
                int area(int aa,int bb,int cc);
                void getarea()
                {    int a1,b1;
                    a1=geta();b1=getb();                    //获得基类数据成员
                    f=(a1+b1+c)/2.0;
                    f=sqrt(f*(f-a1)*(f-b1)*(f-c));
                    cout<<"three edges: "<<geta()<<','<<getb()<<','<<c<<"---";
                    cout<<"the area is: "<<f<<endl;
                }
        };
        void main()
        {
            demo p1;                        //定义 demo 类无参对象
             p1.seta(2);                    //赋初值
             p1.getarea();
            demo p2(3);                     //定义 demo 类一个参数的对象
             p2.getarea();
            demo p3(4,5);                   //定义 demo 类两个参数的对象
             p3.getarea();
            tdemo p4(6,7,8);                //定义 tdemo 类对象，必须有三个参数
             p4.getarea();                  //访问 tdemo 的成员函数，等价 p4.tdemo::getarea()
             p4.demo::getarea();            //访问 demo 的长远函数
        }
```

程序运行结果如下：

```
    two edges: 2,2---the area is: 4
    two edges: 3,3---the area is: 9
    two edges: 4,5---the area is: 20
    three edges: 6,7,8---the area is: 20.3332
    two edges: 6,7---the area is: 42
```

　　构造函数实际上就是特殊的公有成员函数，从上例看到，在 demo 类中对构造函数提供了三种初始化方法，编译系统根据定义对象时提供的参数数目，自动调用相应的构造函

数，同一个类中成员函数的重载是通过参数的差别进行的。

本例中特意加入了派生类的定义，在 demo 类和 tdemo 类中，有相同的成员函数 getarea()，只是它们属于不同的类，可通过对象名加以区分，如 p3.getarea()和 p4.getarea() 分别属于 demo 类和 tdemo 类对象的成员，即分别调用各个类的成员函数；还可以使用 "类名::" 加以区分，例如：p4.getarea()和 p4.demo::getarea()也表示调用各个类的成员函数，其中对象 p4 属于 tdemo 类的对象，因此 p4.getarea()等价于 p4.demo::getarea()。

C++ 区分重载函数的方法，是在编译时采用 "名字压延" 的方法来进行的。由于重载属于静态联编，因此在系统编译时就会根据函数的全部信息决定如何实现操作。名字压延就是指在编译时，编译器 "看" 到函数的全部信息后改变函数名。C++ 为了进行名字压延，通常把重载函数的有关信息即函数的名字和参数结合起来，以创造函数的新名字。程序中每一处说明原型、定义和调用这些函数的地方，C++ 都用其压延名字来替代。

例如，有以下两个函数原型：

        int myfun(float x,int j);

        int myfun(int i,char c);

并用以下语句调用它们：

        test1=myfun(12.3,45);

        test2=myfun(67,'x');

则在编译完成之前，C++ 可能会将函数名改变成如下形式：

        int myfunFLOATINT(float x,int j);

        int myfunlNTCHAR(int i,char c);

同时 C++ 也会在函数调用的地方改变名字，如：

        test1=myfunFLOATINT(12.3,45);

        test2=myfunINTCHAR(67,'x');

这些新名字由 C++ 编译系统自动扩展，我们并不需要关心。有了新的函数名，C++ 在遇到调用函数 myfun(float x, int j)时将调用 myfunFLOATINT()，而在遇到调用函数 myfun(int i, char c)时将调用 myfunINTCHAR()。在程序完成编译后，函数名又恢复原来的名字。因此，依据名字压延，C++ 就能把重载函数区分开来。

7.3 运 算 符 重 载

在 C++ 中预定义的运算符的操作对象只能是基本数据类型，而对于用户自定义的数据类型，虽然有类似的操作，但却不能用预定义的运算符进行操作。C++ 提供了运算符重载方法，通过对已有的运算符赋予多重含义，实现了用同一个运算符作用于不同类型的数据导致不同的行为。

7.3.1 运算符重载引例

对基本的数据类型，C++ 提供了许多预定义的运算符，如 "+"、"-"、"*"、"/"、"="

等，它们可以用一种简洁的方式工作，例如"+"运算符：

```
int a,b,c;
c=a+b;
```

这是将两个整数相加的方法，非常简单。但对于用户自定义的类型，也需要类似的运算操作。例如，下面的程序段定义了一个复数类 complex。

```
class complex
{ private:
    double real,imag;
  public:
    complex(double r=0,double i=0)
    { real=r;imag=i;}
    void display();
};
```

现在定义复数类 complex 的两个对象 c1 和 c2：

```
complex c1(2,3),c2(4,5);
```

如果需要将对象 c1 和 c2 进行相加，我们当然希望能使用"+"运算符，并写出表达式"c1+c2"，但编译时却出现错误。不能使复数 c1 和 c2 相加的原因是类 complex 的类型不是基本数据类型，而是用户自定义的数据类型，编译器不知道该如何完成这个加法。C++ 知道如何相加两个 int 型数据(结果为整型)，或相加两个 float 型数据(结果为浮点型)，甚至知道如何把一个 int 型数据与一个 float 型数据相加(类型转换后运算,结果为浮点型)，但是 C++ 还无法直接将两个 complex 类对象相加。

为了表达上的方便，人们希望预定义的内部运算符(如"+"、"–"、"*"、"/"等)在特定类的对象上以新的含义进行解释，这就需要用重载运算符来解决。

C++ 为运算符重载提供了一种方法，其实质就是函数的重载。当进行运算符重载时，首先是把指定的运算符表达式转化为对运算符函数的调用，运算的对象就是运算符函数的实参，然后根据实参的类型确定需要调用的函数，这个过程是在编译过程中完成的。

例如，将 complex 类的两个对象相加，要重载"+"号运算符，这时就必须定义一个名字为 operator+()的运算符函数，其参数就是相应的两个对象，该运算符函数的定义如下：

```
complex operator+(complex cc1,complex cc2)
{
    complex temp;
    temp.real=cc1.real+cc2.real;
    temp.imag=cc1.imag+cc2.imag;
    return temp;
}
```

上面函数的返回类型为 complex，并告诉了两个复数相加的具体步骤，这时就实现了运算符"+"的重载，当定义了 complex 类的两个对象 c1 和 c2 后，我们就可以方便地将类 complex 的两个对象 c1 和 c2 相加。以下就是使用运算符函数 operator+()将两个 complex 类对象相加的完整程序。

例 7-2 对运算符"+"重载，实现两个复数相加。

```
#include<iostream>
using namespace std;
class complex
{
    public:
        double real,imag;              //公有数据成员
        complex(double r=0,double i=0)  //构造函数
        { real=r;imag=i; }
        void display();                //公有成员函数声明
};
void complex::display()               //成员函数实现
{
    cout<<"("<<real<<","<<imag<<")"<<endl;
}
complex operator+(complex cc1,complex cc2)   //运算符函数定义
{   complex temp;
    temp.real=cc1.real+cc2.real;       //外部函数访问类的公有数据成员
    temp.imag=cc1.imag+cc2.imag;
    return temp;
}
void main()
{   complex c1(2,3),c2(4,5),t1,t2;     //定义类的对象
    t1=c1+c2;                          //调用运算符函数 operator+()的第一种方式
    t1.display();
    t2=operator+(c1,c2);               //调用运算符函数 operator+()的第二种方式
    t2.display();
}
```

程序运行结果如下：

```
(6, 8)
(6, 8)
```

注意： 在程序中调用运算符函数有两种方式，这两种方式是等价的，显然使用一个简单的"+"号将两个类对象相加更方便明了。还要注意，本例中的运算符函数不是类 complex 的成员函数，是类外的一个普通函数。

从上面例子中可进一步理解运算符重载的实质就是函数重载，即当定义了运算符函数 operator+()后，编译系统每当遇到运算符"+"时，就检查运算符"+"两边是否是用户自定义的数据类型，若是就执行用户自己定义的运算符函数，否则就按 C++ 内部运算符预先

定义的规则执行。

从例子中还可以看到，重载运算符与预定义运算符的使用方法完全相同。实际上，运算符重载是针对新的数据类型的需要，对原有运算符进行适当的改造。一般来说，重载功能都应当与原功能相类似，不能改变原运算符的操作对象的个数，同时操作对象中至少有一个对象是自定义类型。另外，重载运算符也不能改变原有运算符的优先级和结合性。

C++ 中的大多数系统预定义的运算符都能被重载，可以重载的运算符如表 7-1 所示。C++ 不能被重载的运算符如表 7-2 所示，预处理符号#和##也不能重载。

表 7-1　C++ 可以重载的运算符

+	–	*	/	%	^	&	|	~	!
=	<	>	+=	–=	*=	/=	%=	^=	&=
|=	<<	>>	>>=	<<=	==	!=	<=	>=	&&
||	++	--	->*	,	->	[]	()	new	delete

表 7-2　C++ 不能被重载的运算符

.	*	::	?:	sizeof

7.3.2　成员运算符函数

从前面的引例中我们知道，运算符重载是通过定义运算符函数来实现的，运算符函数的函数体中具体给出了自定义数据类型进行运算的方法和步骤。在面向对象的程序设计中，类是最基本的程序单位，对象的操作和运算通常作用在一个类上。因此，我们一般并不像例 7-2 那样，将运算符函数在类的外部单独实现，而是采用将数据成员及其操作封装在一起办法对类的对象进行操作。正因为如此，运算符函数在一般情况下，都定义为它将要操作的类的成员函数，称为成员运算符函数。如果将运算符函数定义为非类的成员，则一般也是将其定义为类的友元函数，也称为友元运算符函数。我们先介绍成员运算符函数的使用。

1．成员运算符函数的定义

成员运算符函数在类中的定义格式为

```
函数类型 operator 运算符(形参表)
{
    函数体;
}
```

其中，"函数类型"为重载运算符的返回值类型，operator 为关键字，"运算符"为所要重载的运算符符号，形参表中罗列的是该运算符所需要的操作数。

运算符重载为成员函数后，就可以自由地访问本类的数据成员，而且总是通过该类的某个对象来访问重载运算符函数的。因此，如果是双目运算符，一个操作数就是对象本身的数据，并由 this 指针指出，另一个操作数则需要通过成员运算符函数的参数表来传递；如果是单目运算符，操作数由对象的 this 指针给出，从而不需要任何的参数。

假设重载的双目运算符为@，两个对象为 obj1 和 obj2，这时要实现运算 obj1@obj2，相当于调用该成员运算符函数 obj1.operator@(obj2)，即 obj1 通过该对象的 this 指针给出，参数表中只有一个 obj2 参数。同样我们可以看出，对于单目运算符函数，形参表则为空。下面分别予以介绍。

2. 双目运算符重载

对双目运算符而言，成员运算符函数的参数表中仅有一个参数，它作为运算符的右操作数，此时当前对象作为运算符的左操作数，它是通过 this 指针隐含地传递给函数的。下面是一个用双目运算符函数进行复数运算的例子，我们通过例子来说明其用法。

例 7-3　复数的四则运算。假设有两个复数 a+bi 和 c+di，对其进行加(+)、减(−)、乘(*)、除(/)运算的方法如下：

加法：$(a+bi)+(c+di)=(a+c)+(b+d)i$

减法：$(a+bi)-(c+di)=(a-c)+(b-d)i$

乘法：$(a+bi)*(c+di)=(ac-bd)+(ad+bc)i$

除法：$(a+bi)/(c+di)=((ac+bd)+(bc-ad)i)/(c^2+d^2)$

由于复数不是 C++ 的基本数据类型，因此不能直接进行复数的加、减、乘、除运算，但我们可以定义四个成员运算符函数，通过重载"+"、"−"、"*"、"/"运算符来实现复数运算。在本例中，声明了一个复数类 complex，类中含有两个数据成员，即复数的实数部分 real 和复数的虚数部分 imag。下面是这个例子的完整程序。

```
#include<iostream>
using namespace std;
class complex
{   private:
        double real;                        //复数的实数部分
        double imag;                        //复数的虚数部分
    public:
        complex(double r=0,double i=0)      //构造函数初始化实部虚部
        { real=r;imag=i; }
        complex operator +(complex c);      //重载复数"+"运算符
        complex operator -(complex c);      //重载复数"−"运算符
        complex operator *(complex c);      //重载复数"*"运算符
        complex operator /(complex c);      //重载复数"/"运算符
        void display();                     //显示输出复数
};
complex complex::operator +(complex c)      //重载"+"运算符函数的实现
{    complex temp;
     temp.real=real+c.real;
     temp.imag=imag+c.imag;
     return temp;
}
complex complex::operator -(complex c)      //重载"−"运算符函数的实现
```

```
    {   complex temp;
        temp.real=real-c.real;
        temp.imag=imag-c.imag;
        return temp;
    }
    complex complex::operator *(complex c)        //重载"*"运算符函数的实现
    {   complex temp;
        temp.real=real*c.real-imag*c.imag;
        temp.imag=real*c.imag+imag*c.real;
        return temp;
    }
    complex complex::operator /(complex c)        //重载"/"运算符函数的实现
    {   complex temp;
        double t;
        t=1.0/(c.real*c.real+c.imag*c.imag);
        temp.real=(real*c.real+imag*c.imag)*t;
        temp.imag=(c.real*imag-real*c.imag)*t;
        return temp;
    }
    void complex::display()                       //显示复数的实部和虚部
    {   cout<<real;
        if(imag>0)cout<<"+";
        if(imag!=0)cout<<imag<<"i"<<endl;
    }
    void main()
    {   complex C1(1.2,3.4),C2(5.6,7.8),C3,C4,C5,C6; //定义六个复数类对象
        C3=C1+C2;        //复数相加
        C4=C1-C2;        //复数相减
        C5=C1*C2;        //复数相乘
        C6=C1/C2;        //复数相除
        C3.display();    //输出复数相加的结果 C3
        C4.display();    //输出复数相减的结果 C4
        C5.display();    //输出复数相乘的结果 C5
        C6.display();    //输出复数相除的结果 C6
    }
```

程序运行结果如下：

```
    6.8+11.2i
    -4.4-4.4i
    -19.8+28.4i
```

0.360521+0.104989i

从本例可以看出，对复数重载了这些运算符后，再进行复数运算时，不再需要按照给出的表达式进行繁琐的运算，只需像基本数据类型的运算一样书写即可，这样给用户带来了很大的方便，并且很直观。

在主函数 main()中的四条复数运算的语句中，所用的运算符 "+"、"-"、"*"、"/" 是重载后的运算符。程序执行到这四条语句时，C++ 将其解释为：

C3=C1.operator +(C2);

C4=C1.operator – (C2);

C5=C1.operator *(C2);

C6=C1.operator /(C2);

由此我们可以看出，成员运算符函数实际上是由双目运算符左边的对象 C1 调用的，尽管双目运算符函数的参数表只有一个操作数 C2，但另一个操作数是由对象 C1 通过 this 指针隐含地传递的。这里，把语句 "C3=C1+C2;" 称为成员运算符函数的隐式调用，而把语句 "C3=C1.operator +(C2);" 称为成员运算符函数的显式调用。

3．单目运算符重载

对单目运算符而言，成员运算符函数的参数表中没有参数，此时当前对象作为运算符的一个操作数。在 C++ 中，单目运算符 ++ 和 --，它们是变量自动增 1 和自动减 1 的运算符。在类中可以对这两个单目运算符进行重载。

如同 ++ 运算符有前缀和后缀两种使用形式一样，++ 和 -- 重载运算符也有前缀和后缀两种运算符重载形式，以 ++ 重载运算符为例，其语法格式如下：

函数类型 operator ++();   //前缀运算

函数类型 operator ++(int);   //后缀运算

前缀单目运算符和后缀单目运算符的最主要的区别就在于重载的形参。注意，前缀单目运算符为成员函数时没有形参，而后缀单目运算符重载为成员函数时需要有一个 int 型形参，由于 int 型形参在函数体内并不使用，纯粹是为了区别前缀和后缀，因此参数表中可以只给出类型名，没有参数名。

使用重载后的前缀或后缀单目运算符成员函数，其使用方法与普通数据类型的形式一致，例如，c 是某类的一个对象，重载 "++" 的前缀和后缀运算符后，我们就可以使用 "++c" 或 "c++" 形式。下面是一个关于时钟类的对象重载单目运算符 "++" 的例子。

例 7-4　重载单目运算符 "++"，对时钟类的对象进行操作。本例将单目运算符重载为类的成员函数。在这里，单目运算符前置 "++" 和后置 "++" 的操作数是时钟类的对象，可以把这些运算符重载为时钟类的成员函数。

```
#include<iostream>
using namespace std;
class clock                         //时钟类声明
{
    private:                        //私有数据成员
        int hour,minute,second;
    public:                         //外部接口
```

```
        clock(int h,int m,int s);              //构造函数声明
        void show_time();                      //显示时间成员函数
        void operator++();                     //前置单目运算符重载为成员函数
        void operator++(int);                  //后置单目运算符重载为成员函数
};
clock::clock(int h,int m,int s)                //构造函数实现
{
    if(0<=h && h<24 && 0<=m && m<60 && 0<=s && s<60)
    {   hour=h; minute=m; second=s; }
    else
    {   hour=0; minute=0; second=0;
        cout<<"time error!"<<endl;
    }
}
void clock::show_time()                        //显示时间函数实现
{
    cout<<hour<<":"<<minute<<":"<<second<<endl;
}
void clock::operator++()                       //前置单目运算符函数实现
{   second++;
    if(second>=60)
    {   second=second-60;
        minute++;
        if(minute>=60)
        {   minute=minute-60;
            hour++;
            hour=hour%24;
        }
    }
    cout<<"++clock is:";
}
void clock::operator++(int)                    //后置单目运算符函数实现
                                               //注意形参表中的整型参数
{
    second++;
    if(second>=60)
    {   second=second-60;
        minute++;
        if(minute>=60)
        {   minute=minute-60;
```

```
                    hour++;
                    hour=hour%24;
                }
            }
        cout<<"clock++ is:";
    }
    void main()
    {   clock c1(9,30,59),c2(23,59,59);
        cout<<"c1 time="; c1.show_time();
        c1++;
        c1.show_time();
        ++c1;
        c1.show_time();
        cout<<"c2 time="; c2.show_time();
        c2++;
        c2.show_time();
        ++c2;
        c2.show_time();
    }
```

程序运行结果如下：

```
    c1 time= 9:30:59
    clock++ is: 9:31:0
    ++clock is: 9:31:1
    c2 time=23:59:59
    clock++ is: 0:0:0
    ++clock is: 0:0:1
```

不难看出，对类对象重载了运算符++后，对类对象的加 1 操作变得非常方便，就像对整型数进行加 1 操作一样。

对于成员函数重载单目运算符，调用成员运算符函数也有隐式调用和显式调用两种方式，其中：++c1(隐式调用)与 c1.operator++()(显式调用)两者是等价的，而 c1++(隐式调用)与 c1.opertator ++(0)(显式调用)两者是等价的。很明显，隐式调用更直观、更方便。

关于成员运算符函数的几点说明：

(1) @为 C++ 可重载的运算符，运算符重载函数 operator@()可以返回任何类型，甚至可以是 void 类型，但通常返回类型与它所操作的类的类型相同，这样可使重载运算符用在复杂的表达式中。

(2) 在重载运算符时，运算符函数所作的操作不一定要保持 C++ 中该运算符原有的含义。例如，可以把加运算符重载成减操作，但这样容易造成混乱。所以保持原含义容易被接受，也符合人们的习惯。

(3) 在 C++ 中，用户不能定义新的运算符，只能从 C++ 已有的运算符中选择一个恰当的运算符重载。

(4) C++ 编译器根据参数的个数和类型来决定调用哪个重载函数。因此，可以为同一个运算符定义几个运算符重载函数来进行不同的操作。

7.3.3 友元运算符函数

在 C++ 中，还可以把运算符函数定义成某个类的友元函数，称为友元运算符函数。这时就可以通过友元运算符函数自由地访问该类的任何数据成员。

1. 友元运算符函数的定义

友元运算符函数与成员运算符函数不同，友元运算符函数是类的友元函数，而成员运算符函数本身是类中的成员函数。

友元运算符函数在类外定义的格式为

```
friend 函数类型 operator 运算符(形参表)
{
    函数体;
}
```

其中，"函数类型"为重载运算符的返回值类型，operator 为关键字，"运算符"为所要重载的运算符符号，形参表中罗列的是该运算符所需要的操作数。

友元运算符函数在类的内部声明格式，与成员运算符函数的声明格式相比较，只是在前面多了一个关键字 friend，其他项目的含义相同。

与成员运算符函数不同，友元运算符函数是不属于任何类对象的，它没有 this 指针。若重载的是双目运算符，则参数表中有两个操作数；若重载的是单目运算符，则参数表中只有一个操作数。下面分别予以介绍。

2. 双目运算符重载

当用友元函数重载双目运算符时，两个操作数都要传递给运算符函数。在例 7-3 中，曾经用成员运算符函数进行复数运算，现在我们采用友元运算符函数来完成同样的工作。请看下面的例子。

例 7-5 用友元函数重载双目运算符，实现复数的四则运算。

```cpp
#include<iostream>
using namespace std;
class complex
{   private:
        double real;
        double imag;
    public:
        complex(double r=0,double i=0);              //构造函数初始化实部虚部
        void display();                              //显示复数函数声明
        friend complex operator+(complex a,complex b); //友元运算符函数声明
        friend complex operator-(complex a,complex b); //友元运算符函数声明
```

```
        friend complex operator *(complex a,complex b);   //友元运算符函数声明
        friend complex operator /(complex a,complex b);   //友元运算符函数声明
};
complex::complex(double r,double i)                //构造函数实现
{ real=r;imag=i; }
complex operator+(complex a,complex b)                 //友元运算符函数实现
{    complex temp;
     temp.real=a.real+b.real;
     temp.imag=a.imag+b.imag;
     return temp;
}
complex operator-(complex a,complex b)                 //友元运算符函数实现
{    complex temp;
     temp.real=a.real-b.real;
     temp.imag=a.imag-b.imag;
     return temp;
}
complex operator*(complex a,complex b)                 //友元运算符函数实现
{    complex temp;
     temp.real=a.real*b.real-a.imag*b.imag;
     temp.imag=a.real*b.imag+a.imag*b.real;
     return temp;
}
complex operator/(complex a,complex b)                 //友元运算符函数实现
{    complex temp;
     double t;
     t=1.0/(b.real*b.real+b.imag*b.imag);
     temp.real=(a.real*b.real+a.imag*b.imag)*t;
     temp.imag=(b.real*a.imag-a.real*b.imag)*t;
     return temp;
}
void complex::display()                           //显示复数函数实现
{    cout<<real;
     if(imag>0)cout<<"+";
     if(imag!=0)cout<<imag<<"i"<<endl;
}
void main()
{    complex C1(1.2,3.4),C2(5.6,7.8),C3,C4,C5,C6;   //定义六个复数类对象
     C3=C1+C2;            //复数相加
```

```
        C4=C1-C2;              //复数相减
        C5=C1*C2;              //复数相乘
        C6=C1/C2;              //复数相除
        C3.display();          //输出复数相加的结果 C3
        C4.display();          //输出复数相减的结果 C4
        C5.display();          //输出复数相乘的结果 C5
        C6.display();          //输出复数相除的结果 C6
    }
```

程序运行结果与例 7-3 完全相同。同成员运算符函数一样，C1+C2 为友元运算符函数的隐式调用，而 operator+(C1,C2)为友元运算符函数的显式调用。

3．单目运算符重载

用友元函数重载单目运算符时，需要一个显式的操作数。下面的例子中，用友元函数重载单目运算符"−"。

例 7-6　用友元函数重载单目运算符"−"例子。

```cpp
#include<iostream>
using namespace std;
class demo
{   private:
        int x,y;
    public:
        demo(int x1=0,int y1=0)
        { x=x1;y=y1;}
        friend demo operator-(demo p);      //单目运算符"−"重载运算符函数声明
        void display();                     //输出成员函数声明
};
demo operator-(demo p)                      //友元运算符函数的实现
{
        p.x=-p.x;
        p.y=-p.y;
        return p;
}
void demo::display()                        //输出成员函数的实现
{ cout<<'('<<x<<','<<y<<')'<<endl; }
void main()
{   demo a1(11,22),a2(-33,44),b1,b2;
    cout<<"a1=";a1.display();
    cout<<"a2=";a2.display();
    b1=-a1;
    b2=-a2;
```

```
        cout<<"-a1=";b1.display();
        cout<<"-a2=";b2.display();
    }
```

程序运行结果如下：

```
    a1=(11,22)
    a2=(-33,44)
    -a1=(-11,-22)
    -a2=(33,-44)
```

从上述程序可以看出，当用友元函数重载单目运算符时，参数表中有一个操作数。其中-a1为隐式调用，使用 operator-(a1)则为显式调用。

📢 **注意**：不能用友元函数重载的运算符是：=、()、[]、->，其余的运算符都可以使用友元函数来实现重载。

通过对成员运算符函数与友元运算符函数的使用可以看出：

(1) 对双目运算符而言，成员运算符函数带有一个参数，而友元运算符函数带有两个参数；对单目运算符而言，成员运算符函数不带参数，而友元运算符函数带一个参数。

(2) 成员运算符函数和友元运算符函数都可以用习惯方式即隐含方式调用，也可以用它们专用的方式调用，表 7-2 列出了一般情况下运算符函数的调用形式。

表 7-2　运算符函数调用形式

隐含形式	友元运算符函数调用形式	成员运算符函数调用形式
a+b	operator+(a,b)	a.operator+(b)
-a	operator-(a)	a.operator-()
++a	operator++(a)	a.operator++()
a++	operator++(a,0)	a.operator++(0)

(3) C++ 的大部分运算符既可说明为成员运算符函数，又可说明为友元运算符函数。究竟选择哪一种运算符函数好一些，没有定论，这主要取决于实际情况和程序员的习惯。

一般而言，对于双目运算符，将它重载为一个友元运算符函数比重载为一个成员运算符函数更便于使用。若一个运算符的操作需要修改类对象的状态，则选择成员运算符函数较好。如果运算符所需的操作数(尤其是第一个操作数)希望有隐式类型转换，则运算符重载用友元函数，而不用成员函数。

7.3.4　赋值运算符的重载

C++ 中有两种类型的赋值运算符：一类是"+="和"-="等先计算后赋值的运算符，另一类是"="即直接赋值的运算符。下面分别进行讨论。

1．运算符"+="和"-="的重载

对于标准数据类型，"+="和"-="的作用是将一个数据与另一个数据进行加法或减法运算后再将结果回送给赋值号左边的变量中。对它们重载后，使其实现其他相关的功能。

例 7-7　运算符"+="和"−="的重载。

```
#include<iostream>
using namespace std;
class sample
{   private:
        int x,y;
    public:
        sample() { }
        sample(int x1,int y1)    {x=x1;y=y1;}
        friend sample operator+=(sample v1,sample v2)    //友元运算符函数定义
        {   v1.x+=v2.x;
            v1.y+=v2.y;
            return v1;
        }
        sample operator-=(sample v)                      //成员运算符函数定义
        {   sample tmp;
            tmp.x=x-v.x;
            tmp.y=y-v.y;
            return tmp;
        }
        void display()
        {   cout<<"("<<x<<","<<y<<")"<<endl;
        }
};
void main()
{   sample v1(2,5),v2(4,7),v3,v4;
    cout<<"v1="; v1.display();
    cout<<"v2="; v2.display();
    v3=(v1+=v2);
    v4=(v1-=v2);
    cout<<"v1="; v1.display();
    cout<<"v2="; v2.display();
    cout<<"v3="; v3.display();
    cout<<"v4="; v4.display();
}
```

程序运行结果如下：

```
v1=(2,5)
v2=(4,7)
v1=(2,5)
```

v2=(4,7)

v3=(6,12)

v4=(−2,−2)

从程序运行结果可以看出，程序中重载运算符"+="和"−="与标准数据类型的"+="和"−="的意义不完全相同。当对象调用重载的运算符时，例如 vl+=v2，并不改变 v1 的值，而对标准数据类型则会改变运算符左边变量的值。

2. 运算符"="的重载

赋值运算符"="的原有含义是将赋值号右边表达式的结果拷贝给赋值号左边的变量，通过运算符"="的重载将赋值号右边对象的私有数据依次拷贝到赋值号左边对象的私有数据中。在正常情况下，系统会为每一个类自动生成一个默认的完成上述功能的赋值运算符，这种赋值只限于在一个类类型说明的对象之间进行赋值。我们在前面的一些例子中已经看到将某一个类中的一个对象赋值给另一个对象的用法。

如果一个类包含指针成员，采用这种默认的按成员赋值，那么当这些成员撤销后，内存的使用将变得不可靠。假如有一个类 sample，其中有一个指向某个动态分配内存的指针成员 ptr，定义该类的两个对象 obj1 和 obj2，在执行赋值语句 obj2=obj1(使用默认的赋值运算符)之前，这两个对象内存分配如图 7-1(a)所示，其中 obj1 的成员 ptr 指向一个内存区。在执行赋值语句 obj2=obj1 之后，这两个对象内存分配如图 7-1(b)所示，这时只复制了指针而没有复制指针所指向的内存，现在它们都指向同一内存区。当不需要 obj1 和 obj2 对象后，调用析构函数(两次)来撤销同一内存，如图 7-1(c)所示，这时程序会产生运行错误。

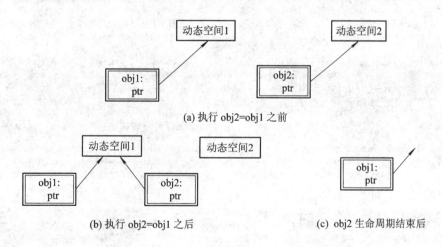

(a) 执行 obj2=obj1 之前

(b) 执行 obj2=obj1 之后　　　　　　　　(c) obj2 生命周期结束后

图 7-1　对象内存分配

可以重载运算符"="来解决类中有指针类型时出现的问题。

例 7-8　重载运算符"="举例。

```
#include<iostream>
using namespace std;
#include<string.h>
class sample
```

```
    {   private:
            char *ptr;                              //数据成员是指针类型
        public:
        sample(char *s)                             //构造函数
        {   ptr=new char[strlen(s)+1];              //根据参数 s 大小动态分配内存
            strcpy(ptr,s);
        }
        ~sample(){ delete ptr;}                     //析构函数
        void disp(){ cout<<ptr<<endl;}
        sample &sample::operator=(sample &s)        //赋值运算符函数声明
        {                                           //返回值是引用类型
            if(this==&s) return *this;              //防止 s=s 的赋值
            delete ptr;                             //释放掉原区域
            ptr=new char[strlen(s.ptr)+1];          //分配新区域
            strcpy(ptr,s.ptr);
            return *this;
        }
    };
    void main()
    {
        sample obj1("abc");                         //obj1 的生命期在主程序中
        {
            sample obj2("    ");                    //obj2 的生命期在本语句块内
            obj2=obj1;
            cout<<"obj2=";obj2.disp();
        }                                           //obj2 的生命期结束
        cout<<"obj1=";obj1.disp();
    }
```

程序运行结果如下：

```
    obj2=abc
    obj1=abc
```

  读者可以将上面例子中的赋值运算符函数部分去掉，这时会使用系统提供的默认的赋值运算符函数，编译和运行本程序会发现，编译无错但运行结果错误。读者还可将主程序中 obj2 所在的语句块去掉，观察使用与不使用赋值运算符重载函数的运行情况。

  注意：①类的赋值运算符 "=" 只能重载为成员函数，而不能把它重载为友元函数；
    ②类的赋值运算符 "=" 可以被重载，但重载了的运算符函数 operator=()不能
    被继承。

7.3.5　下标运算符的重载

下标运算符"[]"通常用于在数组中标识数组元素的位置，下标运算符重载可以实现数组数据的赋值和取值。下标运算符重载函数只能作为类的成员函数，不能作为类的友元函数。重载了的下标运算符只能且必须带一个参数，该参数给出下标的值。重载函数operator[]的返回值类型是引用类型。

例 7-9　下标运算符的重载：

```cpp
#include<iostream>
using namespace std;
class demo
{   private:
        int vector[5];
    public:
        demo() {}
        int &operator[](int i)        //重载运算符"[]"函数，返回值是引用类型
        { return vector[i];}
};
void main()
{   demo v;
    for(int i=0;i<5;i++)
        v[i]=i+1;                     //调用重载运算符"[]"
    for(int i=0;i<5;i++)
        cout<<v[i]<<" ";              //调用重载运算符"[]"
    cout<<endl;
}
```

程序运行结果如下：

```
1  2  3  4  5
```

7.3.6　类型转换运算符的重载

对于系统预定义的基本类型的转换可以用 C++ 提供的隐式类型转换、显式类型转换和函数形式类型转换的方法进行转换。例如：

```cpp
int i,j;
float x;
i=x;                //隐式类型转换
x=(float)i;         //显示类型转换，即：(类型名)表达式
x=float(i+j);       //函数形式类型转换，即：类型名(表达式)
```

对于类类型与系统预定义类型之间的转换，一般在构造函数定义时通过对类的成员数据的定义进行类型转换，但通过构造函数进行类型转换时，只能从基本类型向类类型转换，

而不能将一个类类型向基本类型进行转换。通过类型转换函数，则可以把用户定义的类类型转换为基本类型。

与以前的重载运算符函数不同的是，类型转换运算符重载函数没有返回类型，因为"类型名"就代表了它的返回类型，而且也没有任何参数。在调用过程中要带一个对象实参。实际上，类型转换运算符将对象转换成类型名规定的类型。转换时的形式就像强制转换一样。如果没有转换运算符定义，直接用强制转换是不行的，因为强制转换只能对标准数据类型进行操作，对类类型的操作是没有定义的。另外，转换运算符重载的缺点是无法定义其类对象运算符操作的真正含义，因为只能进行相应对象成员数据和一般数据变量的转换操作。

例 7-10　使用类型转换运算符重载函数。

```cpp
#include<iostream>
using namespace std;
class complex
{
    private:
        float real,imag;
    public:
        complex(float r=0,float i=0)              //构造函数
        {   real=r;imag=i; }
        operator float() {return real;}           //重载类型转换函数
        operator int() {return int(real);}        //重载类型转换函数
        void display() { cout<<'('<<real<<','<<imag<<')'<<endl;}
};
void main()
{
    complex c(2.3,4.5);                          //定义复数类对象
    float d1,d2,d3;                              //定义实型变量
    cout<<"c=";c.display();
    cout<<"float(c)="<<float(c)<<endl;           //调用重载函数
    cout<<"int(c)="<<int(c)<<endl;               //调用重载函数
    d1=c;                                        //可以使用隐式类型转换
    d2=(float)c;                                 //可以使用强制类型转换
    d3=float(c);                                 //重载后的函数形式转换
    cout<<d1<<'\t'<<d2<<'\t'<<d3<<endl;
}
```

程序运行结果如下：

```
c=(2.3,4.5)
float(c)=2.3
int(c)=2
```

2.3   2.3   2.3

本例中将类 complex 的对象用作插入运算符的右操作数，编译器将"float(c)"解释为："c.operator float()"，根据该转换函数的定义，表示对象 c 的实部。

注意：程序中由于定义了转换函数，使得下面的表达式成为合法的。

```
d1=c;
d2=(double)c;
d3=double(c);
```

系统在执行这些表达式时，都将调用转换函数："complex::operator float();"。

7.3.7   运算符重载应用

前面我们对运算符重载的方法进行了介绍，本小节再举两个例子强化应用。

例 7-11   设计一个日期类 date，包括年、月、日等私有数据成员。要求实现日期的基本运算，如一日期加上天数、一日期减去天数、两日期相差天数等。在 date 类中设计如下重载运算符函数：

```
date operator +(int days)     //返回一日期加上天数得到的日期
date operator -(int days)     //返回一日期减去天数得到的日期
int operator -(date &b)       //返回两日期相差的天数
```

在实现这些重载运算符函数时调用以下私有数据成员：

```
leap(int)        //判断指定的年份是否是闰年
dton(date &)     //将指定日期转换成从 0 年 0 月 0 日起的天数
ntod(int)        //将指定的 0 年 0 月 0 日起的天数转换为对应的日期
```

本题程序如下：

```
#include<iostream>
using namespace std;
int day_tab[2][12]={{31,28,31,30,31,30,31,31,30,31,30,31},
                    {31,29,31,30,31,30,31,31,30,31,30,31}};
            //day_tab 二维数组存放各月天数，第一行对应非闰年，第二行对应闰年
class date
{ private:                        //私有数据成员和成员函数原型
    int year,month,day;
    int leap(int);               //判断闰年
    int dton(date &);            //将日期转换为天数
    date ntod(int);              //将天数转换为日期
  public:                        //公有成员函数定义
    date() { }
    date(int y,int m,int d) {    year=y;month=m;day=d; }
    void setday(int d) { day=d; }
    void setmonth(int m) { month=m; }
```

```
        void setyear(int y) { year=y; }
        int getday() { return day; }
        int getmonth() { return month; }
        int getyear() { return year; }
        date operator+(int days)          //日期对象加天数函数实现
        {   date date1;
            int number;
            number=dton(*this)+days;      //日期对象转换为天数后加给出的天数
            date1=ntod(number);           //将天数转为日期对象
            return date1;
        }
        date operator-(int days)          //日期对象减天数函数实现
        {   date date1;
            int number;
            number=dton(*this)-days;      //日期对象转换为天数后减给出的天数
            date1=ntod(number);           //将天数转为日期对象
            return date1;
        }
        int operator-(date &b)            //两个日期对象相减
        {   int days=dton(*this)-dton(b); //相差天数
            if(days>=0) return days;       //返回天数为正数
            else return -days;
        }
        void disp()
        {   cout<<year<<"."<<month<<"."<<day<<endl;
        }
};
int date::leap(int year)                 //判断闰年成员函数实现
{   if (year%4==0 && year%100!=0 || year%400==0)   //是闰年
        return 1;
    else                                          //不是闰年
        return 0;
}
int date::dton(date &d)                  //将日期转换为从 0 年 0 月 0 日起的天数
{   int y,m,days=0;
    for(y=1;y<=d.year;y++)               //根据是否闰年取年的天数
        if(leap(y))
            days+=366;                   //是闰年加 366 天
        else
            days+=365;                   //不是闰年加 365 天
```

```
    for(m=0;m<d.month-1;m++)          //根据是否闰年取每月的天数
      if(leap(d.year))
          days+=day_tab[1][m];
      else
          days+=day_tab[0][m];
    days+=d.day;                      //将日期中的天数累加到总天数中
    return days;
}
date date::ntod(int n)               //将天数转换为日期
{   int y=1,m=1,d,rest=n,lp;          //rest 中间变量，表示剩余天数
    while(1)
    {   if(leap(y))
        {   if(rest<=366)
                break;
            else
                rest-=366;
        }
        else
        {   if(rest<=365)
                break;
            else
                rest-=365;
        }
        y++;
    }
    y--;                             //总年数减 1，即第 1 年表示从 0 年开始
    lp=leap(y);
    while(1)                         //根据天数取月份
    {   if(lp)
        {   if(rest>day_tab[1][m-1])
                rest-=day_tab[1][m-1];
            else
                break;
        }
        else
        {   if(rest>day_tab[0][m-1])
                rest-=day_tab[0][m-1];
            else
                break;
        }
```

```
            m++;
        }
        while(m>12)                      //月份超过 12 时转换为年份
        { y++;m-=12;}
        d=rest;                          //最后剩余天数即为年月日中的日
        return date(y,m,d);              //返回日期
    }
    void main()
    {   date now(2002,4,23),then(2002,10,14);
        cout<<"now:   "; now.disp();
        cout<<"then: "; then.disp();
        cout<<"相差天数："<<(then-now)<<endl;
        date d1,d2;
        d1=now+170;
        d2=now-170;
        cout<<"now+170: ";d1.disp();
        cout<<"now-170: ";d2.disp();
    }
```

程序运行结果如下：

```
    now:   2002.4.23
    then: 2002.10.14
    相差天数：174
    now+170: 2002.10.10
    now-170: 2001.11.4
```

例 7-12 设计一个点类 point，实现点对象之间的各种运算。程序中提供了 point 类中点对象的 6 个运算符重载函数(==、! =、+=、-=、+、-)，以实现相应的运算。

```cpp
    #include<iostream>
    using namespace std;
    class point
    {   private:
            int x,y;
        public:
            point() {x=y=0;}
            point(int i,int j) {x=i;y=j;}
            point(point &);
            ~point() { }
            void offset(int,int);        //提供对点的偏移
            void offset(point);          //重载,偏移量用对象表示
            bool operator==(point);      //运算符重载,判断两个对象是否相同
```

```
        bool operator!=(point);              //运算符重载,判断两个对象是否不同

        void operator+=(point);              //运算符重载,将两个点对象相加

        void operator-=(point);              //运算符重载,将两个点对象相减

        point operator+(point);              //运算符重载,相加结果放在左操作数中

        point operator-(point);              //运算符重载,相减结果放在左操作数中

        int getx() {return x;}

        int gety() {return y;}

        void disp() {cout<<'('<<x<<','<<y<<')'<<endl;}
};
point::point(point &p)
{    x=p.x; y=p.y; }
void point::offset(int i,int j)
{    x+=i; y+=j; }
void point::offset(point p)
{    x+=p.getx(); y+=p.gety(); }
bool point::operator==(point p)
{    if(x==p.getx() && y==p.gety())
        return 1;
     else
        return 0;
}
bool point::operator!=(point p)
{    if(x!=p.getx() || y!=p.gety())
       return 1;
     else
        return 0;
}
void point::operator+=(point p)
{    x+=p.getx(); y+=p.gety(); }
void point::operator-=(point p)
{    x-=p.getx(); y-=p.gety(); }
point point::operator+(point p)
{    this->x+=p.x;
    this->y+=p.y;
    return *this;
}
point point::operator-(point p)
{    this->x-=p.x;
    this->y-=p.y;
```

```
            return *this;
        }
        void main()
        {   point p1(2,3),p2(3,4),p3(p1),p4(p2);
            cout<<"1:";p4.disp();                    //1: (3,4)
            p4.offset(5,6);
            cout<<"2:";p4.disp();                    //2: (8,10)
            cout<<"3:"<<(p2==p3)<<endl;              //3: (3,4)等于(2,3)为假(0)
            cout<<"4:"<<(p2!=p3)<<endl;              //4: (3,4)不等于(2,3)为真(1)
            p3+=p1;
            cout<<"5:";p3.disp();                    //5: (2,3)+(2,3)结果(4,6)
            p3-=p2;
            cout<<"6:";p3.disp();                    //6: (4,6)-(3,4)结果(1,2)
            p4=p1+p3;
            cout<<"7:";p4.disp();                    //7: (2,3)+(1,2)结果(3,5)
            cout<<"8:";p1.disp();                    //8: 左操作数改变,结果(3,5)
            p4=p1-p2;
            cout<<"9:";p4.disp();                    //9: (3,5)-(3,4)结果(0,1)
            cout<<"10:";p1.disp();                   //10: 左操作数改变,结果(0,1)
        }
```

注意：本程序中，逻辑运算符重载函数的返回值类型是 bool 类型，读者还可重载其他逻辑运算符。还要注意程序中运算符"+"和"-"重载后的特点，程序运行结果参看主程序中的注解部分。

7.4 虚 函 数

虚函数是重载的另一种表现形式。这是一种动态的重载方式，它提供了一种更为灵活的多态性机制。虚函数允许函数调用与函数体之间的联系在运行时才建立，也就是在运行时才决定如何动作，即所谓的动态联编。下面先介绍引入派生类后的对象指针，然后再介绍虚函数。

7.4.1 引入派生类后的对象指针

在类和对象一章中我们介绍过一般对象的指针，它们彼此独立，不能混用。引入派生类后，由于派生类是由基类派生出来的，因此指向基类和派生类的指针也是相关的，请看下面的例子。

例 7-13 分析下面程序的运行结果。

```
#include<iostream>
```

```
    using namespace std;
    class base
    {   private:
            int x,y;
        public:
            base(int a,int b)
            { x=a;y=b; }
            int getx() {return x;}
            int gety() {return y;}
            void disp()
            { cout<<"base:"<<x<<"   "<<y<<endl; }
    };
    class deriv:public base
    {   private:
            int x,y,z;
        public:
            deriv(int a,int b,int c):base(a,b)
            { x=getx();y=gety();z=c;}
            void disp()
            { cout<<"deriv:"<<x<<"   "<<y<<"   "<<z<<endl; }
    };
    void main()
    {   base obj_a(11,12), *ptr;
        deriv obj_b(21,22,23);
        ptr=&obj_a;
        ptr->disp();            //((base*)ptr)->disp();
        ptr=&obj_b;
        ptr->disp();            //((deriv*)ptr)->disp();
    }
```

程序运行结果如下：

```
    base: 11   12
    base: 21   22
```

从程序运行的结果可以看出，虽然执行语句"ptr=&obj_b;"后，指针 ptr 已经指向了派生类 deriv 的对象 obj_b，但是它所调用的函数"ptr->disp();"仍然是其基类 base 的对象的 disp()，显然这不是我们所期望的。我们首先来看引入派生类后的对象指针在使用时应注意的几个问题，然后再引入虚函数来解决上面这个问题。

在派生类中使用对象指针要注意以下几点：

(1) 可以用一个指向基类对象的指针指向它的公有派生的对象，但不允许用指向派生类的指针指向一个基类对象。例如将上例主程序的头两句改写为下面两句时就会出错。

```
base obj_a(11,12);          //去掉基类指针
deriv obj_b(21,22,23),*ptr;  //定义派生类指针，不能指向基类
```

(2) 不允许用一个指向基类对象的指针指向它的私有派生的对象。例如将上例中公有派生类改为私有派生后，编译就会出错。

(3) 指向基类对象的指针，当其指向公有派生类对象时，只能用它来直接访问派生类中从基类继承来的成员，而不能直接访问公有派生类中定义的成员。从程序运行结果也可看到这一点。若想访问其公有派生类的特定成员，可以将基类指针用显式类型转换为派生类指针。例如将上面例子中主程序含注解的语句改写为对应的语句，则程序运行结果如下：

```
base: 11   12
deriv: 21   22   23
```

这时指向基类的 "ptr->disp();" 与显式的 "((base*)ptr)->disp();" 相同，而指向派生类的成员 disp()就必须使用 "((deriv*)ptr)->disp();"，这里，外层的括号表示对 ptr 的强制转换，而不是返回类型。

通过一个指向基类的指针，可以指向从基类公有派生的对象，这一点非常重要，它是实现 C++ 运行时多态的关键途径。

7.4.2　虚函数的定义

通过例 5-13 我们看到，虽然基类指针 ptr 指向了派生类对象 obj_b，但是它所调用的成员函数 ptr->disp()仍然是其基类对象的 disp()。这说明，不管指针 ptr 当前指向基类对象还是派生类对象，ptr->disp()调用的都是基类中定义的 disp()函数版本。其原因在于普通成员函数的调用是在编译时静态联编的。在这种情况下，若要调用派生类中的成员函数，必须采用显式的方法，如用 "obj_b.disp();" 或者采用对指针强制类型转换的方法，如用 "((deriv*)ptr)->disp();"。

在例 5-13 中，使用对象指针的目的是为了表达一种动态的性质，即当指针指向不同对象时执行不同的操作，但是采用显式方法或指针强制类型转换方法，已标明了对象或对象指针，没有起到动态的效果。其实，我们只要将基类成员函数 disp()用关键字 virtual 说明为虚函数，就能实现这种动态调用的功能，将例 5-13 中的函数 disp()定义为虚函数后的程序如下例。

例 7-14　修改例 5-13，使用虚函数。

```cpp
#include<iostream>
using namespace std;
class base
{   private:
        int x,y;
    public:
        base(int a,int b)
        { x=a;y=b; }
        int getx() {return x;}
```

```
            int gety() {return y;}
            virtual void disp()            //基类中定义虚函数
            { cout<<"base:"<<x<<"    "<<y<<endl; }
     };
     class deriv:public base
     {    private:
            int x,y,z;
          public:
            deriv(int a,int b,int c):base(a,b)
            { x=getx();y=gety();z=c;}
            void disp()                    //派生类中重新定义基类虚函数的不同版本
            { cout<<"deriv:"<<x<<"    "<<y<<"    "<<z<<endl; }
     };
     void main()
     {    base obj_a(11,12), *ptr;
          deriv obj_b(21,22,23);
          ptr=&obj_a;
          ptr->disp();                     //调用基类 base 的 disp()版本
          ptr=&obj_b;
          ptr->disp();                     //调用派生类 deriv 的 disp()版本
     }
```

程序运行结果如下：

```
     base: 11    12
     deriv: 21    22    23
```

在基类中，关键字 virtual 指示 C++ 编译器，函数调用 ptr->disp()要在运行时确定所要调用的函数，即要对该调用进行动态联编。因此，程序在运行时根据指针 ptr 所指向的实际对象，调用该对象的成员函数。可见，虚函数是动态联编的基础，虚函数同派生类的结合可使 C++ 支持运行时的多态性，实现了在基类定义派生类所拥有的通用接口，而在派生类定义具体的实现方法，即常说的"同一接口，多种方法"，它帮助程序员处理越来越复杂的程序。

虚函数的定义就是在基类中被关键字 virtual 说明，并在派生类中重新定义的函数。在派生类中重新定义时，其函数原型，包括返回类型、函数名、参数个数与参数类型的顺序，都必须与基类中的原型完全相同。一般虚函数成员的定义语法是：

```
virtual  函数类型  函数名(形参表)
{
    函数体
}
```

下面对虚函数的定义作几点说明：

(1) 在基类中，用关键字 virtual 可以将其公有成员函数或保护成员函数定义为虚函数，如上例中的 virtual void disp()，这里的 disp()为基类 base 的公有成员函数。

　　(2) 在派生类对基类中声明的虚函数进行重新定义时，关键字 virtual 可以写也可以不写。但在容易引起混乱的情况下，最好在对派生类的虚函数进行重新定义时也加上关键字 virtual。

　　(3) 虚函数被重新定义时，其函数的原型与基类中的函数原型必须完全相同。

　　(4) 定义了虚函数后，在主程序中定义的指向基类的指针允许指向其派生类。在执行过程中，不断改变它所指向的对象，如 ptr->disp()就能调用不同的版本，而且这些动作都是在运行时动态实现的。可见用虚函数充分体现了面向对象程序设计的动态多态性。

　　(5) 虽然使用对象名和点运算符的方式也可以调用虚函数，例如用"obj_b.disp()"可以调用虚函数 deriv::disp()，但是这种调用是在编译时进行的静态联编，它没有充分利用虚函数的特性。只有通过基类指针访问虚函数时才能获得运行时的多态性。

　　(6) 一个虚函数无论被公有继承多少次，它仍然保持其虚函数的特性。

　　(7) 虚函数必须是其所在类的成员函数，而不能是友元函数，也不能是静态成员函数，因为虚函数调用要靠特定的对象来决定该激活哪个函数。但是虚函数可以在另一个类中被声明为友元函数。

　　(8) C++ 中，不能声明虚构造函数，但是可以声明虚析构函数。多态是指不同的对象对同一消息有不同的行为特征，虚函数作为运行过程中多态的基础，主要是针对对象的，而构造函数是在对象产生之前运行的，因此虚构造函数是没有意义的。声明虚析构函数的语法为

```
virtual ~类名();
```

此外，如果一个类的析构函数是虚函数，那么，由它派生而来的所有子类的析构函数也是虚函数。析构函数被设置为虚函数之后，在使用指针引用时可以动态联编，实现运行时的多态，保证使用基类类型的指针能够调用适当的析构函数针对不同的对象进行清理工作。

　　例 7-15　应用虚函数，计算三角形、矩形和圆的面积。

```cpp
#include<iostream>
using namespace std;
class figure                            //定义一个公共基类
{   protected:
        double x,y;
    public:
        figure(double a,double b)
        { x=a;y=b; }
        virtual void show_area()        //定义一个虚函数，作为界面接口
        { cout<<"No area computation defined for this class!"<<endl; }
};
class triangle:public figure            //定义三角形派生类
{   public:
        triangle(double a,double b):figure(a,b){ }
        void show_area()                //虚函数重新定义，求三角形的面积
```

```
                {   cout<<"Triangle with height "<<x;
                    cout<<" and base "<<y;
                    cout<<" has an area of "<<x*y*0.5<<endl;
                }
            };
            class square:public figure               //定义矩形派生类
            {   public:
                square(double a,double b):figure(a,b){}
                void show_area()                     //虚函数重新定义，求矩形的面积
                    {   cout<<"Square with dimension "<<x;
                        cout<<"*"<<y<<" has an area of "<<x*y<<endl;
                    }
            };
            class circle:public figure               //定义圆派生类
            {   public:
                circle(double a):figure(a,a) { }
                void show_area()                     //虚函数重新定义，求圆的面积
                    {   cout<<"Circle with radius "<<x;
                        cout<<" has an area of "<<x*x*3.1416<<endl;
                    }
            };
            void main()
            {
                figure *p;                           //定义基类指针 p
                triangle t(10.0,6.0);                //定义三角形类对象 t
                square s(10.0,6.0);                  //定义矩形类对象 s
                circle c(10.0);                      //定义圆类对象 c
                p=&t;
                p->show_area();                      //计算三角形面积
                p=&s;
                p->show_area();                      //计算矩形面积
                p=&c;
                p->show_area();                      //计算圆面积
            }
```

程序运行结果如下：

```
Triangle with height 10 and base 6 has an area of 30
Square with dimension 10*6 has an area of 60
Circle with radius 10 has an area of 314.16
```

通过分析以上程序可知，虽然三个类 triangle、square 和 circle 计算面积的方法不同，但它们具有相同的界面接口：show_area()，这个基类定义的虚函数实际上没有任何操作，

但它是三个派生类成员函数的接口。从这里我们看到了 C++ 的"同一接口，多种方法"的多态性机制。

例 7-16 分析下面程序的运行结果。

```cpp
#include<iostream>
using namespace std;
class base
{   private:
        int x,y;
    public:
        base(int i,int j) { x=i;y=j;}              //基类构造函数
        virtual int add() { return x+y;}           //基类定义虚函数
};
class two:public base                              //公有继承
{   public:
        two(int i,int j):base(i,j) { }
        int add() { return base::add(); }          //虚函数
};
class three:public base                            //公有继承
{
    private:
        int z;
    public:
        three(int i,int j,int k):base(i,j) { z=k;}
        int add() { return (base::add()+z); }      //虚函数
};
void disp(base *obj)                               //类外普通函数，参数是基类指针
{
    cout<<"add is: "<<obj->add()<<endl;            //根据基类指针指向的对象，调用相应的 add
}
void main()
{
    two *p=new two(10,20);                         //派生类 two 的对象指针 p
    three *q=new three(10,20,30);                  //派生类 three 的对象指针 q
    disp(p);                                       //传递参数时使基类指针指向 p 指的对象
    disp(q);                                       //传递参数时使基类指针指向 q 指的对象
}
```

程序运行结果如下：

```
add is: 30
add is: 60
```

7.4.3　虚函数与重载函数的关系

在一个派生类中重新定义基类的虚函数是函数重载的另一种形式，但它不同于一般的函数重载。

当普通的函数重载时，其函数的参数或参数类型必须有所不同，函数的返回类型也可以不同。但是，当重载一个虚函数时，也就是说在派生类中重新定义虚函数时，要求函数名、返回类型、参数个数、参数的类型和顺序与基类中的虚函数原型完全相同。如果仅仅返回类型不同，其余均相同，系统会给出错误信息；若仅仅函数名相同，而参数的个数、类型或顺序不同，系统将它作为普通的函数重载，这时虚函数的特性将丢失。请看下面的例子。

例 7-17　比较虚函数与普通函数的重载。

```cpp
#include<iostream>
using namespace std;
class base
{   public:
        virtual void func1();        //虚函数声明
        virtual void func2();
        virtual void func3();
        void func4();                //成员函数声明
};
class deriv:public base
{   public:
        virtual void func1();        //是虚函数，这里可不写 virtual
        void func2(int x);           //作为普通函数重载，虚特性消失
        char func3();                //错误，因为只有返回类型不同，应删去
        void func4();                //是普通函数重载，不是虚函数
};
void base::func1()
{ cout<<"base func1"<<endl; }
void base::func2()
{ cout<<"base func2"<<endl; }
void base::func3()
{ cout<<"base func3"<<endl; }
void base::func4()
{ cout<<"base func4"<<endl; }
void deriv::func1()
{ cout<<"deriv func1"<<endl; }
void deriv::func2(int x)
{ cout<<"deriv func2"<<endl; }
```

```
    void deriv::func4()
    { cout<<"deriv func4"<<endl; }
    void main()
    {    base d1,*bp;
        deriv d2;
        bp=&d2;
        bp->func1();        //调用 deriv::func1()
        bp->func2();        //调用 base::func2()
        bp->func4();        //调用 base::func4()
    }
```

删除语句 char func3()后，程序执行结果如下：

```
    deriv func1
    base func2
    base func4
```

此例在基类中定义了三个虚函数 func1()、func2()和 func3()，这三个函数在派生类中被重新定义。func1()符合虚函数的定义规则，它仍是虚函数；func2()中增加了一个整型参数，变为了 func2(int x)，因此它丢失了虚特性，变为普通的重载函数；char func3()同基类的虚函数 void func3()相比较，仅返回类型不同，系统显示出错误信息。基类中的函数 func4()和派生类中的函数 func4()没有 virtual 关键字，则为普通的重载函数。

在 main()主函数中，定义了一个基类指针 bp，当 bp 指向派生类对象 d2 时，bp->func1()执行的是派生类中的成员函数，这是因为 func1()为虚函数；bp->func2()执行的是基类的成员函数，因为函数 func2()丢失了虚特性，故按照普通的重载函数来处理；bp->func4()执行的是基类的成员函数，因为 func4()为普通的重载函数，不具有虚函数的特性。

7.4.4　虚函数的多重继承

多重继承可以视为多个单继承的组合。因此，多重继承情况下的虚函数调用与单继承情况下的虚函数调用有相似之处。请看下面的例子。

例 7-18　虚函数的多重继承。

```
    #include<iostream>
    using namespace std;
    class base1
    {    public:
        virtual void fun()              //定义 fun()是虚函数
        { cout<<"base1"<<endl; }
    };
    class base2
    {    public:
        void fun()                      //定义 fun()为普通的成员函数
```

```
            { cout<<"base2"<<endl; }
        };
        class deriv:public base1,public base2
        { public:
            void fun()
            {cout<<"deriv"<<endl; }
        };
        void main()
        { base1 *ptr1;         //定义指向基类 base1 的指针 ptr1
            base2 *ptr2;        //定义指向基类 base2 的指针 ptr2
            deriv obj3;         //定义派生类 deriv 的对象 obj3
            ptr1=&obj3;         //基类 base1 指针指向派生类 deriv 的对象
            ptr1->fun();        //此处的 fun()为虚函数，因此调用派生类 deriv 的 fun()
            ptr2=&obj3;         //基类 base2 指针指向派生类对象
            ptr2->fun();        //此处的 fun()为非虚函数，而 ptr2 又为 base2 的指针，
                                //因此调用基类 base2 的 fun()

        }
```

程序运行结果如下：

```
    deriv
    base2
```

从程序运行结果可以看出，由于派生类 deriv 中的函数 fun()有不同的继承路径，所以呈现不同的性质。相对于 base1 的派生路径，由于 base1 中的 fun()是虚函数，当声明为指向 base1 的指针指向派生类 deriv 的对象 obj3 时，函数 fun()呈现出虚特性。因此，此时的 ptr1->fun()调用的是 deriv::fun()函数；相对于 base2 的派生路径，由于 base2 中的 fun()是一般成员函数，所以此时它只能是一个重载函数，当声明为指向 base2 的指针指向 deriv 的对象 obj3 时，函数 fun()只呈现普通函数的重载特性。因此，此时的 ptr2->fun()调用的是 base2::fun()函数。

7.5 抽 象 类

抽象类是一种特殊的类，它为一族类提供统一的操作界面。抽象类是为了抽象和设计的目的而建立的，可以说，建立抽象类，就是为了通过它多态地使用其中的成员函数。抽象类处于类层次的上层，一个抽象类自身无法实例化，也就是说，我们无法声明一个抽象类的对象，而只能通过继承机制，生成抽象类的非抽象派生类，然后再实例化。

抽象类是带有纯虚函数的类，因此，我们先来了解纯虚函数。

7.5.1 纯虚函数

基类有时往往表示一种抽象的概念，它并不与具体的事物相联系。从例 7-15 求三角形、

矩形和圆的例子中我们注意到，figure 是一个基类，可以用它来表示具有封闭图形的东西。从 figure 可以派生出三角形、矩形和圆，在这个类族中，基类 figure 体现了一个抽象的概念，在 figure 中定义了一个求面积的函数，显然这个函数是没有意义的。但是我们可以将其说明为虚函数，为它的派生类提供一个公共的界面，各派生类根据所表示的图形的不同重新定义这些虚函数，以提供求面积的各自版本。为此 C++ 引入了纯虚函数的概念。

纯虚函数是一个在基类中说明的虚函数，它在该基类中没有定义，但要求在它的派生类中定义自己的版本，或重新说明为纯虚函数。纯虚函数的一般形式如下：

      virtual　函数类型　函数名(参数表)=0;

此形式与一般的虚函数形式基本相同，只是在后面多了"=0"。声明为纯虚函数之后，基类中就不再给出函数的实现部分。假如在例 7-15 中，将基类 figure 中虚函数 show_area()写成纯虚函数，格式如下：

      virtual void show_area()=0；

在 C++ 中，还有一种情况是函数体为空的虚函数，请注意它和纯虚函数的区别。纯虚函数根本就没有函数体，而空的虚函数的函数体为空。前者所在的类是抽象类，不能直接进行实例化，而后者所在的类是可以实例化的。它们的共同特点是都可以派生出新的类，然后在新的类中给出新的虚函数的实现，而且这种新的实现可以具有多态特征。

7.5.2　抽象类

带有纯虚函数的类是抽象类。抽象类的主要作用是通过它为一个类族建立一个公共的接口，使它们能够更有效地发挥多态特征。抽象类声明了一族派生类的公共接口，而接口的完整实现，即纯虚函数的函数体，要由派生类自己定义。

抽象类派生出新的类之后，如果派生类给出所有纯虚函数的函数实现，这个派生类就可以声明自己的对象，因而不再是抽象类；反之，如果派生类没有给出全部虚函数的实现，这时的派生类仍然是一个抽象类。

抽象类不能实例化，既不能声明一个抽象类的对象，也不能用作参数类型、函数返回类型或显式转换的类型。但是，我们可以声明一个抽象类的指针和引用，通过指针或引用，就可以指向并访问派生类对象，进而访问派生类的成员，这种访问是具有多态特征的。

例 7-19　编写程序，计算正方体、球体和圆柱体的表面积和体积。

我们可以从正方体、球体和圆柱体中抽象出一个公共基类 container 为抽象类，在其中定义求表面积和体积的纯虚函数(该抽象类本身是没有表面积和体积可言的)。在抽象类中定义一个公共的数据成员 radius，此数据可作为正方体的边长、球体的半径、圆柱体底面圆半径。由此抽象类派生出要描述的三个类，即 cube、sphere 和 cylinder，在这三个类中都具有求表面积和体积的重定义版本。程序如下：

```
#include<iostream>
using namespace std;
class container                        //类 container 为抽象类
{   protected:
      double radius;
```

```cpp
    public:
        container(double radius)
        {   container::radius=radius; }
        virtual double surface_area()=0;        //纯虚函数
        virtual double volume()=0;              //纯虚函数
    };
    class cube:public container
    {   public:
        cube(double radius):container(radius)
        { }
        double surface_area()
        {   return radius*radius*6; }
        double volume()
        {   return radius*radius*radius; }
    };
    class sphere:public container
    {   public:
        sphere(double radius):container(radius)
        { }
        double surface_area()
        {   return 4*3.1416*radius*radius; }
        double volume()
        {   return 3.1416*radius*radius*radius*4/3; }
    };
    class cylinder:public container
    {   private:
        double height;
        public:
        cylinder(double radius,double height):container(radius)
        {   cylinder::height=height; }
        double surface_area()
        {   return 2*3.1416*radius*(height+radius); }
        double volume()
        {   return 3.1416*radius*radius*height; }
    };
    void main()
    {   container *p;                //定义抽象类指针
        cube obj1(10);              //创建正方体对象 obj1
        sphere obj2(6);            //创建球体对象 obj2
```

```
        cylinder obj3(4,5);              //创建圆柱体对象 obj3
        p=&obj1;                         //指针 p 指向正方体对象 obj1
        cout<<"正方体表面积: "<<p->surface_area()<<endl;
        cout<<"正方体体积:   "<<p->volume()<<endl;
        p=&obj2;                         //指针 p 指向球体对象 obj2
        cout<<"球体表面积:   "<<p->surface_area()<<endl;
        cout<<"球体体积:     "<<p->volume()<<endl;
        p=&obj3;                         //指针 p 指向圆柱体对象 obj3
        cout<<"圆柱体表面积: "<<p->surface_area()<<endl;
        cout<<"圆柱体体积:   "<<p->volume()<<endl;
    }
```

程序运行结果如下：

```
正方体表面积: 600
正方体体积:    1000
球体表面积:    452.39
球体体积:      904.781
圆柱体表面积: 226.195
圆柱体体积:    251.328
```

例 7-20 设计一个基类 base，包括一个坐标点私有数据成员、base()构造函数、move()成员函数和 draw()虚函数。由它派生出三个类，点类 point、圆类 circle 和直线类 line，其中都实现了 draw()函数。再设计一个图形集类 graphics 类，包括图形存入和绘制图形。

```
#include<iostream>
using namespace std;
const int    MAX=20;
class base                              //基类，含纯虚函数，抽象类
{   private:
        int x,y;
    public:
        base(int i,int j)               //构造函数
        { x=i;y=j;}
        void move()                     //成员函数
        {   cout<<"将画笔移动到坐标("<<x<<","<<y<<")";}
        virtual void draw()=0;          //纯虚函数
};
class point:public base                 //派生类,公有继承
{   public:
        point(int i,int j):base(i,j)    //派生类构造函数
        { }
        void draw()                     //虚函数实现
```

```
        {
            base::move();
            cout<<",画一个点"<<endl;
        }
    };
    class circle:public base                //派生类,公有继承
    {   private:
            int r;
        public:
            circle(int i,int j,int k):base(i,j)     //派生类构造函数
            {   r=k; }
            void draw()                             //虚函数实现
            {
                base::move();
                cout<<",画一个半径为"<<r<<"的圆"<<endl;
            }
    };
    class line:public base                  //派生类,公有继承
    {   private:
            int x1,y1;
        public:
            line(int i,int j,int k,int l):base(i,j)     //派生类构造函数
            { x1=k; y1=l;}
            void draw()                                 //虚函数实现
            {
                base::move();
                cout<<",画一条到坐标("<<x1<<","<<y1<<")的直线"<<endl;
            }
    };
    class graphics                          //graphics 类的定义
    {   private:
            int top;
            base *elems[MAX];               //使用已定义类类型
        public:
            graphics()                      //构造函数
            {   top=0; }
            void push(base *g)              //成员函数,参数为 base 类指针
            {   elems[top]=g;
                top++;
```

```
    }
    void draw()                              //成员函数
    {
        for(int i=0;i<top;i++)
        {
            cout<<"第"<<i+1<<"步,";
            elems[i]->draw();                //根据参数传递的指针调用虚函数
        }
    }
};
void main()
{
    graphics g;
    g.push(new point(3,5));                  //调用成员函数，参数为派生类对象
    g.push(new line(1,2,3,5));
    g.push(new circle(3,4,5));
    g.push(new line(8,6,21,15));
    g.push(new circle(8,2,3));
    g.push(new point(6,9));
    cout<<"画图步骤:"<<endl;
    g.draw();                                //调用 graphics 的成员函数
}
```

程序运行结果如下：

画图步骤:
第 1 步，将画笔移动到坐标(3,5)，画一个点
第 2 步，将画笔移动到坐标(1,2)，画一条到坐标(3,5)的直线
第 3 步，将画笔移动到坐标(3,4)，画一条半径为 5 的圆
第 4 步，将画笔移动到坐标(8,6)，画一个到坐标(21,15)的直线
第 5 步，将画笔移动到坐标(8,2)，画一个半径为 3 的圆
第 6 步，将画笔移动到坐标(6,9)，画一个点

第 8 章 模　　板

C++ 最重要的特性之一就是代码重用，模板(template)就是一种使用无类型参数来产生一系列函数或类的机制，是 C++ 支持参数化多态的工具，它的实现方便了更大规模的软件开发。使用模板可以使用户为类或者函数声明一种一般模式，使得类中的某些数据成员或者成员函数的参数及其返回值取得任意类型。

8.1　模板的概念

一般情况下，一个程序的功能是对某种特定的数据类型进行处理的，如果这个特定的数据类型发生变化，成为其他一种特定的数据类型，即使程序的功能完全相同，也需要重新修改这个程序，以便能对新的特定的数据类型进行处理。可以设想，是否能把这个特定的数据类型作为参数呢？如果特定的数据类型能作为参数，那么当参数被指定是某个数据类型时，程序就可以在该数据类型的情况下使用，参数不同，程序处理的数据类型也不同。C++ 提供了解决上述问题的办法，即"模板"。C++ 的模板是支持参数化的工具，是面向对象的软件重用技术中参数化多态的方法。所谓参数化多态性，也就是将程序所处理的数据类型参数化，使得一段程序可以处理多种不同类型的数据或对象。

模板是以一种完全通用的方法来设计函数或类，而不必预先说明将被使用的每个对象的类型。通过模板可以产生类或函数的集合，使它们操作不同的数据类型，从而避免为每一种数据类型产生一个单独的类或函数。

例如，设计一个求两参数最大值的函数 max()时，不使用模板时，需要对不同的数据类型分别定义 max()的不同版本：

```
int max(int a,int b)
{ return (a>b)?a:b; }
long max(long a,long b)
{ return (a)b)?a:b; }
double max(double a,double b)
{ return (a>b)?a:b; }
char max(char a,char b)
{ return (a>b)?a:b; }
```

◁)) **注意**：这些函数版本执行的功能都是相同的，只是参数类型和函数返回类型不同，
　　　　虽然通过相同的函数名能实现重载，但在程序编写中，必须将上述 4 个函数

代码逐一写出，这显然使用户感到不便。通过 C++ 中的模板方法，可以把类型定义为参数而实现了代码的可重用性，解决上述问题只需要定义一个如下的函数：

```
template <class type>      //type 是标识符，表示任意数据类型
type max(type a,type b)
{ return (a>b)?a:b; }
```

C++ 程序的基本单位由类和函数组成，模板也分为类模板(class template)和函数模板(function template)。在说明了一个函数模板后，当编译系统发现有一个对应的函数调用时，将根据实参中的类型来确认是否匹配函数模板中对应的形参，然后生成一个重载函数。该重载函数的定义体与函数模板的函数定义体相同，称之为模板函数(template function),模板函数就是实例化的函数模板。同样，在说明了一个类模板之后，可以创建类模板的实例，即生成模板类(template class)。下面对其分别进行介绍。

8.2 函 数 模 板

C++ 提供的函数模板可以定义一个对任何类型变量进行操作的函数，从而大大增强了函数设计的通用性。这是因为普通函数只能传递变量参数，而函数模板提供了传递数据类型的机制。使用函数模板的方法是先说明函数模板，然后实例化成相应的模板函数进行调用执行。

8.2.1 函数模板的声明

函数模板的声明形式如下：

```
template <模板形参表>
    返回值类型  函数名(模板函数形参表)
    {
        函数定义体
    }
```

其中，template 是关键字，"模板函数形参表"可以是基本数据类型，也可以是类类型。类类型的形参需要加前缀 class。如果类类型的形参多于一个，则每个类类型的形参都要使用 class。"模板函数形参表"中的参数必须是唯一的，而且在函数定义体中至少出现一次。

函数模板只是一个函数的声明，不是定义为一个实实在在的函数，编译系统不为其产生任何执行代码。该声明只是对函数的描述，当被其他代码引用时，模板才根据引用的需要产生代码。我们通过例子来说明模板的使用方法。

例 8-1 用函数模板，求两个数的最大者。

```
#include<iostream>
using namespace std;
template <class T>
T Max(T a,T b)
```

```
    {
        return (a>b)?a:b;
    }
    void main()
    {
        cout<<Max(3,5)<<"    "<<Max(3.1,2.9)<<"    "<<Max('a','b')<<endl;
    }
```

程序运行结果如下：

```
    5   3.1   b
```

📢 **注意**：程序中 T 为类型形参，表示任意数据类型。可以看出，T 可以是 int、float、double 和 char 等类型，这里 Max()是一个函数模板。

8.2.2 模板函数的生成

函数模板只是说明，不能直接执行，需要实例化为模板函数后才能执行。当编译系统发现有一个函数调用

函数名(实参表)；

时，将根据实参表中的类型生成一个重载函数，即模板函数，这个过程就是模板函数的实例化。该模板函数的定义体与函数模板的函数定义体相同，而形参表的类型则以实参表的实际类型为依据。

从例 8-1 可以看出，函数模板提供了一类函数的抽象，它以任意类型 T 为参数及函数返回值。函数模板经过实例化而生成具体的模板函数，代表一个具体的函数。例 8-1 中经过三次函数调用生成了三个模板函数，即

```
    int Max(int a,int b)
    clouble Max(clouble a, clouble b)
    char Max(char a,char b)
```

在模板函数被实例化之前，即调用之前，必须进行声明。完整的模板函数的声明包括模板函数体定义部分，一般写在程序的开始部分。也可以先写模板函数声明的头部分，到程序的后面再定义模板。和一般函数一样，如果函数模板的定义在首次调用之前，函数模板的定义就是对它的声明；定义之后的首次调用就是对模板函数的实例化。例如，可将例 8-1 写成下面例 8-2 的形式。

例 8-2 改写例 8-1，函数模板头的声明。

```
    #include<iostream>
    using namespace std;
    template<class T>          //模板函数头的声明
    T Max(T a,T b);            //声明包括此行，注意后有分号"；"
    void main()
    {
        cout<<Max(3,5)<<"    "<<Max(3.1,2.9)<<"    "<<Max('a','b')<<endl;
```

```
                   }
                   template <class T>           //模板函数的具体实现
                   T Max(T a,T b)
                   {
                       return (a>b)?a:b;
                   }
```

　　模板函数对数组的操作也非常方便,下面例子中实现了对任意类型的一组数挑选最小
元素的功能。

　　例 8-3　用模板方法编写一个对 n 个元素的数组 a[]挑选最小元素的程序。

```
        #include<iostream>
        using namespace std;
        template <class MY_TYPE>              //模板声明,任意类型为 MY_TYPE
        MY_TYPE min(MY_TYPE a[],int n)        //数组 a[]的类型为 MY_TYPE
        {
            int i;                            //定义 int 类型变量 i
            MY_TYPE min;                      //定义 MY_TYPE 类型变量 min
            min=a[0];
            for(i=1;i<n;i++)
              if(min>a[i])
              min=a[i];
            return min;                       //返回值类型为 MY_TYPE
        }
        void main()
        {
          int a[]={5,3,7,2,9,6};
          double b[]={1.1,2.3,-4.5,3.6,-1.8,9.9,4.0};
          char c[]={'q','v','b','d','r'};
          cout<<"min a is: "<<min(a,6)<<endl;
          cout<<"min b is: "<<min(b,7)<<endl;
          cout<<"min c is: "<<min(c,5)<<endl;
        }
```

程序运行结果如下:

```
        min a is: 2
        min b is: -4.5
        min c is: b
```

　　在此程序中, 生成了三个模板函数, 即 min(a,6)、min(b,7)、min(c,5),其中 min(a,6)用
模板参数 int 将类型 T 进行了实例化, min(b,7)用模板参数 double 将类型 T 进行了实例化,
min(c,5)用模板参数 char 将类型 T 进行了实例化。可以看出, 函数模板实际上是提供了一
类函数的抽象, 它以任意类型 T 为参数及函数返回值。函数模板经过实例化后而生成的具

体函数称为模板函数。函数模板代表了一类函数，模板函数表示某个具体的函数。

模板中也可以处理指针类型，下面是一个与指针有关的例子。

例 8-4　用指针实现数组求和，要求用函数模板实现。

```
#include<iostream>
using namespace std;
template<class My_type>
My_type sum(My_type *array,int n)
{    My_type s=0;
     int i;
     for(i=0;i<n;i++)
        s+=array[i];
     return s;
}
void main()
{    int sx,x[]={7,3,6,5,8,9};
     double sy,y[]={2.1,3.2,4.5,6.1,2.9};
     sx=sum(x,6);
     sy=sum(y,5);
     cout<<"sum x is:"<<sx<<endl;
     cout<<"sum y is:"<<sy<<endl;
}
```

程序运行结果如下：

```
sum x is：38
sum y is：18.8
```

在该程序中，生成了两个模板函数，其中模板实参 x 将模板类型参数 My_type 进行了
实例化，x 为一整型数组名，是一个指向 int 类型的指针；同样，y 是一个指向 double 类型
的指针，并对模板类型参数 My_type 进行了实例化。

利用函数模板方法，还可以对类类型数据进行处理。下面例子是比较两个复数对象的
大小，这里的大小我们规定用复数的模进行比较，复数大小的比较用重载了的运算符函数
"＞"来表示。要注意，对模板函数的说明和定义必须是全局作用域。模板不能被说明为类
的成员函数。

例 8-5　用模板方法，比较两个复数对象的大小。

```
#include<iostream>
using namespace std;
class complex                          //定义复数类
{
    public:
        double real,imag;              //公有数据成员
        complex(double r=0,double i=0)  //构造函数
```

```
                { real=r;imag=i; }
            void display();                          //公有成员函数声明
    };
    void complex::display()                          //成员函数实现
    {
            cout<<"("<<real<<","<<imag<<")"<<endl;
    }
    bool operator>(complex cc1,complex cc2)          //运算符重载函数实现，参数为复数对象
    {   double m1,m2;
        m1=cc1.real*cc1.real+cc1.imag*cc1.imag;
        m2=cc2.real*cc2.real+cc2.imag*cc2.imag;
        if(m1>m2) return 1;                          //比较两个复数的模
        else return 0;
    }
    template<class T>                                //定义函数模板,任意类型为 T
    T Max(T a,T b)                                   //类型为参数，可以是任意数据类型
    {
        return a>b?a:b;                              //如果是对象，调用重载运算符函数
    }
    void main()
    {   complex c1(2,6),c2(3,4),c3;                  //定义类的对象
        double d1=2.6,d2=3.4,d3;                     //定义普通变量
        c3=Max(c1,c2);                               //实例化为模板函数，参数是复数对象
        d3=Max(d1,d2);                               //实例化为模板函数，参数是普通变量
        cout<<"c1="; c1.display();
        cout<<"c2="; c2.display();
        cout<<"Max c="; c3.display();
        cout<<"d1="<<d1<<endl;
        cout<<"d2="<<d2<<endl;
        cout<<"Max d="<<d3<<endl;
    }
```

程序运行结果如下：

```
    c1=(2,6)
    c2=(3,4)
    Max c=(2,6)
    d1=2.6
    d2=3.4
    Max d=3.4
```

从上面的例子看到，函数模板仅定义了函数的形状，编译器将根据实际的数据类型参

量在内部产生一个相应的参数模板，一个模板函数的数据类型参量必须全部使用模板形参。

运用 C++ 的函数模板方法，克服了 C 语言在解决上述问题时用大量不同函数名表示相似功能的坏习惯，克服了宏定义不能进行参数类型检查的弊端，克服了 C++ 函数重载用相同函数名字重写几个函数的繁琐。因而，函数模板是 C++ 中功能最强的特性之一，具有宏定义和重载的共同优点，是提高软件代码重用率的重要手段。

8.2.3　模板函数的重载

模板函数与普通函数一样，也可以重载。先看一个例子。

例 8-6　分析下面程序的运行结果。

```cpp
#include<iostream>
using namespace std;
#include<string.h>

template<class T>
T Max(T a,T b)
{
    return a>b?a:b;
}
char *Max(char *a,char *b)
{
    return strcmp(a,b)>0?a:b;
}
void main()
{
    cout<<"Max is:"<<Max("computer","system")<<endl;
    cout<<"Max is:"<<Max(5,3)<<endl;
}
```

程序运行结果如下：

```
Max is：system
Max is：5
```

在程序中，定义了一个完整的非模板函数 char *Max(char *,char *)，函数中的名字与函数模板的名字相同，但操作不同，函数体中的比较采用了字符串比较函数，这就是模板函数的重载的形式。

当编译器在处理函数模板与同名的非模板函数重载时，调用的顺序遵守下面约定：

(1) 寻找一个参数完全匹配的非模板函数，如果找到了就调用它。但这时如果有多于一个的选择，那么这个调用的意义就不明确，是一个错误的调用。

(2) 寻找一个函数模板，将其实例化，产生一个匹配的模板函数，若找到了就调用它。

(3) 若进行上面两个步骤都失败，再尝试是否可以通过类型转换产生匹配的参数，若找到了就调用它。

(4) 若进行完上面步骤仍然没有找到匹配的函数，则系统提示出现一个错误的调用。

要注意，模板函数有一个特点，虽然模板参数 T 可以实例化成各种类型，但是采用模板参数 T 的各参数之间必须保持完全一致的类型。模板类型并不具有隐式的类型转换，例如在 int 与 char 之间、float 与 int 之间、float 与 double 之间等的隐式类型转换。而这种转换在 C++ 中是非常普遍的。例如：

```
template<class T>
T Max(T a,T b)
{ return (a>b)?a:b; }
void fun(int i,char c)
{    Max(i,i);          //调用 max(int，int)
     Max(c,c);          //调用 max(char，char)
     Max(i,c);          //错误
     Max(c,i)           //错误
}
```

这里出现错误的原因是，函数模板中的类型参数只有到该函数真正被调用时才能决定。在调用时，编译器将按照最先遇到的实参的类型隐含地生成一个模板函数，用它对所有模板进行一致性检查。如对 Max(i,c)，编译器先按变量 i 将 T 解释为 int 类型，此后又出现的模板实参 c 不能解释为 int 类型时，便发生错误，通过强制转换或用非模板函数重载可以解决这个问题。

8.3   类   模   板

类模板与函数模板类似，它可以为各种不同的数据类型定义一种模板，在引用时使用不同的数据类型实例化该类模板，从而形成一个类的集合。类模板实际上是函数模板的推广。运用类模板可以使用户为类声明一种模式，使得类中的某些数据成员、某些成员函数的参数、某些成员函数的返回值能取任意类型。

8.3.1   类模板声明

为了类模板声明类模板，应在类的声明之前加上一个模板参数表，参数表里面的形式类型名用来说明数据成员和成员函数的类型。类模板声明的一般形式是：

```
template <模板形参表>
class  类名
{
     类说明体;
};
template <模板形参表>
返回类型  类名<类型名表>::成员函数 1(形参表)
```

```
    {
        成员函数定义体；
    }
    ……
    template <模板形参表>
    返回类型 类名<类型名表>::成员函数 n(形参表)
    {
        成员函数定义体；
    }
```

其中，template 是关键字，"模板形参表"既可以是基本数据类型，也可以是类类型。类类型的形参需要加前缀 class。如果类类型的形参多于一个，则每个类类型的形参都要使用 class。在成员函数定义中，<类型名表>是类型形参的使用。特别注意，模板类的成员函数必须是函数模板。

一个类模板说明自身不产生代码，它指定类的一个家族，当被其他代码引用时，模板才根据引用的需要产生代码。下面是一个类模板声明的例子。

　　例 8-7　类模板声明的例子。

```cpp
#include<iostream>
using namespace std;
//------------------------
template<class T,int n>              //类模板声明,类型形参可以是任意类型
class demo                           //demo 类的定义
{   private:                         //demo 类的私有成员
        T x[n];                      //用任意类型 T 说明数组 x
    public:                          //demo 类的公有成员
        demo();                      //构造函数声明
        ~demo();                     //析构函数声明
        void set(T a,int i);         //成员函数 set 声明
        void display();              //成员函数 display 声明
};
//------------------------
template<class T,int n>
demo<T,n>::demo()                    //类模板的构造函数实现
{
    cout<<"demo is created!"<<endl;
}
//------------------------
template<class T,int n>
demo<T,n>::~demo()                   //类模板的析构函数实现
{
```

```
            cout<<"demo is deleted!"<<endl;
        }
        //------------------------
        template<class T,int n>
        void demo<T,n>::set(T a,int i)          //类模板的成员函数实现
        {
            x[i]=a;                             //数组第 i 个元素赋值
        }
        //------------------------
        template<class T,int n>
        void demo<T,n>::display()               //类模板的成员函数实现
        {
            int j;
            for(j=0;j<n;j++)
                cout<<j<<"--"<<x[j]<<endl;
        }
        //------------------------
        void main()
        {
            int j;
            demo<int,5> demo1;                  //实例化一个整数模板类，元素的个数为 5
            for(j=0;j<5;j++)
                demo1.set(10*(j+1),j);
            demo1.display();
            demo<double,3> demo2;               //实例化一个浮点数模板类，元素的个数为 3
            for(j=0;j<3;j++)
                demo2.set(10.1*(j+1),j);
            demo2.display();
        }
```

程序运行结果如下：

```
demo is created!
0--10
1--20
2--30
3--40
4--50
demo is created!
0--10.1
1--20.2
```

```
2--30.3
demo is deleted!
demo is deleted!
```

　　从例子中看到，模板类的成员函数都是函数模板。当类模板的成员函数在类模板体外实现时，每个成员函数前面都必须用与声明该类模板一样的表示形式加以声明，其他部分同一般的成员函数定义。

8.3.2　模板类的生成

　　从例 8-7 看出，类模板的使用与函数模板一样，即类模板不能直接使用，必须先实例化为相应的模板类，定义该模板类的对象后才能使用。类模板的声明(包括成员函数定义)不是一个实实在在的类，只是对类的描述，称之为类模板(class template)。类模板必须用类型参数将其实例化为模板类后，才能用来生成对象。其表示形式一般如下：

　　　　类模板名<类型实参表>　对象名表

其中，"类型实参表"表示将类模板实例化为模板类时所用到的类型，包括系统预定义的数据类型和用户自定义的类型，"对象名表"表示将用该模板类实例化的对象。一个类模板可以用来实例化多个模板类。

　　在例 8-7 中的语句"demo<int,5> demo1;"表示类模板 demo 实例化一个整数模板类,元素的个数为 5，这时类模板中的类型 T 被实例化为 int 型，该类有自己的构造函数和析构函数，同样语句"demo<double,3> demo2;"也是类模板 demo 实例化生成的一个双精度型模板类，同样也有自己的构造函数和析构函数，从运行结果看到，构造函数和析构函数分别执行了两次。

　　为了使类模板具有通用性，需要对构造函数、析构函数进行专门定义，同时为了对象之间的运算，也经常在模板类中定义有关重载的运算符函数。下面例子中设计了一个 Array 类模板，使该类能处理 int 类型的数据和 char 类型的数据，程序中重载了下标运算符和等号运算符。

　　例 8-8　分析下面程序运行结果。

```
#include<iostream>
using namespace std;
template<class T>                    //模板类声明，T 是类型参数
class Array                          //类 Array 的声明
{   private:
      T *elems;                      //定义任意类型 T 的指针
      int size;
    public:
      Array(int s);                  //构造函数声明
      ~Array();                      //析构函数声明
      T &operator[](int i);          //重载下标运算符，适用于 T 类型数据成员
      void operator=(T t);           //重载赋值运算符，适用于 T 类型数据成员
```

```
        };
        template<class T>                    //模板类构造函数实现
        Array<T>::Array(int s)
        {    size=s;
             elems=new T[size];              //动态分配内存，大小为 size 个 T 类型数据成员
             for(int i=0;i<size;i++)
                 elems[i]=0;                  //初始化为 0
        }
        template<class T>                    //模板类析构函数实现
        Array<T>::~Array()
        {
             delete elems;                    //释放内存空间
        }
        template<class T>                    //重载下标运算符函数的实现
        T &Array<T>::operator[](int i)
        {
             return elems[i];
        }
        template<class T>                    //重载赋值运算符函数的实现
        void Array<T>::operator=(T t)
        {
             for(int i=0;i<size;i++)
                 elems[i]=t;
        }
        void main()
        {    int i,n=10;
             Array<int> array1(n);            //将 T 类型实例化为 int，产生模板类对象
             Array<char> array2(n);           //将 T 类型实例化为 char，产生模板类对象
             for(i=0;i<n;i++)
             {    array1[i]='a'+i;            //隐含的类型转换
                  array2[i]='a'+i;
             }
             cout<<"ASCII\tCHAR"<<endl;
             for(i=0;i<n;i++)
                cout<<array1[i]<<'\t'<<array2[i]<<endl;
        }
```

程序运行结果如下：

ASCII	CHAR
97	a

98	b
99	c
100	d
101	e
102	f
103	g
104	h
105	i
106	j

从本例题中也看到了类模板的使用方法。Array 是一个类模板，由它产生模板类 Array<int>和模板类 Array<char>。

模板类可以有多个模板参数，在下面的例子中建立了使用两个模板参数的类模板。

例 8-9 使用两个模板参数的类模板例子。

```cpp
#include<iostream>
using namespace std;
template<class Type1,class Type2>        //声明具有两个参数的模板
class simp_class                          //定义类模板
{   private:
        Type1 x;
        Type2 y;
    public:
        simp_class(Type1 a,Type2 b)       //构造函数及实现
        { x=a;y=b; }
        void show()                        //成员函数及实现
        { cout<<"x="<<x<<'\t'<<"y="<<y<<endl; }
};
void main()
{
    simp_class<int,double> obj1(5,3.14);
    simp_class<char,char*> obj2('a',"book");
    obj1.show();
    obj2.show();
}
```

程序运行结果如下：

```
x=5        y=3.14
x=a        y=book
```

这个程序声明了一个类模板，它具有两个模板参数。在 main()函数中定义了两种类型的对象，obj1 使用于 int 型与 double 型数据，obj2 使用于 char 型和 char* 型数据。

8.4 类模板的应用

8.4.1 排序类模板的实现

排序(sorting)又称为分类或整理，是将一个无序序列调整为有序的过程。在排序过程中需要完成两种基本操作：一是比较两个数的大小，二是调整元素在数组中的位置。排序方法有很多种，在这里我们介绍两种最简单的排序方法，即选择排序和冒泡排序方法。

1．选择排序

选择排序的基本思想是，当按照从小到大即升序排列时，每次从待排序序列中选择一个最小的元素，顺序排在已经排序序列的最后，直至全部排完。采用选择排序的基本过程如图 8-1 所示，可以看出，6 个数据排序，第 i 较小的数是从第 i 个数至后面全部数中选最小的数的过程，6 个数只需要挑 5 次即可。

原始数据初始状态	7	5	9	(3)	6	4
1．选出最小元素 3 与第 1 个位置交换后	3	5	9	7	6	(4)
2．选出最小元素 4 与第 2 个位置交换后	3	4	9	7	6	(5)
3．选出最小元素 5 与第 3 个位置交换后	3	4	5	7	(6)	9
4．选出最小元素 6 与第 4 个位置交换后	3	4	5	6	(7)	9
5．选出最小元素 7 同位置不需要交换	3	4	5	6	7	9

图 8-1　选择排序过程

2．冒泡排序

冒泡排序的基本思想是，两两比较待排序序列中的元素，并交换不满足顺序要求的各对元素，直到全部满足顺序要求为止。冒泡排序的每一趟冒泡过程，比较大的元素便沉下。图 8-2 所示为第一趟冒泡过程，第二趟冒泡过程只需对前 5 个数进行即可，依次类推，显然 6 个数只需 5 趟冒泡过程即可。

原始数据初始状态	7	5	9	3	6	4
1．选出位置 1 和 2 中较小的数交换	5	7	9	3	6	4
2．选出位置 2 和 3 中较小的数但不交换	5	7	9	3	6	4
3．选出位置 3 和 4 中较小的数交换	5	7	3	9	6	4
4．选出位置 4 和 5 中较小的数交换	5	7	3	6	9	4
5．选出位置 5 和 6 中较小的数交换	5	7	3	6	4	9

图 8-2　冒泡排序第一趟冒泡过程

由于排序是数据处理的基本操作，因此针对不同类型数据并根据数据的分布特征用不同方法进行排序在程序设计中是经常遇到的，用类模板方法实现排序，使得排序问题可对不同的数据类型均可实现。下面是一种用类模板实现排序的例子，其他排序方法用类模板实现是类似的。

例 8-10　用类模板实现排序。

```
#include<iostream>
using namespace std;
const int maxnum=100;              //指定最大数组元素数
template <class T>                 //类模板声明
class sort                         //类声明
{   private:
      T a[maxnum];
      int n;
    public:
      sort() {n=0;}
      void getdata();              //获取数据
      void selectsort();           //选择排序
      void bubblesort();           //冒泡排序
      void disp();                 //输出数据
};
template <class T>                 //获取数据函数模板的定义
void sort<T>::getdata()
{   int i;
    cout<<"input n=";
    cin>>n;
    for(i=0;i<n;i++)
    {   cout<<"No."<<i+1<<" data:";
        cin>>a[i];
    }
}
template <class T>                 //选择排序函数模板的定义
void sort<T>::selectsort()
{   int i,j,k;
    T temp;
    for(i=0;i<n;i++)
    {   k=i;                       //最小元素的下标初值
        for(j=i+1;j<n-1;j++)
          if(a[j]<a[k])
              k=j;                 //记录当前找到的最小元素的下标
        temp=a[i];
        a[i]=a[k];
        a[k]=temp;
    }
}
```

```
        template <class T>                          //冒泡排序函数模板的定义
        void sort<T>::bubblesort()
        {   int i,j;
            T temp;
            for(i=0;i<n;i++)
              for(j=n-1;j>i;j--)
                if(a[j]<a[j-1])
                  { temp=a[j];a[j]=a[j-1];a[j-1]=temp; }
        }
        template <class T>                          //输出数据函数模板的定义
        void sort<T>::disp()
        {   for(int i=0;i<n;i++)
                cout<<a[i]<<" ";
            cout<<endl;
        }
        void main()
        {   int sele;
            sort<char> s;                           //由类模板产生 char 类型的模板类
            s.getdata();
            cout<<"before sort:";
            s.disp();
            cout<<"input sort method(1.selectsort 2.bubblesort):";
            while(1)
            {   cin>>sele;
                if(sele==1)
                { s.selectsort();
                  break;
                }
                if(sele==2)
                { s.bubblesort();
                  break;
                }
            }
            cout<<"affter sort:";
            s.disp();
        }
```

程序运行结果如下：

```
    input n=5
    No.1 data:p
    No.2 data:h
```

No.3 data:b

No.4 data:e

No.5 data:z

before sort: p h b e z

input sort method(1.selectsort 2.bubblesort):2

affter sort: b e h p z

8.4.2　动态数组类模板的实现

在数据类型一章中我们介绍了数组类型，该类型是具有固定元素个数的群体，其中的元素可以通过数组的下标进行访问。由于数组的大小在编译阶段就已经确定，在运行时已无法改变，因此我们也称之为静态数组。当然我们可以通过动态内存管理实现动态数组，但是，每当遇到不同的数据类型，都必须专门写不同的程序代码来实现动态数组，很不方便。

针对静态数组的不足之处，我们来设计一个动态数组类模板 ARRAY，它由一系列任意数量相同类型的元素组成，其元素个数可在运行时才改变。以后就可以利用类模板 ARRAY，方便地对各种数据类型的数组进行有关操作。

下面的程序中实现了动态数组类模板 ARRAY。为了说明 ARRAY 的使用方法，我们在主程序中，以求范围在 2～N 内的素数为例来说明，这里 N 是任意数，在程序运行时给出。这个例子中由于 N 是在运行时才输入的，另外我们也不知道 2～N 范围内素数的个数，因此存放素数的数组大小是动态的。

例 8-11　动态数组类模板 ARRAY、求素数的主程序以及有关语句的注释。

```cpp
#include<iostream>
using namespace std;
template<class T>
class ARRAY
{
  private:
    T *aptr;                        //T 类型指针，用于存放动态分配的数组内存首地址
    int asize;                      //数组大小
  public:
    ARRAY(int sz=50);               //构造函数
    ARRAY(const ARRAY<T> &A);       //拷贝构造函数
    ~ARRAY();                       //析构函数
    ARRAY<T> &operator=(const ARRAY<T> &app);
                                    //重载 "="，使数组对象可以整体赋值
    operator T*(void)const;
                                    //重载 "T*"，使 ARRAY 对象可以起到 C++ 普通数组的作用
    T &operator[](int i);
                                    //重载 "[]"，使 ARRAY 对象可以起到 C++ 普通数组的作用
    int size(void) const;           //取数组大小
```

```cpp
      void resize(int sz);              //修改数组大小
};
template<class T>                       //构造函数的实现
ARRAY<T>::ARRAY(int sz)
{
   asize=sz;                            //将元素个数赋值给数据成员 size
   aptr=new T[asize];                   //动态分配 asize 个 T 类型的元素空间
}
template<class T>                       //析构函数的实现
ARRAY<T>::~ARRAY()
{
   delete []aptr;                       //释放 aptr 指向的动态数组存储空间
}
template<class T>                       //拷贝构造函数的实现
ARRAY<T>::ARRAY(const ARRAY<T> &X)
{
   int n=X.asize;                       //从对象 X 取得数组大小
   asize=n;                             //赋值给当前成员
   aptr=new T[n];                       //动态分配 n 个 T 类型元素的空间
   T *source=X.aptr;                    //指针 source 指向对象 X 的数组首地址
   T *target=aptr;                      //指针 target 指向本对象中的数组首地址
   while(n--)
       *target++=*source++;            //逐个复制数组元素
}
template<class T>                       //重载"=", 将对象 app 赋值给本对象
ARRAY<T> &ARRAY<T>::operator=(const ARRAY<T> &app)
{
   int n=app.asize;                     //取 app 的数组大小
   delete []aptr;                       //删除数组原有内存
   aptr=new T[n];                       //重新分配对象 app 的 n 个元素内存
   asize=n;                             //当前对象数组大小
   T *target=aptr;
   T *source=app.aptr;
   while(n--)
       *target++=*source++;            //通过对象指针，从 app 向本对象逐个复制元素
   return *this;                        //返回本对象的 this 指针
}
template<class T>                       //重载指针"*", 可指向 T 类型对象数组
ARRAY<T>::operator T*(void) const
{
```

```
        return aptr;                    //返回当前对象数组的首地址
    }
    template<class T>                   //重载下标"[]"，实现对象下标的访问
    T &ARRAY<T>::operator[](int n)
    {
        return aptr[n];                 //返回下标为 n 的数组元素
    }
    template<class T>                   //取当前数组的大小函数的实现
    int ARRAY<T>::size(void) const
    {
        return asize;
    }
    template<class T>                   //修改数组大小函数的实现
    void ARRAY<T>::resize(int sz)
    {
      T *newlist=new T[sz];             //申请新的数组内存
      int n=(sz<=asize)?sz:asize;       //将 sz 与 asize 中较小的一个赋值给 n
      T *source=aptr;                   //原有数组 aptr 的首地址
      T *target=newlist;                //新数组 newlist 的首地址
      while(n--)
        *target++=*source++;            //复制数组元素
      delete []aptr;                    //删除原数组
      aptr=newlist;                     //使 aptr 指向新数组
      asize=sz;                         //更新数组大小
    }


    void main()
    {
        ARRAY<int> A(10);               //存放素数，初始大小为 10
        int n;                          //素数范围的上限，运行时输入
        int p=0,i,j;
        cout<<"Enter N:";
        cin>>n;
        A[p++]=2;                       //2 是素数
        for(i=3;i<n;i++)
        {
            if(p==A.size())             //如果素数表满了，再申请 10 个元素空间
                A.resize(p+10);
            if(i%2==0)                  //能被 2 整除，不是素数，进行下一次循环
                continue;
```

```
            j=3;
            while(j<=i/2 && i%j!=0)        //检查 3, 5, 7, ..., i/2 是否 i 的因子
                j+=2;
            if(j>i/2)                       //如果以上均不是 i 的因子，则 i 为素数
                A[p++]=i;
        }
        for(i=0;i<p;i++)
            cout<<A[i]<<'\t';
        cout<<endl;
    }
```

程序运行结果如下：

Enter N：100									
2	3	5	7	11	13	17	19	23	29
31	37	41	43	47	53	59	61	67	71
73	79	83	89	97					

📢 **注意：** 在拷贝构造函数体中，不是通过默认的拷贝构造函数实现对象的复制，因为默认的拷贝构造函数将对应的类数据成员一一赋值，对本例来说，默认拷贝构造函数的形式如下：

```
template<class T>
ARRAY<T>::ARRAY(const ARRAY<T> &X)
{
    aptr=X.aptr;        //将对象 X 中数组元素首地址赋值给当前对象
    size=X.asize;       //将对象 X 中数组大小赋值给当前对象
}
```

　　显然，源对象(X)与当前对象(this)共同使用一块内存空间，称这种拷贝方式为浅拷贝，如图 8-3 所示。我们在程序中通过为对象重新申请分配内存，使得参数传递的对象与当前处理的对象使用的是不同的地址，这种拷贝我们称之为深拷贝，如图 8-4 所示。浅拷贝在释放内存空间时会导致对同一内存空间的两次释放，必然引起程序运行错误，而深拷贝却不会出现这个问题。请比较图 8-3 和图 8-4 的区别。

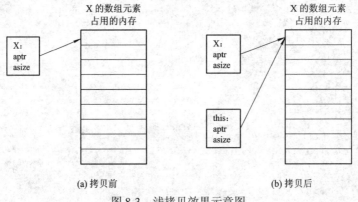

图 8-3　浅拷贝效果示意图

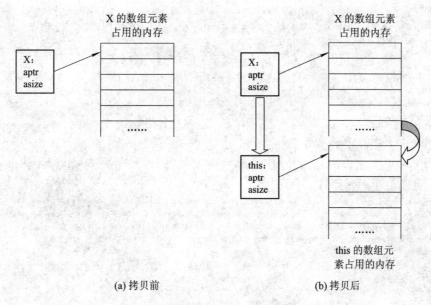

(a) 拷贝前　　　　　　　　　　(b) 拷贝后

图 8-4　深拷贝效果示意图

8.5　向量及容器类简介

在上一节类模板的应用中，我们看到动态数组类模板的声明和使用方法，尽管 ARRAY 类模板可以动态分配，但却不是动态结构，分配给数组的空间数量在数组的生存期内是不会改变的。C++ 提供了面向对象的向量，可以更方便地解决像动态数组那样具有不定长有序对象的访问问题。不仅如此，在 C++ 的标准库中还提供了丰富的容器类，可以方便地存储和操作结构更加复杂的群体数据。

8.5.1　向量的使用

向量(vector)是用于容纳不定长线性序列的容器(container)，运用向量可以像数组一样，直接访问它所包含的对象。我们将上一节例 8-11 中求素数的问题用向量来实现，来看看向量的使用方法。

例 8-12　利用向量，求范围 2~N 范围内的素数，其中 N 在程序运行时输入。

```cpp
#include<iostream>
#include<vector>
using namespace std;
void main()
{
    vector<int> A(10);          //存放素数，整型，初始大小为 10
    int n;                      //素数范围的上限，运行时输入
    int p=0,i,j;
```

```
        cout<<"Enter N:";
        cin>>n;
        A[p++]=2;                       //2 是素数，对象数组访问
        for(i=3;i<n;i++)
        {
            if(p==A.size())             //如果素数表满了，再申请 10 个元素空间
                A.resize(p+10);
            if(i%2==0)                  //能被 2 整除，不是素数，进行下一次循环
                continue;
            j=3;
            while(j<=i/2 && i%j!=0)      //检查 3,5,7,...,i/2 是否 i 的因子
                j+=2;
            if(j>i/2)                    //如果以上均不是 i 的因子，则 i 为素数
                A[p++]=i;
        }
        for(i=0;i<p;i++)
            cout<<A[i]<<'\t';
        cout<<endl;
    }
```

该程序的运行结果与例 8-11 完全相同。注意到，例 8-12 没有像例 8-11 那样定义和使用复杂的数组类模板，只是使用了原程序的主程序，仅在主程序中改动了一条语句，主程序中的其他语句完全没有改动。改动的语句比较如下：

在例 8-11 中的语句：ARRAY<int> A(10);

在例 8-12 中的语句：vector<int> A(10);

这里 ARRAY 是用户定义的类模板中的类类型，而 vector 是 C++ 系统提供的容器类，<int>是对象数组的类型，可以是其他任何类型。可以看出，使用标准 C++ 提供的容器类，可以极其方便地对不定长对象有序集合进行处理。

由于使用了向量容器类，程序的开头包含了头文件"vector"，注意头文件没有 ".h" 后缀。另外，由于使用了标准 C++ 库，因此要在所有 include 指令之后加了一条语句来指定名空间(在字符串中，我们曾介绍 C++ 标准类库中的 string 类，也使用了这条语句)。程序中还使用了对象的两个成员函数 size()和 resize()，这个名字正好是向量容器类的成员函数。

容器类库中向量的构造函数形式有以下四种：

(1) vector(); 默认构造函数，建立大小为零的向量。

(2) vector(unsigned int n,const T&value=T()); 初始化大小为 n 的向量，第二个参数是对每个向量对象的初始值，默认为 T()构造函数。

(3) vector(const vector &x); 拷贝构造函数，用另一个向量 x 来初始化此向量。

(4) vector(const_iterator first,const_iterator last); 从另一个支持 const_iterator 的容器中选取一部分来建立一个新的向量。

使用标准 C++ 向量容器类，则向量就具有了自动存储管理功能，程序员不必为向量将要存储的对象手工分配或撤消内存，向量将自动分配内存。当一个向量对象撤消时，将调用向量中对象的析构函数，每个对象都调用析构函数。析构函数先从容器中移走剩余的对象，对象全部被移走后，由向量使用分配对象类回收分配给这些对象的内存。

常用向量容器类的成员函数原型及功能如下：

(1) 函数原型：unsigned int size() const;

功能：返回容器中已经存放的对象数。

(2) 函数原型：bool empty() const;

功能：返回容器是否为空。

(3) 函数原型：void push_back(const T&x);

功能：添加对象到向量尾部，向量的内存不够时自动请求内存。

(4) 函数原型：void insert(iterator it, unsigned int n,const T&x);

功能：将对象 x 复制到位置 it 前。

(5) 函数原型：void swap(vector x);

功能：交换当前向量与向量 x 中的元素。

(6) 函数原型：void resize(unsigned int n);

功能：重新为当前对象申请分配能存放 n 个对象大小的内存单元。

(7) 函数原型：iterator erase(iterator it);

功能：删除 it 指向的元素。

(8) 函数原型：void pop_back();

功能：移走向量中的最后一个元素。

此外，从例子中还看到，可通过运算符"[]"直接访问容器中任意位置的向量(该运算符已经在向量容器类中重载)，即向量容器可以随机访问。

8.5.2 容器类简介

从例 8-12 看到，使用 C++ 标准库定义的向量容器十分方便。C++ 中的容器(container)是容纳、包含一组对象或对象集的对象。在 C++ 中不仅预定义了向量(vector)容器，而且还定义了列表(list)、双端队列(deque)、集合(set)、多重集(multiset)、映像(map)和多重映像(multimap)等七种基本容器。通过使用适配器(adaptor)，这七种容器可以扩展成包括堆栈(stack)、队列(queue)和优先队列(priority queue)等容器。这些容器统称为容器类。

容器类中可以是相同的对象，也可以是混合的对象，即容器类可以包含一组相同类型的对象或一组不同类型的对象。当容器类包含相同类型的对象时，称为同类容器类。当容器类包含不同类型的对象时，称为异类容器类。

容器类还可分为顺序容器和联合容器两种基本类型。

顺序容器类以逻辑线性排列方式存储对象，在这些容器类型中的对象在逻辑上被认为是在连续的存储空间中存储的。在顺序容器中的对象有相对于容器的逻辑位置，如在容器的起始、末尾、前面、后面等。顺序容器可以用于存储线性群体，例如向量就是线性群体。在联合容器类中，对象的存储和检索基于关键字和对象与其他对象之间的关系。

对顺序容器的访问分为顺序访问或直接访问两种方式，直接访问又称为随机访问。当容器是顺序访问时，程序设计者必须依次访问第一、第二个对象后，才能访问第三个对象，不能直接跳到容器的中部进行访问。当容器是直接访问时，程序设计者可以直接存取容器中的任何一个对象。例如，向量容器可以直接访问，而列表只能进行顺序访问。

对容器类中的对象的访问是通过迭代子进行的，迭代子是面向对象版本的指针，它们提供了访问容器类中每个对象的方法。很多容器提供了类似于 current()的成员函数，可以返回迭代子所指向的对象的指针或者引用。类似于指针，迭代子可以调用 next()和 previous()等成员函数顺序访问容器中的每个对象。

有了容器类及其迭代子，使 C++ 标准类库中的各种标准算法的通用性得以实现。在 C++ 标准类库中包括的 70 多个算法就是通过迭代子和模板来实现的，这些标准算法分为查找、排序、数值计算、比较、集合、容器管理、统计、堆等八大类。有关算法的进一步学习，请参考 C++ 程序员参考手册。

第 9 章　I/O 流类库

　　C++中没有输入/输出语句，但 C++编译系统提供了一个用于输入/输出(I/O)操作的类体系，它就是 I/O 流类库，它提供了对预定义类型进行输入输出操作的能力，程序员也可以利用这个类体系进行自定义类型的输入输出操作。流是 I/O 流类的中心概念。本章首先介绍流的概念，然后介绍流类库的结构和使用。由于 C++ 的输入/输出系统非常庞大，因此本章也只能介绍其中一些最重要的和最常用的功能。对于流类库中类的详细说明及类成员的描述，请读者查阅所使用编译系统的运行库参考手册。

9.1　C++ 流的概念

9.1.1　C++ 的流

　　在 C++ 中，将数据从一个对象到另一个对象的流动抽象为流(stream)。输入/输出是一种数据传递操作，它可以看做字符序列在主机与外部介质之间的流动。每个流都是一种与设备相联系的对象。流具有方向性：与输入设备(如键盘)相联系的流称为输入流；与输出设备(如屏幕)相联系的流称为输出流；与输入/输出设备(如磁盘)相联系的流称为输入/输出流。

　　由于操作系统把键盘、屏幕、打印机和通信端口等设备也作为文件来处理，而这种处理是通过操作系统的设备驱动程序来实现的，因此，我们可以把这些设备看做是普通意义上的磁盘文件。实际上，从 C++ 程序员的角度来看，这些设备与磁盘文件是等同的。进行输入输出的操作，实质上就是建立数据流与文件的联系。文件不同，所访问的设备(或磁盘文件)就不同，但对于流的操作来说是一致的，也就是说，不管文件是外部设备还是磁盘文件，不管是键盘还是显示器，流都是采用相同的方式运行的。这种机制使得流可以跨越物理设备平台，提高了程序的通用性。

　　当程序与外界环境进行信息交换时，存在着两个对象，一个是程序中的对象，另一个对象就是文件。流是一种抽象，它负责在这两个对象建立联系，其中，一个对象是数据的源(source)，另一个对象是数据的目的地(target)，并通过流管理这两个对象之间的数据流动。

　　在程序中，当我们指定某个流与某个文件对象建立联系后，就可以通过这个流对文件对象进行操作，而与具体的文件无关，也就是说，我们可以把这个流指定的文件对象看做是一个指定的流对象，对这个流对象的操作就是对指定文件对象的操作。可以看到，流对象就是流指定的文件对象，可以把这个流对象作为程序中的对象与文件对象进行交换的界面，对程序对象而言，文件对象有的特性，流对象也有，所以在程序中将流对象看作是文件对象的化身。

当进行输入/输出操作时，先要指定流对象，即打开指定的文件使流和文件发生联系，建立联系后就可以进行数据输入和输出。从流中获取数据的操作称为提取操作，向流中添加数据的操作称为插入操作，数据的输入与输出就是通过 I/O 流来实现的。当输入输出结束后，应该使用关闭操作，即将文件与流断开联系，这也就是撤消了指定的流对象。

9.1.2　流类库

C++ 系统为实现数据的输入和输出，定义了一个庞大的流类库，包括的类主要有 ios、istream、ostream、iostream、ifstream、ofstream、fstream、istrstream、ostrstream、strstream、streambuf、filebuf、strstreambuf 等。这些流类库是用继承方法建立起来的，它们具有两个平行的基类，即抽象流缓冲区基类"streambuf"和流基类"ios"，所有其他的流类都是从它们直接或间接地派生出来的。

1．streambuf 基类

抽象流缓冲区基类 streambuf 提供了物理设备的接口，可以对缓冲区进行低级操作，如设置缓冲区、对缓冲区指针进行操作、从缓冲区取字符、向缓冲区存储字符等。streambuf 类主要用于流基类库的其他部分使用的基类。C++ 系统由 streambuf 类派生出三个类，即 filebuf 派生类、strstreambuf 派生类和 conbuf 派生类。

filebuf 类使用文件来保存缓冲区中的字符序列。当写文件时，实际是将缓冲区的字符写到指定的文件中，之后刷新缓冲区；当读文件时，实际是将指定文件中的内容读到缓冲区中来。将 filebuf 同某个文件的描述字相联系就称打开这个文件。

strstreambuf 类扩展了 streambuf 类的功能，它提供了在内存中进行提取和插入操作的缓冲区管理。

conbuf 类扩展了 streambuf 类的功能，用于处理输出。它提供了控制光标、设置颜色、定义活动窗口、清屏、清一行等功能，为输出操作提供缓冲区管理。

在通常情况下，均使用这三个派生类，很少直接使用 streambuf 类。

2．ios 基类

流基类 ios 及其派生类为用户提供使用流类的接口，它们均有一个指向 streambuf 的指针。ios 类及其派生类使用 streambuf 及其派生类完成检查错误的格式化输入输出，并支持对 streambuf 的缓冲区进行输入/输出时的格式化或非格式化转换。

ios 作为流类库中的一个基类，可以派生出许多类，其详细的类层次请参考 C++ 参考手册。ios 类有四个直接派生类，即输入流类(istream)、输出流类(ostream)、文件流类(fstreambase)和串流类(strstreambase)，这四种流作为流库中的基本流类。

在前面各章中我们多次在程序一开始使用包含指令，将头文件"iostream.h"包含到程序中，实际上是使用了流类库 iostream。这里，输入/输出流类 iostream 是通过多重继承从输入流类 istream 和输出流类 ostream 派生而来的，即

　　　　class ios;

　　　　class istream:virtual public ios;

```
class ostream:virtual public ios;
class iostream:public istream,public ostream;
```

　　输入/输出流类 iostream 把 istream 和 ostream 结合到一起，支持输入/输出双向操作。流类 iostream 通过多重继承后，可以继承基类 ios、istream 和 ostream 的全部公有成员，包括数据成员和成员函数。

　　通过 istream、ostream、fstreambase 和 strstreambase 这四个基本流类，还可以派生出很多实用的流类，例如，输入/输出文件流类 fstream、输入输出字符串流类 strstream、屏幕输出流类 constream、输入文件流类 ifstream、输出文件流类 ofstream、输入字符串流类 istrstream 和输出字符串流类 ostrstream 等。

9.1.3　C++ 预定义的流对象

　　在程序中，要完成输入/输出操作，就要建立流对象。前面各章中使用的 cin、cout 就是在流类 istream 的派生类 istream_wirtassign 和流类 ostream 的派生类 ostream_withassign 中预定义的流对象，即

```
istream_withassign cin;
ostream_withassign cout;
```

由于流类 iostream 继承了 istream 和 ostream，并派生出流类 iostream_withassign，因此，在编写 C++ 程序时，只要包含了头文件"iostream.h"，就可以使用 C++预定义的流对象。

　　在 C++ 中预定义的流对象除了 cin 和 cout 外，还有 cerr 和 clog。当然，我们也可以定义自己的流对象。由于流是一个抽象的概念，当实际进行 I/O 操作时，必须将流和一种具体的物理设备联系起来。例如，将流和键盘联系起来，当从这个流中提取数据时，这些数据就来自键盘；当将流和显示终端联系在一起，向这个流中插入数据时，就使数据显示在屏幕上。以上四个预定义的流 cin、cout、cerr 和 clog 分别与标准输入设备、标准输出设备、标准错误非缓冲方式输出设备以及和标准错误缓冲方式输出设备相关联。

　　在缺省情况下，指定的标准输入设备是键盘，标准输出设备是显示终端。在任何情况下，指定的标准错误输出设备总是显示终端。

　　cin 与 cout 的使用方法，在前面的章节中我们已经进行了介绍。cerr 与 clog 均用来输出出错信息。cerr 和 clog 之间的区别是：cerr 没有被缓冲，因而发送给它的任何内容都立即输出；相反，clog 被缓冲，只有当缓冲区满时才进行输出，也可以通过刷新流的方式强迫刷新缓冲区。

　　假设要统计某个单位在职人员的平均年龄，年龄的范围应该在 18～60 之间，当用户输入的值不在要求的范围内时，下面的代码能检测用户所输入的数值并显示出相应的错误信息。

```
cout<<"请输入年龄？";
cin>>age;
if(age<18 || age>60)
    cerr<<"年龄数据错误!"<<endl;
else
    sum_age+=age;
```

在上面的代码中，也可以使用 cout 将错误信息显示到终端上。由于 cerr 不能重定向，如果用户把标准输出设备重定向为其他设备时，cout 就改变了流对象，而 cerr 仍然把信息送给显示终端，使用户能立即能看到该信息，不会把 cerr 提示的信息输出到文件对象中。

clog 与 cerr 一样用于显示错误信息，但 cerr 是非缓冲方式的，而 clog 是缓冲方式的。一般情况下，我们使用非缓冲方式的 cerr，但在某些软件中，通过使用缓冲，可以改善显示的效果。

C++ 流通过重载运算符"<<"和">>"执行输出和输入操作。输出操作是向流中插入一个字符序列，因此，在流操作中，将运算符"<<"称为插入操作符。输入操作是向流中提取一个字符序列，因此，将运算符">>"称为提取操作符。

在 ostream 输出流类中定义了对左移操作符"<<"重载的一组公有成员函数，由于左移操作符重载为向流对象输出表达式的值，所以称之为插入操作符。当系统执行"cout<<x"操作时，首先根据 x 值的类型，调用相应的插入操作符重载函数，把 x 的值传递给对应的形参，然后通过函数体将 x 的值显示在屏幕上，显示时先获取光标当前位置，显示完毕后返回，以便继续使用插入操作符输出下一个表达式。同样，在 istream 输入流类中定义了对右移操作符号">>"重载的一组公有成员函数，cin 的重载方式与 cout 类似，只是 cin 通过提取操作符"<<"从键盘获取数据。

9.2　格式化 I/O 的控制

一般情况下，我们总是希望输出的结果整齐和美观，方便我们阅读。另外，大量有用的数据可以输出到磁盘文件上存储起来，以便以后多次利用，这时也要求磁盘文件的存储有一定格式的要求。因此需要对计算机的输入/输出格式进行控制。在 C++ 中，主要使用两种方法进行格式控制：一种是使用 ios 类中有关格式控制的成员函数；另一种是使用称为操纵符的特殊类型的函数。

9.2.1　用 ios 类的成员函数进行格式控制

在 ios 类中定义了几个公有成员函数，通过对这些成员函数调用可以控制输入/输出的格式。输入/输出的格式控制主要是对数据的对齐方式(左对齐、右对齐)、数制(十进制、八进制等)、数据项的宽度、是否有填充字符、数据的有效数位等等进行控制。这些格式的控制，可以在成员函数调用时给予相应的参数来实现。我们首先来看这个参数的意义。

C++ 中对输入/输出的控制格式是由一个 long int 类型的数据来表示的，称之为状态标志字。状态标志字的不同的值代表不同的输入/输出格式。如何确定状态标志字的值？不同的状态标志字代表怎样的控制格式？为了确定该状态标志字，在 ios 类中的公有成员部分中定义了一个无名枚举类型，该枚举的定义如下：

```
enum
{
    skipws      =0x0001, //跳过输入中的空白，可用于输入
    left        =0x0002, //左对齐输出，可用于输出
```

right	=0x0004, //右对齐输出，可用于输出
internal	=0x0008, //在符号位和基指示符后填入字符，可用于输出
dec	=0x0010, //转换基数为十进制，可用于输入或输出
oct	=0x0020, //转换基数为八进制，可用于输入或输出
hex	=0x0040, //转换基数为十六进制，可用于输入或输出
showbase	=0x0080, //在输出时显示基指示符，可用于输入或输出
showpoint	=0x0100, //在输出时显示小数点，可用于输出
uppercase	=0x0200, //十六进制输出时，表示制式的和表示数值的字符
showpos	=0x0400, //正整数前显示"+"符号，可用于输出
scientific	=0x0800, //用科学表示法显示浮点数，可用于输出
fixed	=0x1000, //用定点形式显示浮点数，可用于输出
unitbuf	=0x2000, //在输出操作后立即刷新所有流，可用于输出
stdio	=0x4000, //在输出操作后刷新 stdout 和 stderr，可用于输出
};	

　　由此可以看出，这些枚举元素的值有一个共同的特点，即分别表示 16 位二进制中的不同位为 1，例如：

```
skipws   0x0001   0000   0000   0000   0001
left     0x0002   0000   0000   0000   0010
right    0x0004   0000   0000   0000   0100
...
```

　　状态标志字就是由这十六位二进制组成的，该十六位二进值中的每一位的取值，表示该控制的作用，将状态标志位组合后得到的状态标志字就表示不同的输入输出格式，若设定了某个标志位，则该位为"1"，否则为"0"。例如，若在状态标志位中设定了 right 和 dec，其他均未设定，则状态标志字为 0000 0000 0001 0100，即为十六进制的 0x0014，十进制的20。多个状态标志位可单独设置，也可同时设置。注意，在使用状态标志位进行设置时，由于枚举中的常量是基类 ios 的数据成员，因此引用这些常量时应在常量前加上前缀"ios::"，如上面设置右对齐输出十进制数，状态标志字可表示为"ios::right || ios::dec"，其中多个状态标志位同时设置时可用位运算符"|"(位或运算符)连接。

　　现在我们就可以使用 ios 类中定义的用于控制输入/输出格式的成员函数。在 ios 类中，提供了成员函数对流的状态进行检测和进行输入/输出格式控制等操作，现将常用成员函数的声明及使用方法列表 9-1 所示。

表 9-1　常用控制输入/输出格式的 ios 类成员函数

long ios::setf(long f);	根据参数 f 设置相应格式的状态标志字，并返回此前的设置。参数 f 所对应的实参为无名枚举类型中的枚举常量，可同时使用一个或多个常量
long ios::unsetf(long f);	根据参数 f 清除相应格式的状态标志字，返回此前的设置
long ios::flags(long f);	重新设置格式状态标志字为参数 f 的值，返回此前的状态标志字
long ios::flags();	返回当前用于输入/输出控制格式的状态标志字
int ios::width(int w);	设置下一个数据值的输出域宽。返回值为上一个数据值所规定的域宽，若无规定则返回 0。此设置仅对下一个输出数据有效

续表

int ios::width();	返回当前的输出域宽。若返回为 0 则表示没有为刚才输出的数据设置输出域宽
char ios::fill(char c);	设置流中用于输出数据的填充字符为 c，返回此前的填充字符。系统预设置的填充字符为空格
char ios::fill();	返回当前使用的填充字符
int ios::percision(int n);	设置输出浮点数的有效数位 n，返回此前的有效数位。系统预设置的有效数位数为 6 位
int ios::percision();	返回浮点数的输出精度

通过表 9-1 中的 ios 类成员函数的原型及功能，我们可以很方便地进行输入/输出的格式控制。使用 ios 类这些成员函数的一般格式为

　　　返回类型　流对象.ios 类成员函数名(ios::状态标志字);

其中，返回类型为 ios 类成员函数的类型，流对象可以是 C++ 预定义的，如 cin 和 cout，也可以是用户自定义的，参数中的 ios:: 表示使用基类公有数据成员，状态标志字就是 ios 类中预定义的枚举类型中的枚举常量。下面我们通过例子来说明这些成员函数的用法。

例 9-1　利用 ios 类的成员函数设置状态标志。

```
#include <iostream>
using namespace  std;
void main()
{
    int a=10,b=123;
    cout<<a<<'\t'<<b<<endl;                    //()
    cout.setf(ios::oct,ios::basefield);        //设置为八进制输出
    cout<<a<<'\t'<<b<<endl;                    //()
    cout.setf(ios::hex,ios::basefield);        //设置为十六进制输出
    cout<<a<<'\t'<<b<<endl;                    //()
    cout.setf(ios::showbase | ios::uppercase); //设置基指示符和数字中字母大写
    cout<<a<<'\t'<<b<<endl;                    //()
    cout.unsetf(ios::uppercase);               //取消数字中字母大写的设置
    cout<<a<<'\t'<<b<<endl;                    //()
    cout.unsetf(ios::hex);                     //取消十六进制设置，恢复八进制设置
    cout.setf(ios::oct,ios::basefield);        //恢复八进制设置
    cout<<a<<'\t'<<b<<endl;                    //()
    cout.unsetf(ios::oct);                     //取消八进制设置，恢复十进制设置
    cout<<a<<'\t'<<b<<endl;                    //()
    cout.setf(ios::showpos);                   //设置正数符号
    cout<<a<<'\t'<<b<<endl;                    //()
}
```

程序运行结果如下：

```
10       123       (1)
12       173       (2)
a        7b        (3)
0XA      0X7B      (4)
Oxa      0x7b      (5)
012      0173      (6)
10       123       (7)
+10      +123      (8)
```

例 9-2 分析下面程序运行结果。

```cpp
#include<iostream>
using namespace std;
void disp(int x,double y)
{
    cout<<"x=";
    cout.width(10);              //设置下一个输出数据的域宽为 10
    cout<<x;                     //默认是右对齐输出，剩余位置填充空格
    cout<<"y=";
    cout.width(10);              //设置下一个输出数据的域宽为 10
    cout<<y<<endl;
}
void main()
{
    int a=1234;
    double b=-3.1415926;         //默认输出有效数为 6 位
    disp(a,b);
    cout.setf(ios::left);        //设置左对齐方式
    disp(a,b);
    cout.fill('*');              //设置填充字符为*
    cout.precision(3);           //设置浮点数输出的有效数位数，对整数无效
    cout.setf(ios::showpos);     //设置正数正号输出
    disp(a,b);
    cout.unsetf(ios::left);      //取消左对齐设置,恢复此前的设置
    cout.precision(7);           //设置浮点数输出的有效数位数为 7 位
    disp(a,b);
    cout.setf(ios::scientific);  //设置科学表示法输出浮点数,对整型量无效
    disp(a*100,b*100);
}
```

程序运行结果如下：

```
x=        1234y=   −3.14159
x=1234         y=−3.14159
x=+1234*****y=−3.14*****
x=*****+1234y=*−3.141593
x=***+123400y=−3.1415926e+002
```

注意：科学记数法的有效数位指小数点后的位数，普通记数表示全部有效数。

9.2.2 用操纵符进行格式控制

使用 ios 类中的成员函数进行输入/输出格式控制时，每个函数的调用需要写一条语句，而且不能将它们直接嵌入到输入/输出语句中去，显然使用起来不太方便。C++ 提供了另一种进行 I/O 格式控制的方法，这一方法使用了一种称为操纵符的特殊函数，也称之为操纵函数。在很多情况下，使用操纵符进行格式化控制比用 ios 格式标志和成员函数要方便。

使用 C++ 预定义的操纵符，必须使用系统头文件"iomanip.h"，在这个头文件中预定义了类似于 ios 类成员函数的功能，使用这些操纵符时只需要将操作符作为输入/输出的对象即可。C++ 提供的预定义操纵符及其功能如下：

(1) dec 转换为十进制形式输入或输出整型数，它也是系统预置的数制。

(2) hex 转换为十六进制形式输入或输出整型数。

(3) oct 转换为八进制形式输入或输出整型数。

(4) ws 用于在输入时跳过开头的空白符，仅用于输入。

(5) endl 插入一个换行符"\n"并刷新输出流。刷新流是指把流缓冲区的内容立即写入到对应的设备上。

(6) ends 插入一个空字符"\0"，通常用来结束一个字符串，仅用于输出。

(7) flush 刷新一个输出流，仅用于输出。

(8) setiosflags(long f)设置参数 f 所对应的格式标志，功能与 ios 类中成员函数 setf(long f)的功能相同，可用于输入或输出。

(9) resetiosflags(long f)清除参数 f 所对应的格式标志，可用于输入或输出。

(10) setfill(int c)设置填充字符为 ASCII 码值是 c 的字符，缺省时为空格，可用于输入或输出。

(11) setprecision(int n)设置浮点数的输出精度，缺省时的有效数位为 6 位，可用于输入或输出。

(12) setw(int n)设置下一个数据的输出域宽为 n，可用于输入或输出。

在上面的操纵符中，前 7 个不带参数的操纵符除了在 iomanip.h 中有定义外，在 iostream.h 中也有定义。所以当程序中仅使用不带参数的操纵符时，可以只包含 iostream.h 文件，而不需要包含 iomanip.h 文件。

操纵符 setiosflags()和 resetiosflags()中所用的格式标志如表 9-2 所示。

表 9-2 操纵符 setiosflag()和 resetiosflag()所用的格式标志

格式标志名	含 义
ios::left	输出数据按域宽左对齐输出
ios::right	输出数据按域宽右对齐输出
ios::scientific	使用科学计数法表示浮点数
ios::fixed	使用定点形式表示浮点数
ios::dec	转换基数为十进制形式
ios::hex	转换基数为十六进制形式
ios::oct	转换基数为八进制形式
ios::uppercase	十六进制形式和科学汁数法输出时，表示数值的字符一律为大写
ios::showbase	输出带有一个表示制式的字符(如 "X" 表示十六进制, "O" 表示八进制)
ios::showpos	在正数前添加一个 "+" 号
ios::showpoint	浮点输出时必须带有一个小数点

在进行输入/输出时，操纵符被嵌入到输入或输出链中，用来控制输入/输出的格式，而不是执行输入或输出操作。下面通过一个例子来介绍操纵符的使用。

例 9-3 操纵符的使用。

```
#include <iostream>
#include<iomanip>
using namespace   std;
void main()
{
    cout<<setw(10)<<123<<456<<endl;                    //(1)
    cout<<123<<setiosflags(ios::scientific)<<setw(20)      //(2)
        <<123.456789<<endl;
    cout<<123<<setw(10)<<hex<<123<<endl;                //(3)
    cout<<123<<setw(10)<<oct<<123<<endl;                //(4)
    cout<<123<<setw(10)<<dec<<123<<endl;                //(5)
    cout<<resetiosflags(ios::scientific)<<setprecision(4)      //(6)
        <<123.456789<<endl;
    cout<<setiosflags(ios::left)<<setfill('#')<<setw(8)      //(7)
        <<123<<endl;
    cout<<resetiosflags(ios::left)<<setfill('$')<<setw(8)      //(8)
        <<456<<endl;
};
```

程序运行结果如下：

```
123456                    (1)
123        1.234568e+002    (2)
123        7b               (3)
```

7b	173	(4)
173	123	(5)
123.5		(6)
123#####		(7)
$$$$$456		(8)

分析：上面程序运行结果，可以看出：操纵符可直接嵌入到语句中。每条语句输出结果的意义如下：

第一条 cout 语句，首先设置域宽为 10，之后输出 123 和 456，123 和 456 被连到了一起，所以得到结果(1)。表明操纵符 setw 只对最靠近它的输出起作用，也就是说，它的作用是"一次性"的。

第二条 cout 语句，首先按缺省方式输出 123，之后按照浮点数的科学表示法及域宽为 20 输出 123.456789，由于缺省时小数位数为 6，在第 7 为四舍五入，所以得到结果(2)。

第三条 cout 语句，首先按缺省方式输出 123，之后按照域宽为 10，以十六进制输出 123，得到结果(3)。

第四条 cout 语句，由于上一条语句中使用了操纵符 hex，其作用仍然保持，所以先输出 123 的十六进制数，之后按照域宽为 10，重新设置进制为八进制，输出 123 得到结果(4)。结果表明：使用 dec、oct、hex 等操作符后，其作用一直保持，直到重新设置为止。

第五条 cout 语句，由于上一条语句的操纵符 oct 的作用仍然保持，所以先输出 123 的八进制数，之后按照域宽为 10，设置进制为十进制后，输出结果(5)。

第六条 cout 语句，取消浮点数的科学表示法输出后，设置有效数位 4，从而得到结果(6)。结果表明用 setprecision 操纵符设置有效数位后，输出时作四舍五入处理。

第七条 cout 语句，按域宽为 8，填充字符为"#"，按左对齐输出 123，得到结果(7)。

第八条 cout 语句，按域宽为 8，填充字符为"$"，取消左对齐输出后，按缺省对齐方式为右对齐，输出 456，得到结果(8)。

9.2.3　用户自定义的操纵符

C++ 除了提供系统预定义的操纵符外，也允许用户自定义操纵符。当程序中有大量密集的输入/输出操作和复杂的格式时，为了使程序变得更加清晰高效，可将程序中频繁使用的输入/输出操作定义为一个特定的用户自己的操纵符，并可避免在程序中重复使用操纵符而出现的错误。

若建立一个输出流定义操纵符函数，则定义形式如下：

```
ostream &操纵符名(ostream &steam)
{
    //自定义代码
    return stream;
}
```

若建立一个输入流定义操纵符函数，则定义形式如下：

```
istream &操纵符名(istream &stream)
```

```
    {
        //自定义代码
        return stream;
    }
```

以上定义形式中，操纵符名是自定义的操纵符函数的名字，操纵符函数必须返回引用名 stream，这里引用名也可以是用户自己给出的标识符。我们通过下面的例子来说明自定义操纵符的使用方法。

例 9-4　用户自定义的操纵符举例。

```
    #include <iostream>
    #include<iomanip>
    using namespace    std;
    istream &myinput(istream &in)              //自定义输入操纵符 myinput
    {
        in>>hex;
        return in;
    }
    ostream &myoutput(ostream &out)            //自定义输出操纵符 myoutput
    {
        out.setf(ios::right);
        out<<setw(10)<<hex<<setfill('%');
        return out;
    }
    void main()
    {
        int i;
        cout<<"Enter number using hex format: ";
        cin>>myinput>>i;                       //按自定义格式输入 i
        cout<<i<<endl;                         //按默认 10 进制输出
        cout<<myoutput<<i<<endl;               //按自定义格式输出
        cout<<i<<endl;                         //自定义的数制仍然有效
    }
```

程序运行结果如下：

```
    Enter number using hex format: 1a
    26
    %%%%%%%%1a
    1a
```

该程序建立了两个操纵符函数，一个为 myinput，该函数要求输入一个十六进制数。另一个为 myoutput，其功能为设置右对齐格式标志，把域宽置为 10，整数按十六进制输出，填空字符为"%"。在 main()函数中引用操纵符函数时，只写"myinput"或"myoutput"即可，调用方法与预定义操纵符，如 hex、setw()等完全一样。

9.3 用户自定义类型的输入/输出

前面我们介绍了系统预定义类型的输入或输出。对于用户自定义的类类型数据的输入或输出，在 C++ 中可以通过重载运算符"＞＞"和"＜＜"来实现。

9.3.1 重载输出运算符"＜＜"

输出运算符"＜＜"也称插入运算符。通过重载运算符"＜＜"可以实现用户自定义类型的输出。定义输出运算符"＜＜"重载函数的一般格式如下：

```
ostream &operator<<(ostream &流引用，类名 对象名)
{
    //操作代码
    return 流引用;
}
```

函数中第一个参数是对 ostream 对象的引用，它可以是其他任何合法的标识符，但必须与 return 后面的标识符相同。第二个参数接收将被输出的对象，类名是重载后的输出运算符"＜＜"可以输出该类的对象，对象名是形参。下面我们通过 poiny 类对象的输出来看输出运算符"＜＜"重载的例子。

例 9-5 重载运算符"＜＜"，输出 point 类的对象。

```
#include <iostream>
#include<iomanip>
using namespace    std;
class point
{
    public:
        int x,y;
        point()
        { x=0;y=0; }
        point(int i,int j)
        { x=i;y=j; }
};
ostream &operator<<(ostream &stream,point p)
{
    stream<<'('<<p.x<<","<<p.y<<')';
    return stream;
}
void main()
```

```
    {
        point p1(1,3),p2(2,5);
        cout<<p1<<p2<<endl;              //输出项目为类的对象
    }
```

程序运行结果如下：

```
    (1,3)(2,5)
```

在此输出运算符"<<"的重载函数中有两个参数，第一个参数即 strean 是对流的引用，定义时出现在"<<"运算符的左边，第二个参数是类 point 的对象，出现在运算符"<<"的右边。此函数输出类 point 对象的两个数据成员的值。

一般情况下，重载输出运算符函数及后面要介绍的重载输入运算符函数都不能是类的成员。因为如果一个运算符函数是类的成员，则其左运算数就应当是调用运算符函数的类的对象，这一点是无法改变的。但重载输出运算符时，其左边的参数是流，而右边参数是类的对象。因此，重载输出运算符必须是非成员函数。

在上面的例子中，由于把变量 x 和 y 定义为类的公有成员，因此重载输出运算符函数即使不是类 point 的成员，仍可以访问这些变量。但是，把数据定义为公有成员将破坏数据的封装特性，如果重载输出运算符函数不能作为类的成员函数，那么，它怎样访问类的私有成员呢？为了解决这个问题，应该把重载输出运算符函数定义为类的友元函数，这样就可以访问类的私有成员。前面的例子修改为下例。

例 9-6 修改例 9-5，将重载函数改为类 point 的友元函数。

```
//vc++6.0 使用  #include<iostream.h>
//vs2008 下使用  #include<iostream>    using namespace std;
#include<iostream>
using namespace std;
class point
{
    private:
        int x,y;
    public:
        point()
        { x=0;y=0; }
        point(int i,int j)
        { x=i;y=j; }
        friend ostream &operator<<(ostream &stream,point p);
};
ostream &operator<<(ostream &stream,point p)
{
    stream<<'('<<p.x<<","<<p.y<<')';
    return stream;
}
```

```
void main()
{
    point p1(1,3),p2(2,5);
    cout<<p1<<p2<<endl;
}
```

程序运行结果如下：

```
(1,3)(2,5)
```

在修改后的程序中，x 和 y 是类 point 的私有成员，但由于重载输出运算符函数被定义为友元函数，因此仍能直接访问它们。

9.3.2　重载输入运算符 ">>"

输入运算符 ">>" 也称为提取运算符。定义重载输入运算符函数与重载输出运算符函数的格式基本相同，只是要把 ostream 换成 istream，把 "<<" 用 ">>" 代替。要注意，定义输入运算符函数时，第二个参数是类对象的一个引用。格式如下：

```
istream &operator>>(istream &流引用, 类名 &对象名)
{
    //操作代码
    return 流引用;
}
```

与重载输出运算符函数一样，重载输入运算符函数也不能是所操作的类的成员函数，但可以是该类的友元函数或独立函数。下面仍然以 point 类来举例说明其用法。

例 9-7　point 类对象的输入/输出。

```
#include<iostream>
using namespace std;
class point
{
    private:
        int x,y;
    public:
        point(int a=0,int b=0)
        { x=a;y=b;}
        friend ostream &operator<<(ostream &output,point p);
        friend istream &operator>>(istream &input,point &p);
};
ostream &operator<<(ostream &output,point p)
{
    output<<'('<<p.x<<','<<p.y<<')';
    return output;
```

```
        }
        istream &operator>>(istream &input,point &p)
        {
            cout<<"input x: "; input>>p.x;
            cout<<"input y: "; input>>p.y;
            return input;
        }
        void main()
        {
            point p1(1,3),p2;
            cout<<p1<<endl;
            cin>>p2;
            cout<<p1<<p2<<endl;
        }
```

程序运行结果如下：

```
    (1,3)
    input x: 2
    input y: 5
    (1,3)(2,5)
```

在这个程序中，定义了重载输出运算符和输入运算符，它们都是类 point 的友元函数，分别完成对该类对象的输出和输入操作。在定义重载输入运算符时，第二个参数 p 前面的 &不能省略，否则将得到错误的结果。

9.4　文件流输入/输出

9.4.1　文件的概念

在本章开始我们就接触到文件的概念，只是输入和输出都使用的是系统预定义的流对象 cin、cout 即 C++ 提供的标准输入/输出设备进行的，输入/输出操作都是在键盘和显示器上进行的。

数据的输入和输出除了可以在键盘和显示器上进行外，还可以在磁盘上进行。使用磁盘存储文件，可以永久保存信息，并能够重新读写和利用这些数据。特别是对大量信息和数据的处理，我们总是将其以某种形式存储在磁盘上，然后通过程序对该数据文件进行处理。

在磁盘上保存数据和信息是按照文件的形式组成的，每个文件都对应一个名字。C++把文件看做字符序列，即文件是由一个个字符数据顺序组成的。根据数据的存储格式，文件可分为文本文件和二进制文件两种类型。

文本文件又称 ASCII 文件，它的每个字节存放一个 ASCII 代码，代表一个字符。二进制文件又称内部文件,它是把内存中的数据按其在内存中的存储形式原样写到磁盘上存放,是从内存中直接复制过来的。例如有一个整数 12345,在内存中占两个字节,如果按文本形式输出到磁盘上,则需占 5 个字节,而如果按二进制形式输出,则在磁盘上只占两个字节。用文本形式输出时,一个字节对应一个字符,因而便于对字符进行逐个处理,也便于输出字符,缺点是占存储空间较多。用二进制形式输出数据,可以节省存储空间和转换时间,但一个字节不能对应一个字符,不能直接以字符形式输出。对于需要暂时保存在外存上,以后又需要输入到内存的中间结果数据,通常建立成二进制文件。对于计算结果主要用于输出到打印机或显示器,或者是为了其他软件使用时,则适宜建立成文本文件。

C++ 文件是一个字符流或二进制流,它把数据看做是一连串的字符,而不考虑记录的界限,它对文件的存取以字符为单位进行。我们把这种文件称为流式文件。C++ 允许以一个字符为单位进行存取,这增加了处理的灵活性。无论是哪一种类型的文件,在访问它之前都必须首先建立一个流对象,然后用该对象打开文件,以后对该对象的访问操作就是对被它打开文件的访问操作。文件访问结束后,再用该对象关闭它。

对文件的访问操作包括输入和输出两种操作。输入操作是指从外部文件向内存"读"相应的数据,实际上是系统先把文件内容读入到该文件的内存缓冲区中,然后再从内存缓冲区中取出数据并赋给相应的内存变量,用于输入操作的文件称为输入文件。对文件的输出操作是把程序的输出内容"写"到相应的文件中,实际上是先写入到该文件的内存缓冲区中,然后再从缓冲区写入到文件中,用于输出操作的文件称为输出文件。文件的输入/输出操作也成为读写操作。

9.4.2　文件的打开与关闭

C++ 为文件的输入/输出提供了三种类型的流,即输入流、输出流以及输入/输出流。这三种流类对应的基类及功能如表 9-3 所示。

表 9-3　用于文件输入/输出的三个流类

名　　称	基　　类	功　　　能
ifstream	istream	用于文件的输入
ofstream	ostream	用于文件的输出
fstream	iostream	用于文件输入或输出

ofstream 是 ostream 的派生类,ifstream 是 istream 的派生类,fstream 是 iostream 的派生类,它们同属于 ios 类的派生类,因此可以访问 ios 类中已定义的所有操作。

建立流的过程就是定义流类的对象。如果使用标准标准输入/输出设备,可以直接使用 C++ 提供的预定义的流对象即可,如直接使用 cin 和 cout 等,不需要我们特别地说明。但是,如果不是使用标准输入输出设备,如使用磁盘文件进行输入/输出,就必须建立流对象。例如:

```
ifstream infile;
ofstream outfile;
fstream iofile;
```

它们分别定义了输入流对象 infile,输出流对象 outfile,输入输出流对象 iofile。

　　建立了流对象以后，就可以用函数 open()打开文件，即把一个文件一个流连接在一起。
open()函数是上述三个流类的成员函数，其原型为

　　　　　void open(const char *filename,int mode,int access=filebuf::openprot);

其中，第一个参数 filename 是用来传递文件名的，可以包含路径说明；第二个参数 mode
的值决定文件打开的模式，它必须取下面的值中的一个：

ios::in	打开一个文件进行读操作
ios::out	打开一个文件进行写操作
ios::app	添加模式，使输出追加到文件尾部
ios::ate	打开时文件指针定位到文件尾
ios::nocreate	若文件不存在，则打开失败
ios::noreplace	若文件存在，则打开失败
ios::trunc	若文件存在，则清空原文件
ios::binary	文件以二进制方式打开，缺省时为文本文件

对于 ifstream 流，mode 的默认值为 ios::in，对于 ofstream 流，mode 的默认值为 ios::out。
第三个参数 access 的值决定文件的访问方式。文件的访问方式指的是文件类别。在
DOS/Windows 环境中，access 值通常对应于 DOS / Windows 的文件属性代码，它们是：

0	普通文件
1	只读文件
2	隐含文件
4	系统文件
8	备份文件

一般情况下，访问方式使用默认值。

　　当定义了流对象后，我们就可以通过流类成员函数 open()及其各个参数的意义，打开
一个文件。例如，我们可以通过以下步骤打开文件 test.txt。

　　　　　ofstream outfile;
　　　　　outfile.open("test.txt",ios::out,0);

上面表示，定义了流类 ofstream 的对象 outfile，它是一个输出流，通过流对象 outfile 打开
一个普通的文本输出文件 test.txt，打开模式 ios::out 表示输出模式，打开方式 0 表示对
DOS/Windows 系统是一个普通文件。

　　以上是打开文件的一般操作步骤。实际上，由于文件的 mode 参数(使用方式)和 access
参数(访问方式)都有缺省值，对于类 ofstream，mode 的缺省值为"ios::out"表示输出，access
的缺省值为"0"表示普通文件，因此，上述语句通常可写成：

　　　　　outfile.open("test.txt");

　　与前面介绍的状态标志字一样，当一个文件需要用两种或多种方式打开时，可以用
"位或"运算符"|"把几种方式连接在一起。例如，"ios::in | ios::binary"表示以只读方式
打开二进制文件。又例如，为了打开一个能用于输入和输出的流，必须把使用方式设置为
ios::in 和 ios::out，这时不能使用 mode 的缺省值，打开方法如下：

　　　　　fstream iofile;
　　　　　iofile.open("test.txt",ios::inlios::out);

注意： 只有在打开文件后，才能对文件进行读写操作。如果由于某些原因，如文件不存在、磁盘损坏等，可能造成打开文件失败。这时如果继续执行文件的读写操作，将会出现严重错误。为了避免这种情况发生，通常在使用文件之前进行检测，以确认打开一个文件是否成功。可以使用类似下面的方法进行检测：

```
ofstream outfile;
outfile.open("test.txt",ios::out,0);
if(!outfile)
{
    cerr<<"Cannot open file test.txt!"<<endl;
    //错误处理代码
}
```

在前面所述三种类型的文件流类中，既定义了无参数的构造函数，又定义了带参数的构造函数，并且文件流类中所带参数与成员函数 open()所带参数相同，因此，当定义一个带有实参的文件流对象时，将自动调用相应的带参数的构造函数。下面两种打开文件形式是等价的，即

```
ofstream outfile;                //定义 ofstream 流类对象
outfile.open("test.txt");        //通过对象调用成员函数与文件连接
```

等价于

```
ofstream outfile("test.txt");    //定义流对象时直接赋给有关参数
```

上面第二种方式是我们在实际编程中最常用的文件打开方式。对 ifstream 流类和 fstream 流类也有同样的使用方法。

当我们使用完一个文件后，应该把它关闭。关闭任何一个流对象所对应的文件，可使用流类中的成员函数 close()来完成，该函数不带参数，没有返回值。例如：

```
outfile.close();
```

将关闭与流 outfile 相连接的文件。

注意： 在进行文件读写操作时，应养成将已完成读写操作的文件关闭的习惯。特别对于写操作，这时关闭文件，缓冲区的有关信息将保存到文件中，如果不关闭文件，则有可能丢失数据。

下面再对 open()函数的参数作几点补充说明：

(1) 文件名可采用绝对路径或相对路径说明，例如，以打开 c:\vc60 目录下的 test.txt 文件，打开模式和访问方式默认，可写成如下形式：

```
outfile.open("c:\\vc60\\test.txt");
```

其中，文件名中"\\"的第一个"\"为转义字符。

(2) 一般情况下，当用 open()函数打开文件时，如果文件存在，则打开该文件，否则建立该文件。但当用 ios::nocreate 方式打开文件时，表示不建立新文件，在这种情况下，如果要打开的文件不存在，则函数 open()调用失败。相反，如果使用 ios::noreplace 方式打开文件，则表示不修改原来文件，而是要建立新文件。因此，如果文件已经存在，则 open()函

数调用失败。

(3) 如果希望向文件尾部添加数据，则应当用 ios::app 方式打开文件，但此时文件必须存在。打开时，文件位置指针移到文件尾部。用这种方式打开的文件只能用于输出。

(4) 用 ios::ate 方式打开一个已存在的文件时，指针自动定位到文件的尾部。

(5) 用 ios::in 方式打开的文件只能用于输入数据，而且该文件必须已经存在。如果用类 ifstream 来产生一个流，则隐含为输入流，不必再说明使用方式。用 ios::out 方式打开文件，表示可以向该文件输出数据。如果用类 ofstream 来产生一个流，则隐含为输出流，不必再说明使用方式。

(6) 当使用 ios::trunc 方式打开文件时，如果文件已存在，则清除该文件的内容，此时文件的长度为零。实际上，如果指定 ios::out 方式，且未指定 ios::ate 方式或 ios::app 方式，则隐含为 ios::trune 方式。

(7) 如果使用 ios::binary 方式，则以二进制方式打开文件，缺省时，所有的文件以文本方式打开。在用文本文件向计算机输入时，把回车和换行两个字符转换为一个换行符，而在输出时把换行符转换为回车和换行两个字符。对于二进制文件则不进行这种转换，在内存中的数据形式与输出到外部文件中的数据形式完全一致。

(8) 前面介绍的访问方式的值是针对 DOS/Windows 系统而言的，对其他操作系统(如 UNIX 操作系统)流类 filebuf 中的数据成员 openprot 的预定义值是不同的，可参考有关使用手册。

9.4.3　文件的读写

用流对象打开文件后，就可以对该文件进行有关读写操作。如果一个程序中含有有关文件操作的语句时，程序开始处必须包含头文件"fstream.h"，即必须有如下的编译预处理命令：

```
#include<fstream.h>
```

在 Visual C++ 6.0 中，文件 fstream.h 包括了 iostream.h，因此使用了上面的编译预处理命令后，就不必再包含 iostream.h。当文件打开以后，即文件与流建立了联系后，就可以进行读写操作了。

1．文本文件的读写

文件打开时所采用的打开模式不是二进制文件时，默认为文本文件模式，就可以从该文件中读取文本数据或向文件中写入文本数据，这时，把以前我们使用 C++ 预定义的流对象 cin 和 cout 即标准输入/输出设备，更换为我们定义的输入/输出文件流对象即可，运算符"<<"与">>"的意义不变。

例 9-8　把一个整数、一个浮点数和一个字符串写到磁盘文件 test.txt 中。

```
#include <iostream>
#include<fstream>                          //建立流对象需要
#include<iomanip>                          //成员函数 setw()需要
using namespace std;
int main()
```

```
    {
        int i;
        float x;
        cout<<"input i,x:";                    //终端提示输入两个数
        cin>>i>>x;                             //终端输入两个数
        ofstream fout("d:\\test.txt");         //打开 D 盘文件，默认文本模式
        if(!fout)
        {
            cerr<<"Cannot open test.txt file!"<<endl;
            return 1;                          //文件打开不成功时返回
        }
        fout<<i<<setw(10)<<x<<endl;            //输出到流对象指定的文件
        fout<<"The file is a text mode."<<endl; //输出字符串到文件中
        fout.close();                          //关闭文件
        return 0;
    }
```

　　程序运行后，屏幕上提示输入两个数，但输入后屏幕不显示任何信息，因为输出的内容存入到 D 盘根目录下的文件 test.txt 中。用 Windows 打开这个文本文件，或用 DOS 的 type test.txt 命令，都可以看到该文件的内容。该文件的内容有两行，第一行是从终端上输入的两个数，第二行是一行字符串。

　　例 9-9　将数据写入文件，再从文件读出数据后显示在屏幕上。

```
#include <iostream>
#include<fstream>                            //建立流对象需要
#include<iomanip>                            //成员函数 setw()需要
using namespace std;
int main()
{
    int i;
    double x[]={1.11,22.222,333.3,4444.444444};
    char *s[]={"one","two","three","four"};
    ofstream fout("d:\\test.txt");           //打开 D 盘文件，默认文本模式
    if(!fout)
    {
        cerr<<"Cannot open test.txt file!"<<endl;
        return 1;                            //文件打开不成功时返回
    }
    fout<<setiosflags(ios::fixed);
    for(i=0;i<4;i++)
    fout<<setiosflags(ios::left)<<setw(6)<<s[i]<<resetiosflags(ios::left)
```

```
                       <<setw(10)<<setprecision(4)<<x[i]<<endl;
        fout.close();                          //关闭文件
        ifstream fin("d:\\test.txt");
        if(!fin)
        {
          cerr<<"Cannot open test.txt file!"<<endl;
          return 1;                            //文件打开不成功时返回
        }
        char s1[10];
        double x1;
        for(i=0;i<4;i++)
        {
          fin>>s1>>x1;
          cout<<setw(6)<<s1<<setw(10)<<x1<<endl;
        }
        return 0;
    }
```

在这个程序中，先将定义输出流对象 fout，将字符串数组和双精度浮点数数组输出到 D 盘根目录下的文件 "test.txt" 中，然后，又定义了输入流对象，从 D 盘根目录下的文件 "test.txt" 中读出数据，并用预定义流对象 cout 将其输出到标准输出设备即屏幕上。因此，运行本程序后文本文件内容和屏幕显示结果分别如下，请比较它们在输出格式上的不同。

存储在文件 test..txt 中		显示在标准输出设备即屏幕上	
one	1.1100	one	1.11
two	22.2220	two	22.222
three	333.3000	three	333.3
four	4444.4444	four	4444.44

在上面两个例子中，文件流的读写实际上直接使用了流的插入运算符 "<<" 和提取运算符 ">>"，通过这两个运算符使流对象与文件之间的字符转换工作。

2．二进制文件的读写

任何文件，无论它包含格式化的文本还是包含原始数据，都能以文本方式或二进制方式打开。文本文件是字符流，而二进制文件是字节流。

在缺省情况下，文件用文本方式打开。这就是说，在输入时，回车和换行两个字符要转换为字符 "\n"；在输出时，字符 "\n" 转换为回车和换行两个字符。这些转换在二进制方式下是不进行的。这是文本方式和二进制方式主要的区别。

对二进制文件进行读写有两种方式，其中一种使用的是 get() 和 put()，另一种使用的是 read() 和 write()。这四种函数也可以用于文本文件的读写。在此主要介绍对二进制文件的读写。除字符转换方面略有差别外，文本文件的处理过程与二进制文件的处理过程基本相同。

(1) 用 get()函数和 put()函数读写二进制文件。

get()是输入流类 istream 中定义的成员函数,它可以从与流对象连接的文件中读出数据,每次读出一个字节(字符)。put()是输出流类 ostream 中的成员函数,它可以向与流对象连接的文件中写入数据,每次写入一个字节(字符)。

get()函数有许多格式,其最一般的使用版本的原型如下:

```
istream &get(unsigned char &ch);
```

get()函数从相关流中只读一个字符,并把该值放入引用&ch 中。

put()函数的原型如下:

```
ostream &put(char ch);
```

put()函数将字符 ch 写入流中。

例 9-10 用文件流类的成员函数 get()和 put()实现任意类型文件的复制。

```
#include<fstream.h>
int main()
{
    char ch,*sourcef,*targetf;
    sourcef="d:\\aa.ppt";                       //源文件可以是任意类型文件
    targetf="d:\\aa1.ppt";
ifstream fin(sourcef,ios::nocreatelios::binary);    //以二进制方式打开源文件
// vc++6.0 下使用 ios::nocreate   vs2008 下使用 ios::_Nocreate  并相应的改变头文件
    if(!fin)
    {
        cerr<<"Cannot open source file."<<endl;
        return 1;
    }
    ofstream fout(targetf,ios::trunclios::binary);    //以二进制打开目标文件
    if(!fout)
    {
        cerr<<"Cannot open target file."<<endl;
        return 1;
    }
    while(1)
    {
        fin.get(ch);                            //读取流对象 fin 的一个字节的信息
        if(!fin.eof())                          //判断是否不是文件结束标志
            fout.put(ch);                       //如果不是文件尾,输出到流对象 fout
        else
            break;                              //是文件尾就跳出循环
    }
    fin.close();
```

```
        fout.close();
        return 0;
    }
```

　　本程序在打开源文件时，如果文件不存在则打开失败(ios::nocreate)，并且源文件是以二进制形式打开(ios::binary)，目标文件也是以二进制方式打开，同时要求当目标文件存在时先清空该文件(ios::trunc)。该程序可以对任何文件类型进行复制，包括可以对文本文件的复制。

 注意：当打开文件是以默认的文本文件打开时，成员函数 get()和 put()就是对文本文件的读写，此时，get()和 put()每次读写一个字符(不是一个字节)。如果以文本文件打开源文件和目标文件，即在打开文件时去掉 ios::binary 选项，此时程序也可复制文本类型的文件。

　　实际上，二进制文件的处理过程与文本文件的处理过程基本相同，但在判断文件是否结束时有所区别。在文本文件中，遇到文件结束符，get()函数返回一个文件结束标志 EOF，该标志的值为 –1。但在处理二进制文件时，读入某一个字节中的二进制数的值可能是 –1，这与 EOF 的值相同。这样就有可能出现读入的有用数据被处理成"文件结束"的情况。为了解决这个问题，C++ 提供了一个成员函数 eof，用来判断文件是否真的结束，其原型为："int eof();"，当到达文件末尾时，它返回一个非零值(真)，否则返回零(假)。本例中就使用了该成员函数来判断源文件是否结束。当从键盘上输入字符时，组合键 ctrl_z 表示输入了结束符，此时如果流对象键盘读数据，则成员函数 eof()函数返回的值为真，表示输入结束。

　　例 9-11　在屏幕上显示一个文件的内容。

```
        #include<fstream.h>
        int main()
        {
            char ch[30],c,*p;
            p=ch;
            cout<<"Enter file name (example d:\\test.txt): ";
            cin>>p;
        ifstream fin(p,ios::nocreate);
        // vc++6.0 下使用 ios::nocreate    vs2008 下使用 ios::_Nocreate 并相应的改变头文件
            if(!fin)
            {
              cerr<<"Cannot open the file."<<endl;
              return 1;
            }
            while(!fin.eof())
            {
              fin.get(c);
              cout<<c;
            }
```

```
        cout<<endl;
        return 0;
    }
```

本程序运行时，屏幕提示输入一个文件名，可以带上文件的路径，如果输入的文件是一个文本文件，则在屏幕上能正确显示，否则将显示的是乱码(机器内码)。本例中没有指定二进制访问方式 ios::binary，如果指定二进制访问方式，程序运行也完全正确。因为指定 ios::binary 只是为了防止任何字符转换的出现，而在本例中字符转换不成为问题，所以不必一定需要 ios::binary。

(2) 用 read()函数和 write()函数读写二进制文件。

对于连续存放的相关数据，如数组、结构变量、类类型等，我们可以整块地读写该数据。C++ 提供了两个函数 read()和 write()，用来读写一个数据块，这两个函数最常用的形式如下：

```
        istream &read(unsigned char *buf,int num);
        ostream &write(const unsigned char *buf,int num);
```

read()是类 istream 中的成员函数，其功能为：从相应的流中读取 num 个字节(字符)，并把它们放入指针 buf 所指的缓冲区中。该函数有两个参数：第一个参数 buf 是一个指针，它是读入数据的存放地址(起始地址)；第二个参数 num 是一个整数值，它是要读入的数据的字节(字符)数。其调用格式为：

```
        read(缓冲区首址，读入的字节数);
```

注意："缓冲区首址"的数据类型为 unsigned char*，当输入其他类型数据时，必须进行类型转换，例如：

```
        int array[]={50,60,70};
        read((unsigned char *)&array,sizeof(array));
```

该例定义了一个整型数组 array，为了读入它的全部数据，必须在 read()函数中给出它的首地址，并把它转换为 unsigned char*类型。由 sizeof()函数确定要读入的字节数。

write()是流类 ostream 的成员函数，利用该函数，可以从 buf 所指的缓冲区把 num 个字节写到相应的流上。参数的含义及调用注意事项与 read()函数类似。

如果在 num 个字节(字符)被读出之前就达到了文件尾，则 read()只是停上执行，此时缓冲区包含所有可能的字符。我们可以用另一个成员函数 gcount()统计出有多少字符被读出。gcount()的函数为无参函数，它返回所读取的字节数。

例 9-12 将一些学生的学号、姓名、成绩存放在数据文件 student.dat 中，并从该文件中读出这些数据显示在屏幕上。本程序先设计一个类 stud，其中包括有关学生的数据成员和成员函数，然后通过两个普通函数 studin 和 studout 分别实现数据存储和数据显示功能。

```
        #include <iostream>
        #include<fstream>
        #include<iomanip>
        using namespace std;
        class student                        //定义学生类
```

```
{
    private:                                    //私有数据成员
        int no;
        char name[10];
        int score;
    public:
        void getdata()                          //公有成员函数,输入数据
        {
            cout<<"请输入学生学号,姓名和成绩: ";
            cin>>no>>name>>score;
        }
        void disp()                             //公有成员函数,显示数据
        {
            cout<<setw(6)<<no
                <<setw(10)<<name
                <<setw(6)<<score<<endl;
        }
};
void studin()
{
    ofstream output("d:\\student.dat",ios::app);   //添加模式
    student s;                                     //定义一个学生类的对象
    s.getdata();
    output.write((char *)&s,sizeof(s));            //将一个对象存入文件
    output.close();
}
void studout()
{
    ifstream input("d:\\student.dat");
    student s;
    cout<<"  学号    姓名    成绩"<<endl;
    input.read((char *)&s,sizeof(s));             //读一个对象的数据
    while(!input.eof())                           //判断是否不是文件尾
    {
        s.disp();                                 //显示该对象数据成员
        input.read((char *)&s,sizeof(s));         //读下一个对象的数据
    }
    input.close();
}
```

```
        void main()
        {
            int sele;
            while(1)
            {
                cout<<"请选择: 1.输入数据  2.查看数据  3.退出  ";
                cin>>sele;
                if(sele==1) studin();
                if(sele==2) studout();
                if(sele==3) break;
            }
        }
```

程序运行结果如下:

```
    请选择: 1.输入数据  2.查看数据  3.退出  1
    请输入学生学号,姓名和成绩: 101 wangbing 90
    请选择: 1.输入数据  2.查看数据  3.退出  1
    请输入学生学号,姓名和成绩: 102 lihua 95
    请选择: 1.输入数据  2.查看数据  3.退出  1
    请输入学生学号,姓名和成绩: 103 zhaoyong 86
    请选择: 1.输入数据  2.查看数据  3.退出  2
      学号     姓名     成绩
       101 wangbing    90
       102     lihua   95
       103 zhaoyong    86
    请选择: 1.输入数据  2.查看数据  3.退出  3
```

3. 文件的随机读写

前面介绍的文件操作都是按一定顺序进行读写的,因此称为顺序文件。对顺序文件而言,只能按实际排列的顺序,一个一个地访问文件中的各个元素。为了增加对文件访问的灵活性,C++ 在类 istream 及类 ostream 中定义了几个与在输入或输出流中随机移动文件指针相关的成员函数,则可以在流内随机移动文件指针,从而可以对文件的任意数据进行随机读写。

在输入流文件中,对输入流随机访问的成员函数有 seekg()和 tellg()。一个输入流文件保存着一个指向文件中下一次将要读数据的位置的内部指针,可以用 seekg 函数来设置这个指针。tellg 成员函数返回当前文件读指针的位置。

同样,在输出流文件中,对输出流随机访问的成员函数有 seekp()和 tellp()。一个输出流文件保存着一个指向文件中下一次将要写数据的位置的内部指针,可以用 seekp 函数来设置这个指针。tellp 成员函数返回该文件写指针的位置。

成员函数 seekg()和 seekp()最常用的形式有以下两种,其原型为

istream &seekg(偏移量，参照位置);

ostream &seekp(偏移量，参照位置);

其中，参数"参照位置"表示文件指针的起始位置，"偏移量"表示相对于参照位置的指针移动量，"偏移量"的取值类型是 long 型。"参照位置"的取值是枚举常量，其取值有以下三种情况(也可以用枚举常量的值 0、1 和 2 分别表示):

① ios::beg 从文件头开始，把文件指针移动由"偏移量"指定的位置；缺省此参照位置时，即表示将指针从文件头开始向后移动由"偏移量"指定的位置。

② ios::cur 从当前位置开始，把文件指针移动由"偏移量"指定的位置；

③ ios::end 从文件尾开始，把文件指针移动由"偏移量"指定的位置，

当参照位置为 ios::beg 时，偏移量的值为正数；当参照位置为 ios::end 时，偏移量的值为负数；而当参照位置为 iso::cur 时，偏移量的值可以为正数，也可以为负数。正数时从前向后移动文件指针，负数时从后向前移动文件指针。

成员函数 tellg 和 tellp 为无参函数，返回值类型为 long 类型。其中 tellg()函数用于输入文件，tellp()函数用于输出文件。

例 9-13 修改例 9-12，增加修改学生数据的功能。修改学生数据的方法是，指定学生总序号后，把指针定位到要修改的数据头，然后重新输入学生数据，并写到该指针指向的位置。

```cpp
#include <iostream>
#include<fstream>
#include<iomanip>
using namespace std;
class student                              //定义学生类
{
    private:                               //私有数据成员
      int no;
      char name[10];
      int score;
    public:
      void getdata()                       //公有成员函数,输入数据
      {
        cout<<"请输入学生学号,姓名和成绩: ";
        cin>>no>>name>>score;
      }
      void disp()                          //公有成员函数,显示数据
      {
        cout<<setw(6)<<no
             <<setw(10)<<name
             <<setw(6)<<score<<endl;
      }
```

```
};
void studin()
{   ofstream output("d:\\student.dat",ios::app);        //添加模式
    student s;                                          //定义一个学生类的对象
    s.getdata();
    output.write((char *)&s,sizeof(s));                 //将一个对象存入文件
    output.close();
}
void studout()
{   int no=0;
    ifstream input("d:\\student.dat");
    student s;
    cout<<"序号    学号        姓名    成绩"<<endl;
    input.read((char *)&s,sizeof(s));                   //读一个对象的数据
    while(!input.eof())                                 //判断是否不是文件尾
    {   no++;
        cout<<setw(4)<<no;                              //显示对象的序号
        s.disp();                                       //显示该对象数据成员
        input.read((char *)&s,sizeof(s));              //读下一个对象的数据
    }
    input.close();
}
void studrepl()                                         //根据序号修改数据
{   int n;
    student s;
    cout<<"输入要修改数据的序号: ";
    cin>>n;                                             //输入序号
    fstream output("d:\\student.dat",ios::in|ios::out);
    output.seekp(long(sizeof(s)*(n-1)));               //从文件头移动指针
    output.read((char *)&s,sizeof(s));                 //读对象的数据，指针后移到下一对象头
    if(output.eof())                                    //看序号是否超过记录
        cerr<<"输入序号超过总记录数!"<<endl;
    else
    {   s.getdata();                                    //重新提供该对象数据
        output.seekp(-long(sizeof(s)),ios::cur);       //将指针重新定位到该对象头
        output.write((char *)&s,sizeof(s));            //将该对象存入文件
    }
    output.close();
}
```

```
void main()
{   int sele;
    while(1)
    {   cout<<"请选择: 1.输入数据  2.查看数据  3.修改数据  4.退出  ";
        cin>>sele;
        if(sele==1) studin();
        if(sele==2) studout();
        if(sele==3) studrepl();
        if(sele==4) break;
    }
}
```

程序运行结果如下：

```
请选择: 1.输入数据  2.查看数据  3.修改数据  4.退出  1
请输入学生学号,姓名和成绩: 101 wangbing 90
请选择: 1.输入数据  2.查看数据  3.修改数据  4.退出  1
请输入学生学号,姓名和成绩: 102 lihua 95
请选择: 1.输入数据  2.查看数据  3.修改数据  4.退出  1
请输入学生学号,姓名和成绩: 103 zhaoyong 86
请选择: 1.输入数据  2.查看数据  3.修改数据  4.退出  1
请输入学生学号,姓名和成绩: 104 sunhui 80
请选择: 1.输入数据  2.查看数据  3.修改数据  4.退出  2
序号   学号      姓名      成绩
    1   101    wangbing       90
    2   102      lihua        95
    3   103    zhaoyong       86
    4   104      sunhui       80
请选择: 1.输入数据  2.查看数据  3.修改数据  4.退出  3
输入要修改数据的序号: 3
请输入学生学号,姓名和成绩: 103 zhaoqiang 90
请选择: 1.输入数据  2.查看数据  3.修改数据  4.退出  3
输入要修改数据的序号: 5
输入序号超过总记录数!
请选择: 1.输入数据  2.查看数据  3.修改数据  4.退出  2
    1   101    wangbing       90
    2   102      lihua        95
    3   103   zhaoqiang       90
    4   104      sunhui       80
请选择: 1.输入数据  2.查看数据  3.修改数据  4.退出  4
```

第10章 异常处理

在编写应用软件时，不仅要保证软件的正确性，而且应该具有容错能力，即程序设计时应该考虑程序运行时可能出现的意外情况，如运行环境变化、用户操作错误等，如果我们在可能出错的地方加入相应的处理代码，则当出现异常情况时，也不会轻易出现死机和灾难性的后果。这就是我们所说的异常处理。C++提供了异常处理机制，它使得程序出现错误时，力争做到允许用户排除环境错误，继续运行程序。

10.1 异常处理的基本思想

程序可能按编程者的意愿终止，也可能因为程序中发生了错误而终止。例如，程序执行时遇到除数为 0 或下标越界，这时将产生系统中断，从而导致正在执行的程序提前终止；又例如，使用打印机时电源未开、使用磁盘文件时该文件已经删除、内存不足等。

程序的错误有两种，一种是编译错误，即语法错误。如果使用了错误的语法、函数、结构和类，程序就无法生成运行代码。另一种是在运行时发生的错误，它分为不可预料的逻辑错误和可以预料的运行异常。

为处理可预料的错误，常用的典型方法是让被调用函数返回某一个特别的值(或将某个按引用调用传递的参数设置为一个特别的值)，而外层的调用程序则检查这个错误标志，从而确定是否产生了某一类型的错误。另一种典型方法是当错误发生时跳出当前的函数体，控制转向某个专门的错误处理程序，从而中断正常的控制流。这两种方法都是权宜之计，不能形成强有力的结构化异常处理模式。

C++ 异常处理机制的基本思想是将异常的检测与处理分开。当在一个函数体中检测到异常条件存在，但无法确定相应的处理方法时，将引发一个异常，由函数的直接或间接调用检测并处理这个异常。异常处理机制是用于管理程序运行期间错误的一种结构化方法。所谓结构化，是指程序的控制不会由于产生异常而随意跳转。异常处理机制将程序中的正常处理代码与异常处理代码显式区别开来，提高了程序的可读性。

对于中小型程序，一旦发生异常，一般是将程序立即中断执行，从而无条件释放系统所有资源。而对于比较大的程序来说，如果出现异常，应该允许恢复和继续执行。恢复的过程就是把产生异常所造成的恶劣影响去掉，中间一般要涉及一系列的函数调用链的退栈、对象的析构、资源的释放等。继续运行就是异常处理之后，在紧接着异常处理的代码区域中继续运行。

以图 10-1 为例进行说明。在图 10-1 中，发生异常的地方在函数 F3()中，处理异常的地方在其上层函数 F1() 中，处理异常后，函数 F3() 和 F2() 都退栈，然后程序在函数 F1() 中继续运行。如果不采用异常处理机制，在程序中单纯地嵌入错误处理语句，要实现这一目的是很难的。

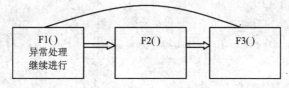

图 10-1　异常处理示意图

异常的基本思想是：

(1) 实际的资源分配通常在程序的低层进行，如图 10-1 中的 F3()。

(2) 当操作失败、无法分配内存或无法打开一个文件时，在逻辑上进行处理通常在程序的高层，如图 10-1 中的 F1()，中间还可能有与用户的对话。

(3) 异常为从分配资源的代码转向处理错误状态的代码提供了一种表达方式。如果还存在中间层次的函数，如图 10-1 中的 F2()，则为它们释放所分配的内存提供了机会，但这并不包括传递错误状态信息的代码。

从中可以看出，C++ 异常处理的目的是在异常发生时尽可能减少破坏，进行周密的善后，而不影响其他部分程序的运行。

10.2　异常处理的实现

C++ 提供对处理异常情况的内部支持，其基本思想通过三个保留字 throw、try 和 catch 来实现，这三个异常处理保留字的意义如下所示：

(1) throw：用来创建用户自定义类型的异常错误。

(2) try：标识程序中异常语句块的开始。

(3) catch：标识异常错误处理模块的开始。

在一般情况下，被调用函数直接检测到异常条件的存在并使用 throw 引发一个异常；在上层调用函数中使用 try 检测函数调用是否引发异常，检测到的各种异常由 catch 捕获并作相应处理。

📢 注意：C++ 的异常是由程序员控制引发的，而不是由计算机硬件或程序运行环境控制的。

throw 的语法为

```
throw 表达式；
```

在 C++ 程序中，任何需要检测异常的语句(包括函数调用)都必须在 try 语句块中执行，异常必须由紧跟着 try 语句后面的 catch 语句来捕获并处理。因而，try 与 catch 总是结合使用。try 和 catch 语句的一般语法如下：

```
try
{
```

```
    //try 语句块
    }
    catch(类型 1    参数 1)
    {
        //针对类型 1 的异常处理语句块
    }
    catch    (类型 2    参数 2)
    {
        //针对类型 2 的异常处理语句块
    }
    …
    catch    (类型 n    参数 n)
    {
        //针对类型 n 的异常处理语句块
    }
```

如果某段程序中发现了自己不能处理的异常，就可以使用 throw 表达式抛掷这个异常，将它抛掷给调用者。throw 中的"表达式"在表示异常类型语法上，与 return 语句的形式相似，如果程序中有多处要抛掷异常，应该用不同的"表达式"类型来互相区别，注意，"表达式"的值不能用来区别不同的异常。

try 子句后的复合语句是代码的保护段。如果预料某段程序代码(或对某个函数的调用)有可能发生异常，就将它放在 try 子句之后。如果这段代码(或被调函数)运行时真的遇到异常情况，在其中使用的 throw 表达式就会抛掷这个异常。

catch 子句后的复合语句是异常处理程序，"捕获"(处理)由 throw 表达式抛掷的异常。异常类型说明部分指明该子句处理的异常的类型，它与函数的形参是类似的，可以是某个类型的值，也可以是引用。类型可以是任何有效的数据类型，包括 C++ 的类。当异常被抛掷以后，catch 子句便依次被检查，若某个 catch 子句的异常类型说明与被抛掷的异常类型一致，则执行该段异常处理程序。如果异常类型说明是一个省略号(…)，catch 子句便处理任何类型的异常，这段处理程序必须是 try 块的最后一段处理程序。

例 10-1 处理除零异常。

```cpp
#include<iostream>
using namespace std;
int Div(int x,int y);
void main()
{
    try
    {
        cout<<"5/2="<<Div(5,2)<<endl;
```

```
            cout<<"8/0="<<Div(8,0)<<endl;
            cout<<"7/1="<<Div(7,1)<<endl;
        }
    catch(int)
        {
            cout<<"exception of dividing zero."<<endl;
        }
        cout<<"that is ok."<<endl;
    }
    int Div(int x,int y)
    {
        if(y==0)
            throw y;
        return x/y;
    }
```

程序运行结果如下：

```
    5/2=2
    exception of dividing zero.
    that is ok.
```

从运行结果可以看出，当执行语句"cout<<"8/0="<<div(8,0)<<endl;"时，在函数 div 中发生除零异常。异常被抛掷后，在 main 函数中被捕获，异常处理程序输出有关信息后，程序流程跳到主函数 main 的最后一条语句，输出"that is ok.",而在 try 块中的函数调用 div(7,1)所在的语句未被执行。

例 10-2　申请内存异常处理。

```
    #include<iostream>
    using namespace std;
    void main()
    {
        char *ptr;
        try      //异常模块
        {
            if((ptr=new char[64*1024])==NULL)
                throw "Not Enough Memory!";
        }
        catch(char *str)   //异常错误处理模块
        {
```

```
            //……  错误处理代码
        cout<<"Exception:"<<str<<endl;
    }
    cout<<"that is ok."<<endl;
}
```

程序运行结果如下:

```
    that is ok.
```

该程序功能是,利用 new 操作符申请 64 KB 内存空间,若申请成功,则跳转到 catch 块后执行后续代码,否则 throw 语句将产生一个 char*类型的异常错误,catch 块将捕获到该异常错误并执行相应的错误处理代码。

异常处理的执行过程如下:

(1) 控制通过正常的顺序执行到达 try 语句,然后执行 try 块内的保护段。

(2) 如果在保护段执行期间没有引起异常,那么跟在 try 块后的 catch 子句就不执行,程序从异常被抛掷的 try 块后跟随的最后一个 catch 子句后面的语句继续执行下去。

(3) 如果在保护段执行期间或在保护段调用的任何函数中(直接或间接的调用)有异常被抛掷,则从通过 throw 运算数创建的对象中创建一个异常对象(这隐含指可能包含一个拷贝构造函数)。在这一点,编译器从能够处理抛掷类型的异常的更高执行上下文中寻找一个 catch 子句(或一个能处理任何类型异常的 catch 处理程序)。catch 处理程序按其在 try 块后出现的顺序被检查。如果没有找到合适的处理程序,则继续检查下一个动态封闭的 try 块。此处理继续下去,直到最外层的封闭 try 块被检查完。

(4) 如果匹配的处理器未找到,则运行函数 terminate 将被自动调用,而函数 terminate 的默认功能是调用 abort 终止程序。

(5) 如果找到了一个匹配的 catch 处理程序,且它通过值进行捕获,则其形参通过拷贝异常对象进行初始化。如果它通过引用进行捕获,则参量初始化为指向异常对象。在形参被初始化之后,开始"循环展开栈"的过程,这包括对那些在与 catch 处理器相对应的 try 块开始和异常丢弃地点之间创建的(但尚未析构的)所有自动对象的析构。析构以与构造相反的顺序进行。然后执行 catch 处理程序,接下来程序跳转到跟随在最后处理程序之后的语句。

关于异常处理的几点注意:

(1) try 分程序必须出现在前,catch 紧跟出现在后。catch 之后的圆括号中必须含有数据类型,捕获是利用数据类型匹配实现的。

(2) 如果程序内有多个异常错误处理模块,则当异常错误发生时,系统自动查找与该异常错误类型相匹配的 catch 模块。查找次序为 catch 出现的次序。例如:

```
    ...
    int i,j;
    cin>>"i=">>i>>"j=">>j>>endl;
    try
    {   i/=j;
```

```
        throw "Divided by zero";
    }
    catch(char *str)
    {   cout<<"Exception: "<<str<<endl;
        cout<<"Divier can not be zero. "<<endl;
    }
    catch(int i)
    {   ...   }
    catch(...)      //此处匹配所有类型的异常错误,此块在前面时其它异常将不会被检查
    {   cout<<"An Exception occurred!"<<endl; }
```

(3) 如果异常错误类型为 C++ 的类，并且该类有其基类，则应该将派生类的错误处理程序放在前面，基类的错误处理程序放在后面。例如：

```
    class A
    {…};
    class B:public A
    {…};
    try
    {…   throw B();  }
    catch(B demo2)
    {…}
    catch(A demo1)
    {…}
```

(4) 如果一个异常错误发生后，系统找不到一个与该错误类型相匹配的异常错误处理模块，则调用预定义的运行时刻终止函数，默认情况下是 abort。

10.3 异常处理举例

我们再通过几个简单例子来进一步掌握异常处理的执行过程。

例 10-3 数组越界的异常处理。

```
    #include<iostream>
    using namespace std;
    int f(int *,int);
    void main()
    {
        int a[5]={11,22,33,44,55};
```

```
        try
        {
            for(int i=0;i<10;i++)
                cout<<"a["<<i<<"]="<<f(a,i)<<endl;
        }
        catch(char *)
        { cout<<"数组取下标错误."<<endl; }
    }
    int f(int a[],int n)
    {
        if(n>=5)
            throw "error.";
        return a[n];
    }
```

程序运行结果如下：

```
    a[0]=11
    a[1]=22
    a[2]=33
    a[3]=44
    a[4]=55
    数组取下标错误.
```

该程序由 try 段中调用 f(a,5)时，该函数执行"throw "error.";"，即抛出"error."被 catch
(char *)捕获到，在屏幕上显示出相应的信息。

例 10-4　　打开文件不存在时的异常处理。

```
    #include<iostream>
    #include<fstream>
    using namespace std;
    void main()
    {
        char fn[20];
        cout<<"输入文件名:";
        cin>>fn;
        ifstream file(fn, ::_Nocreate| ios::in);
        try
        {
            if(!file)
```

```
                throw "open file error.";
        }
        catch(char *)
        {
            cout<<"文件"<<fn<<"不存在"<<endl;
            return;
        }
        file.seekg(0,ios::end);
        cout<<fn<<"文件大小:"<<file.tellg()<<"Bytes."<<endl;
    }
```

程序运行结果如下：

```
    输入文件名: d:\test.txt
    文件大小:106Bytes.
    输入文件名: d:\test.ttt
    文件 test.ttt 不存在
```

例 10-5 修改第 9 章例 9-12，当输入学生成绩 score 大于 100 或小于 0 时，抛出一个异常，然后在 catch 中显示相应的出错信息。

```
    #include<fstream.h>
    #include<iomanip.h>
    class student                              //定义学生类
    {
        private:                               //私有数据成员
            int no;
            char name[10];
            int score;
        public:
            void getdata()                     //公有成员函数,输入数据
            {
                cout<<"请输入学生学号,姓名和成绩: ";
                cin>>no>>name>>score;
                if(score>100 || score<0)
                    throw name;
            }
            void disp()                        //公有成员函数，显示数据
            {
                cout<<setw(6)<<no
```

```
                    <<setw(10)<<name
                    <<setw(6)<<score<<endl;
        }
};
void studin()
{
    ofstream output("d:\\student.dat",ios::app);       //添加模式
    student s;                                          //定义一个学生类的对象
    try
    {
        s.getdata();
        output.write((char *)&s,sizeof(s));             //将一个对象存入文件
    }
    catch(char *s)
    {
        cout<<"--->"<<s<<"成绩输入不正确"<<endl;
    }
    output.close();
}
void studout()
{
    ifstream input("d:\\student.dat");
    student s;
    cout<<"  学号      姓名      成绩"<<endl;
    input.read((char *)&s,sizeof(s));                   //读一个对象的数据
    while(!input.eof())                                 //判断是否不是文件尾
    {
        s.disp();                                       //显示该对象数据成员
        input.read((char *)&s,sizeof(s));               //读下一个对象的数据
    }
    input.close();
}
void main()
{
    int sele;
```

```
            while(1)
            {
                cout<<"请选择: 1.输入数据  2.查看数据  3.退出  ";
                cin>>sele;
                if(sele==1) studin();
                if(sele==2) studout();
                if(sele==3) break;
            }
        }
```

程序运行时如果输入成绩不在 0～100 之间就提示出错。注意，对象数据存储是在 try 块内执行的，当捕获错误后，存储该对象数据的指令不会执行，即不会将错误数据存储到文件中。运行结果如下所示：

```
请选择: 1.输入数据  2.查看数据  3.退出  1
请输入学生学号,姓名和成绩: 101 wang 120
--->wang 成绩输入不正确
请选择: 1.输入数据  2.查看数据  3.退出  3
```

10.4　异常处理中的构造与析构

C++ 异常处理的真正能力，不仅在于它能够处理各种不同类型的异常，还在于它具有为异常抛掷前构造的所有局部对象自动调用析构函数的能力。

在程序中，找到一个匹配的 catch 异常处理后，如果 catch 子句的异常类型声明是一个值参数，则其初始化方式是复制被抛掷的异常对象。如果 catch 子句的异常类型声明是一个引用，则其初始化方式是使该引用指向异常对象。

当 catch 子句的异常类型声明参数被初始化后，栈的展开过程便开始了。这包括将从对应的 try 块开始到异常被抛掷处之间构造(且尚未析构)的所有自动对象进行析构。析构的顺序与构造函数的顺序相反。然后程序从最后一个 catch 处理之后开始恢复执行。

例 10-6　使用带析构语义的类的异常处理。

```
#include<iostream>
using namespace std;
void MyFunc(void);
class Expt
{
    public:
        Expt() { }
        ~Expt() { }
```

```cpp
        const char *ShowReason() const
        {   return " Expt 类异常."; }
};
class Demo
{
    public:
        Demo()                              //构造函数
        {
            cout<<"构造 Demo."<<endl;
        }
        ~Demo()                             //析构函数
        {
            cout<<"析构 Demo."<<endl;
        }
};
void MyFunc()
{
    Demo A;                                 //定义一个对象
    cout<<"在 MyFunc 函数中抛掷 Expt 类异常.";
    cout<<endl;
    throw Expt();                           //创建成一个异常
}
void main()
{
    cout<<"在 main 函数中:"<<endl;
    try
    {
        cout<<"在 try 块中调用函数 MyFunc."<<endl;
        MyFunc();
    }
    catch(Expt E)                           //捕捉 Expt 类异常
    {
        cout<<"在 catch 异常处理中捕获到 Expt 类型异常: ";
        cout<<E.ShowReason()<<endl;
    }
```

```
        catch(…)
        {
            cout<<"捕获到其它的异常."<<endl;
        }
        cout<<"回到 main 函数,从这里恢复执行."<<endl;
    }
```

程序运行结果如下:

```
在 main 函数中:
在 try 块中调用 MyFunc.
构造 Demo.
在 MyFunc 函数中抛掷 Excp 类异常.
析构 Demo.
在 catch 异常处理中捕获到 Expt 类型异常: Expt 类异常.
回到 main 函数,从这里恢复执行.
```

注意: catch 处理程序的出现顺序很重要，因为在一个 try 块中，异常处理程序是按照它出现的顺序被检查的。只要找到一个匹配的异常类型，后面的异常处理都将被忽略。

10.5 标准 C++ 库中的异常类

标准 C++ 库中包含 9 个异常类，它们可以分为运行时异常和逻辑异常:

length_error	//运行时长度异常
domain_error	//运行时域异常
out_of_range_error	//运行时越界异常
invalid_argument	//运行时参数异常
range_error	//逻辑异常，范围异常
overflow_error	//逻辑异常，溢出(上)异常
overflow_error	//逻辑异常，溢出(下)异常

标准 C++ 库中的这些异常类并没有全部被显式使用，因为 C++ 标准库中很少发生异常，但是这些标准 C++ 库中的异常类可以为编程人员，特别是自己类库的开发者提供一些经验。

下面程序简单说明 C++ 标准库中异常标准类 exception 和 logic_error 的使用方法。

例 10-7 演示标准异常类的使用。

```
#include<exception>              //标准库没有.h
#include<iostream>
using namespace std;            //必须指定名空间
void main()
```

```
{
    try
    {
        exception MyError;                  //声明一个 C++ 标准异常类的对象
        throw(MyError);                     //抛出该异常类的对象
    }
    catch(const exception &MyError)         //捕捉 C++ 标准异常类的对象
    {
        cout<<MyError.what()<<endl;
    }
    try
    {
        logic_error MyLE("Logic Error!");   //声明一个 C++ 标准异常类的对象
        throw(MyLE);                        //抛出该异常类对象
    }
    catch(const exception &MyError)         //捕捉 C++ 标准异常类的对象
    {
        cout<<MyError.what()<<endl;         //用 what 成员函数显示出错的原因
    }
    cout<<"that is ok."<<endl;
}
```

程序运行结果如下：

```
Unknown exception
Logic Error!
that is ok.
```

10.6 多 路 捕 获

很多程序可能有若干不同种类的运行错误，它们可以使用异常处理机制，每种错误可与一个类、一种数据类型或一个值相关。这样，在程序中就会出现多路捕获。

例 10-8 操作 String 类对象时，预设两个异常。

```
#include<iostream>
#include<string.h>
using namespace std;
class String
```

```
{
private:
    char *p;
    int len;
    static int max;
public:
    String(char *,int);
    class yichang1                    //异常类
    {
    public:
        yichang1(int j):index(j)   {    }
        int index;
    };
    class yichang2 {    };             //异常类
    char & operator[](int k)
    {
        if(k>=0 && k<=len)
            return p[k];
        throw   yichang1(k);
    }
}; //end class string.
int String::max=20;
String::String(char *str,int si)
{
    if(si<0 || si>max)
        throw yichang2();
    p=new char[si];
    strncpy(p,str,si);
    len=si;
}
void g(String & str)
{
    int num=10;
    for(int n=0;n<num;n++)
        cout<<str[n];
```

```
            cout<<endl;
        }
    void f()
    {
        //代码区
        try
        {
            //代码区
            String s("abcdefghijklmnop",10);
            g(s);
        }
        catch(String::yichang1 r)
        {
            cerr<<"->out of range:"<<r.index<<endl;
            //代码区
        }
        catch(String::yichang2)
        {
            cerr<<"size illegal!"<<endl;
        }
        cout<<"The program will be continued here."<<endl;
        //代码区
    }
    void main()
    {
        //代码区
        f();
        cout<<"These code is not effected by probably exception in f()"<<endl;
    }
```

程序运行结果如下：

abcdefghij

The program will be coutinued here

These code is not effected by probably exception in f()

如果在代码区 2 中，构造函数 string 对象的定义如下：

string s("abcdefghijklmnopqrstuvwxyz",26);

则运行结果如下：

size illgegal!

The program will be continued here

These code is not effected by probably exception in f()

类 string 包含了类 yichang1 和一个空类 yichang2 的定义，它们是嵌套类。设置 yichang2 的唯一目的就是为了作为异常类来抛出。如果下标值超出范围，[]运算符就抛出一个 yichang1 异常。

在一个类定义的内部定义一个类，称为嵌套类。嵌套类的成员函数和静态成员可以在包含该类的外部定义，但嵌套类的作用域在包含该定义的内部。

如果 string 构造函数的参数 si 不在给定的数值范围内，它就抛出一个 yichang2 异常。当函数 f()开始执行时，就首先执行标志为代码区 1 的代码。

如果代码区 1 抛出一个异常，这就只能被系统默认的异常处理程序 abort()所捕获，导致终止运行。因为它不在用户定义的异常区域。

在代码区 1 执行之后，在 try 块中代码区 2 就开始执行。如果这段代码直接或间接地抛出一个异常，若该异常的数据类型与 catch 参数的数据类型匹配，跟在 try 块之后的 catch 块就能捕获这个异常。如果它未被捕获，该异常又只能被系统默认的异常处理程序 abort() 捕获。

如果其中有一个 catch 块捕获了所抛出的异常，那么该 catch 块的代码就执行。如果这段代码没有执行终止运行的语句，也没有返回语句，也没有再抛出语句，那么就执行代码区 4 的代码。

如果 catch 抛出一个异常 throw，则由系统默认的异常处理程序来捕获。

异常处理完后，就执行代码区 4 的代码，以后函数 f()正常结束。如果代码区 4 中有抛出异常，则只能被系统默认的异常处理程序捕获。因为它也不在用户定义的异常区域内。

在主程序中，如果在执行代码区 5 的代码时，抛出一个异常，则由系统默认的异常处理程序捕获。因为它也不在用户定义的异常区域内。在调用 f()中可能发生抛出异常，被程序定义的异常处理程序捕获。但是，从 f()返回后，其他部分的代码继续运行，不受影响。

catch(yichang2)并没有对抛出的 yichang2 对象指派名字。因为 yichang2 对象不含数据成员，也没有必要给捕获对象一个名字。

参 考 文 献

[1] 徐孝凯. C++ 语言基础教程. 北京：清华大学出版社，2006.

[2] 张荣梅. Visual C++ 实用教程. 北京：中国铁道出版社，2008.

[3] 郑莉，董渊，张瑞丰. C++ 语言程序设计. 3 版. 北京：清华大学出版社，2003.

[4] 李海文，吴乃陵. C++ 程序设计实践教程. 北京：高等教育出版社，2003.

[5] 谭浩强. C++ 程序设计题解与上机指导. 北京：清华大学出版社，2004.

[6] 钱能. C++ 程序设计. 北京：清华大学出版社，1999.

[7] 龚沛曾，杨志强. C/C++ 程序设计教程. 北京：高等教育出版社，2004.

[8] [美]Nell Dale. C++上机实践指导教程. 3 版. 马树奇，等，译. 北京：电子工业出版社，2003.

[9] 郑莉，傅士星. C++ 语言程序设计习题与实验指导. 2 版. 北京：清华大学出版社，2004.

[10] 苏宁，王明福. C++ 程序设计. 北京：高等教育出版社，2003.

[11] David J. Kruglinski. Visual C++ 技术内幕. 4 版. 潘爱民，王国印，译. 北京：清华大学出版社，1999.

[12] Charles Petzold．Programming Windows．Microsoft Press，1998.